복소다양체론 입문

김진홍 지음

Introduction to Complex Manifolds

KYOWOO

서 문

복소다양체론은 학부 수준의 복소해석학을 기본 배경으로 하여 복소다양체의 기하학적 특성을 탐구하는 분야이다. 이러한 맥락에서 복소다양체론은 흔히 복소기하학으로도 지칭된다. 복소다양체는 대수다양체의 특수한 경우로 복소다양체론은 대수기하학과 밀접한 연관성을 가진다. 그러나 두 분야는 접근 방식에서 근본적인 차이를 보인다. 복소다양체론이 미분기하학을 기반으로 기하학적인 방법을 통해 복소다양체를 탐구하는 반면, 대수기하학은 현대대수학의 방법론을 활용하여 특이점을 포함하는 보다 일반적인 다양체를 연구한다. 두 분야의 접근 방식은 각기 고유한 장단점을 지니고 있다.

복소다양체론은 보통 학문적으로 높은 수준에서 다루어지는 주제로 미분기하학, 위상수학, 복소해석학 등의 선행 지식을 요구한다. 본 저서는 저자가 복소기하학 강좌에서 사용한 강의록을 기반으로 집필되었다. 해당 강의에서는 R. O. Wells, Jr.의 'Differential Analysis on Complex Manifolds'를 주 교재로 활용하였다. 따라서 본 저서의 내용과 구성은 Wells의 저서로부터 많은 영향을 받았다. 또한, 저자의 복소기하학 강의에서는 'Principles of Algebraic Geometry'(Griffiths와 Harris 공저), 'Algebraic Geometry'(Hartshorne 저), 'Foundations of Differential Geometry, Vol. 1-2'(Kobayashi와 Nomizu 공저) 등의 서적을 참고하였다. 이 외에도 명시되지 않은 여러 가지 참고문헌들이 본 저서의 내용과 구성에 직·간접적으로 영향을 미쳤음을 밝힌다. 또한 본 저서는 다루는 주제의 학술적 깊이와 난이도를 고려하여 별도의 연습문제를 포함하지 않았다.

본 저서는 복소다양체론의 모든 주제를 망라하는 것을 목표로 하지 않았다. 그보다는 복소다양체와 관련된 심화 주제를 다루기 위한 초석을 다지는 것을 최우선 목표로 하였다. 이를 위해 복소다양체론의 가장 핵심적인 내용만을 엄선하여 구성하였으며, 정리의 서술은 간결하나 증명이 기교적이거나 복잡한 경우에는 증명의 아이디어 또는 중요한 단계만을 간략히 언급하였다. 일부 정리의 경우에는 독자의 이해를 위해 정확한 서술과 수학적 의미에 중점을 두고 증명은 참고문헌을 찾아보게 하여 책의 큰 흐름을 저해하지 않도록 유의하였다.

본 저서는 총 6개의 장으로 이루어져 있으며, 각 장의 주요 내용은 다음과 같이 요약할 수 있다.

제1장에서는 복소다양체의 정의, 주요 성질 및 다양한 예시를 비교적 상세하게 다룬다. 또한 미분기하학 및 복소기하학에서 중요한 역할을 하는 벡터번들의 엄밀한 정의, 연관된 주요 성질 및 중요한 예시를 소개한다. 더불어 복소다양체보다 일반적인 준복소다양체의 성질과 준복소다양체 상에서 정의된 $\bar{\partial}$-작용소의 여러 중요한 성질도 함께 알아본다.

제2장에서는 국소적 정보를 활용하여 대역적 성질을 파악하는 데 필수적인 쉬프 이론의 기본적인 정의와 여러 중요한 성질을 정리한다. 국소적 정보를 위상공간의 대역적 성질로 변환하기 위해서는 호몰로지 대수의 방법을 쉬프에 적용할 필요가 있다. 이 장에서는 이와 관련된 여러 가지 중요한 성질을 정리했다. 마지막으로 쉬프코호몰로지와 체흐코호몰로지를 비교적 엄밀하게 정의하고, 이와 관련된 여러 중요한 성질을 알아본다.

제3장에서는 에르미트 미분기하학의 핵심 개념인 복소 벡터번들의 접속과 곡률의 정의 및 그와 관련된 성질을 설명한다. 또한 파이버가 복소벡터공간인 미분벡터번들 상의 접속을 이용하여 공변미분과 곡률의 관계 및 그와 관련된 다양한 성질을 알아본다. 마지막으로 미분벡터번들의 위상적 및 기하학적 성질을 파악하는 데 유용한 천류의 미분기하학적 정의와 관련 성질을 정리한다.

제4장에서는 에르미트 벡터공간 상에서 정의된 에르미트 외대수 및 에르미트 거리 함수에 대응하는 호지 $*$-작용소와 관련된 여러 성질을 알아본다. 이어서 컴팩트 미분다양체나 복소다양체 상에서 정의된 조화 미분형식의 여러 성질과 복소다양체에서 중요하게 활용되는 푸앵카레 쌍대성 및 세르 쌍대성을 증명한다. 또한 리대수 $\mathfrak{sl}(2,\mathbb{C})$의 유한 차원 표현론과 이를 이용한 레프셰츠 분해 정리 등에 관한 내용을 상세히 설명한다.

제5장에서는 먼저 캘러다양체의 정의와 몇 가지 중요한 예시를 살펴본 후, 에르미트 복소다양체와 캘러다양체 상에서 정의된 여러 중요한 미분작용소와 그들 사이의 관계식을 알아본다. 이러한 관계식을 활용하여 캘러다양체 상에서 성립하는 레프셰츠 분해 정리, 강한 레프셰츠 정리, 그리고 호지 분해 정리를 증명한다. 또한 캘러다양체 상에서 정의된 드람군의 대수적 구조를 이해하기 위해 호지-리만 쌍선형 관계에 관한 여러 성질을 정리한다.

제6장에서는 먼저 국소좌표계 상에서 양의 정부호인 정수적 (1,1)-형식을 갖는 호지 다양체의 정의와 여러 중요한 예시를 알아본다. 이어서 컴팩트 복소다양체가 복소 사영공간에 매립될 필요충분조건이 해당 복소다양체가 호지다양체라는 사실을 말해주는 고다이라 정리와 그와 관련된 여러 중요한 결과들을 정리한다.

현재 국내에는 복소다양체론 및 복소기하학을 직접적으로 다루는 학술 서적이 극히 드문 실정으로 파악하고 있다. 본 저서의 출간이 이러한 국내 학술 환경의 부족을 해소하는 데 기여할 수 있는 계기가 되기를 바란다. 독자들이 본 교재의 내용을 충분히 이해하고 효과적으로 활용하여 학문적 목표를 성취하는 데 어려움이 없기를 진심으로 희망한다.

무등산 자락 연구실에서

지은이 씀

목 차

제 1장

복소다양체와 벡터번들

제 1 장

복소다양체와 벡터번들

1.1 복소다양체의 정의와 예

이 절의 목표는 복소다양체의 정의와 중요한 성질 및 다양한 예를 비교적 자세히 살펴보는 것이다. 앞으로 이 책에서 사용되는 문자 K는 실수 또는 복소수의 체(field)를 나타낸다. 또한 특별히 다른 언급이 없으면, n-차원 유클리드 공간 K^n 상에는 항상 보통위상(또는 유클리드 위상)이 주어져 있다고 가정하자.

정의 1.1.1

D가 K^n의 열린집합일 때, 다음이 성립한다.

(1) $E(D)$(또는 E_D)는 D 상에서 정의된 무한 번 미분가능한 실수의 값을 갖는 함수의 모임을 나타낸다.

(2) $A(D)$(또는 A_D)는 D 상에서 정의된 실해석적(real-analytic)인 실수의 값을 갖는 함수의 모임을 나타낸다. 다시 말해서, 이것은 D의 각각의 점 p와 $f \in A(D)$에 대하여, p의 적당한 열린근방에서 f의 테일러급수가 f로 수렴한다는 의미이다. 일반적으로 다음과 같은 포함관계가 성립한다.

$$A(D) \subset E(D)$$

(3) $O(D)$(또는 O_D)는 D 상에서 정의된 복소수의 값을 갖는 복소해석적(holomorphic) 함수의 모임을 나타낸다. 다시 말해서, 이것은 $(z_1, z_2, \ldots, z_n)$이 $\mathbb{C}^n$의 복소좌표함수를 나타낼 때, $f \in O(D)$일 필요충분조건은 D의 각각의 점 $z^0 = (z_1^0, z_2^0, \ldots, z_n^0)$와 z^0의 적당한 열린근방에서 f가 다음과 같은 수렴하는 멱급수로 주어진다는 의미이다.

$$f(z) = f(z_1, z_2, \ldots, z_n) = \sum_{\alpha_1, \ldots, \alpha_n = 0}^{\infty} a_{\alpha_1, \ldots, \alpha_n} (z_1 - z_1^0)^{\alpha_1} \cdots (z_n - z_n^0)^{\alpha_n},$$

여기서 $a_{\alpha_1, \alpha_2, \ldots, \alpha_n} \in \mathbb{C}$이다.

(4) 앞으로 $S(D)$(또는 S_D)는 $E(D)$(또는 E_D), $A(D)$(또는 A_D), 또는 $O(D)$(또는 O_D)를 나타내는 것으로 한다.

정의 1.1.2

X가 하우스도르프 조건과 제2가산공리를 만족하는 위상공간이라 하자. X의 임의의 점 p에 대하여 p의 적당한 열린근방과 K^n의 적당한 열린근방(또는 K^n)이 서로 위상동형일 때, X를 **n-차원 위상다양체**(topological manifold)라 한다.

정의 1.1.3

X가 n-차원 위상다양체라 하자.

(1) X 상의 **S-구조**(S-structure) $S(X)$란 X의 임의의 열린집합에서 정의된 다음 두 조건 (i)과 (ii)를 만족하는 K-값을 갖는 연속함수의 모임을 말한다.

(i) X의 임의의 점 p에 대하여, p의 적당한 열린근방 U와 K^n의 적당한 열린집합 U'이 존재하여 U와 U' 사이에 위상동형사상

$$h : U \to U' \subset K^n$$

이 존재한다고 가정하자. 이때, $V \subset U$를 만족하는 임의의 열린집합 V와 $f : V \to K$에 대하여,

$$f \in S(X) \Leftrightarrow f \circ h^{-1} \in S(h(V))$$

이때, (U, h)를 X의 **국소좌표계**(local coordinate system) 또는 간단히 **좌표계**(coordinate system)라 한다.

(ii) X의 열린집합 $U_\alpha (\alpha \in \Gamma)$에 대하여, $U = \bigcup_{\alpha \in \Gamma} U_\alpha$라 하자. 이때, 임의의 함수 $f : U \to K$에 대하여

$$f \in S(X) \Leftrightarrow f|_{U_\alpha} \in S(X),\ \alpha \in \Gamma$$

(2) S-구조 $S(X)$를 갖는 n-차원 위상다양체 M을 **S-다양체**(S-manifold)라 하고 n를 X의 **K-차원**(K-dimension)이라 한다.

특히 S가 E, A, 또는 O일 때, X를 각각 **미분다양체**(smooth manifold), **실해석적다양체**(real-analytic manifold), 그리고 **복소해석적다양체**(holomorphic manifold) 또는 간단히 **복소다양체**(complex manifold)라 부른다.

정의 1.1.4

두 S-다양체 $(M, S(M))$과 $(N, S(N))$에 대하여, 다음이 성립한다.

(1) 연속함수 $F: (M, S(M)) \to (N, S(N))$이 다음 조건을 만족할 때, F를 **S-사상** (S-morphism)이라 한다. 즉 임의의 연속함수 $f: N \to K$에 대하여,

$$f \in S(N) \Leftrightarrow f \circ F \in S(M)$$

(2) S-사상 $F: (M, S(M)) \to (N, S(N))$이 다음 두 조건 (i)과 (ii)를 만족할 때, F를 **S-동형사상**(S-isomorphism)이라 한다.

(i) F가 위상동형사상이다.

(ii) 역함수 $F^{-1}: (N, S(N)) \to (M, S(M))$이 다시 S-사상이다.

다음 보조정리가 성립한다.

보조정리 1.1.5

(1) S-다양체 $(X, S(X))$에 대하여, $U_1 \cap U_2 \neq \varnothing$을 만족하는 두 국소좌표계 (U_1, h_1)과 (U_2, h_2)를 고려하자. 이때,

$$h_2 \circ h_1^{-1} : h_1(U_1 \cap U_2) \to h_2(U_1 \cap U_2)$$

가 S-동형사상이다.

(2) 반대로, n-차원 위상다양체 X에 대하여 X의 열린덮개 $\{U_\alpha \mid \alpha \in \Gamma\}$와 위상동형사상의 모임 $\{h_\alpha : U_\alpha \to U_\alpha' \subset K^n \mid \alpha \in \Gamma\}$를 고려하자. 임의의 $\alpha, \beta \in \Gamma$에 대하여

$$h_\alpha \circ h_\beta^{-1} : h_\beta(U_\alpha \cap U_\beta) \to h_\alpha(U_\alpha \cap U_\beta)$$

가 S-동형사상일 때, X 상에서 다음과 같이 정의된 $S(X)$가 X상의 S-구조가 된다.

$$S(X) = \{f : U \to K \mid U\text{가 } X\text{의 임의의 열린집합일 때, } f \circ h_\alpha^{-1} \in S(h_\alpha(U \cap U_\alpha)),\ \alpha \in \Gamma\}$$

증명

(2) S-구조의 [정의 1.1.3]에 의해 자명하다.

(1) 증명을 위해, 두 사상 $h_2 \circ h_1^{-1}$와 $h_1 \circ h_2^{-1}$가 모두 S-사상임을 보이면 충분하다. 이를 위해, 먼저 $V \subset U_1 \cap U_2$를 만족하는 임의의 열린집합 V와 임의의 연속함수

$f: V \to K$에 대하여 다음이 성립함을 알자.

$$f \circ h_1^{-1} \in S(h_1(V)),\ f \circ h_2^{-1} \in S(h_2(V))$$

한편, $f: V \to K$가 임의의 함수이므로 $f \circ h_1^{-1}$와 $f \circ h_2^{-1}$도 $h_1(V)$과 $h_2(V)$ 상에서 각각 임의의 함수이다. 또한

$$f \circ h_1^{-1} = f \circ h_2^{-1} \circ (h_2 \circ h_1^{-1}) \in S(h_1(V))$$

이므로 S-사상의 정의에 의해 $h_2 \circ h_1^{-1}$가 S-사상이다.

비슷한 방법으로, $h_1 \circ h_2^{-1}$도 S-사상임을 보일 수 있다.

정의 1.1.6

S-다양체 $(M,\ S(M))$의 닫힌 부분집합 N과 임의의 점 $p \in N$에 대하여

$$h|_{U \cap N}: U \cap N \to U' \cap j(K^k)$$

를 만족하는 좌표계

$$h: U \to U' \subset K^n$$

이 존재할 때, N를 M의 **부분다양체**(embedded submanifold)라 한다. 여기서, j는 자연스러운 매립사상

$$j: K^k \to K^n,\ (x_1, x_2, \ldots, x_k) \mapsto (x_1, x_2, \ldots, x_k, 0, \ldots, 0),\ 0 \le k \le n$$

을 나타낸다. 이때, k를 N의 **K-차원**(K-dimension)이라 하고 $n-k$를 N의 **K-여차원**(K-codimension)이라 한다.

예제 1.1.7

(1) $K^n = \mathbb{R}^n$ 또는 $\mathbb{C}^n$일 때, $(U = K^n, h = Id)$가 좌표계가 된다. 따라서 [보조정리 1.1.5]에 의해 $\mathbb{R}^n$은 실해석적다양체이고 $\mathbb{C}^n$은 복소해석적다양체이다.

(2) n-차원 S-다양체 $(M,\ S(M))$과 임의의 열린 부분집합 $U \subset M$에 대하여,

$$S(U) = \{f|_U \mid f \in S(M)\}$$

이 U 상에서 S-구조이다. 따라서 U도 n-차원 S-다양체이다.

예제 1.1.8 사영공간(projective space)

V가 K 상에서 정의된 $(n+1)$-차원 벡터공간일 때, $\mathbb{P}(V)$를 V의 1-차원 벡터부분공간의 모임으로 정의하자. 이때, $\mathbb{P}(V)$를 V의 **사영공간**(projective space)이라 부른다. 특히, $K=\mathbb{R}$이거나 $\mathbb{C}$인 경우에는

$$\mathbb{P}^n(\mathbb{R})=\mathbb{P}(\mathbb{R}^{n+1}),\ \text{또는}\ \mathbb{P}_n(\mathbb{R})=\mathbb{P}(\mathbb{R}^{n+1})$$

과

$$\mathbb{P}^n(\mathbb{C})=\mathbb{P}(\mathbb{C}^{n+1}),\ \text{또는}\ \mathbb{P}_n(\mathbb{C})=\mathbb{P}(\mathbb{C}^{n+1})$$

을 다음과 같이 정의된 동치관계를 이용하여 정의할 수 있다. 즉 임의의 두 원소 $z=(z_0,z_1,\ldots,z_n)$과 $w=(w_0,w_1,\ldots,w_n)\in K^{n+1}$에 대하여, K^{n+1} 상에서의 동치관계 $\sim$를 다음과 같이 정의하자.

$$z\sim w \Leftrightarrow z=aw\text{를 만족하는 } a\in K^*=K-\{0\}\text{가 존재}$$

이때, $\mathbb{P}^n(K)=K^{n+1}-\{0=(0,0,\ldots,0)\}/\sim$가 된다. 사실 $K=\mathbb{R}$일 때,

$$S^n=\left\{(z_0,z_1,\ldots,z_n)\in\mathbb{R}^{n+1}\mid (z_0^2+z_1^2+\cdots z_n^2)^{1/2}=1\right\}$$

상에서 다음과 같이 정의된 동치관계 $\sim'$을 이용하여 $\mathbb{P}^n(\mathbb{R})$과 $S^n/\sim'$이 서로 동형임을 보일 수 있다. 즉 임의의 두 원소

$$z=(z_0,z_1,\ldots,z_n),\ w=(w_0,w_1,\ldots,w_n)\in S^n$$

에 대하여,

$$z\sim' w \Leftrightarrow z=aw\text{를 만족하는 } |a|=1\text{인 } a\in K^*=K-\{0\}\text{가 존재}$$

좀 더 구체적으로, $\mathbb{P}^n(\mathbb{R})$이 n-차원 미분다양체임을 보이기 위해, 먼저 다음과 같이 정의된 사상 $\pi:\mathbb{R}^{n+1}-\{0\}\to\mathbb{P}_n(\mathbb{R})$을 고려하자.

$$\pi(z_0,z_1,\ldots,z_n)=(z_0,z_1,\ldots,z_n)\text{에 의해 생성된 }\mathbb{R}^{n+1}\text{의 1-차원 부분공간}$$

그러면 다음과 같은 성질이 성립한다.

(i) $\pi|_{S^n}$이 전사함수이므로 π도 전사함수이다.

(ii) 전사함수 π를 이용하여 $\mathbb{P}^n(\mathbb{R})$ 상에 상위상을 주자. 즉 U가 $\mathbb{P}^n(\mathbb{R})$에서 열린 집합일 필요충분조건으로 $\pi^{-1}(U)$가 $\mathbb{R}^{n+1}-\{0\}$에서 열린집합인 것으로 정의하자. 그러면 정의에 의해, π가 연속함수가 되고 $\mathbb{P}^n(\mathbb{R})$은 제2가산공리를 만

족하는 하우스도르프 공간이다.

(iii) 또한 $\pi: S^n \to \mathbb{P}^n(\mathbb{R})$이 연속이고 전사함수이므로 $\mathbb{P}^n(\mathbb{R})$이 컴팩트공간이다.

(iv) $z=(z_0,z_1,\dots,z_n)\in\mathbb{R}^{n+1}-\{0\}$에 대하여

$$\pi(z)=[z_0,z_1,\dots,z_n]$$

으로 나타낼 때, $[z_0,z_1,\dots,z_n]$을 $\mathbb{P}^n(\mathbb{R})$의 **동차좌표**(homogeneous coordinates)라 부른다. 이 같은 동차좌표를 이용하여 $\mathbb{P}^n(\mathbb{R})$에 미분다양체(또는 실해석적) 구조를 다음과 같이 줄 수 있다. 실제로, 각각의 $i=0,1,2,\dots,n$에 대하여

$$U_i=\{[z_0,z_1,\dots,z_n]\in\mathbb{P}^n(\mathbb{R})\mid z_i\neq 0\}$$

라 할 때, U_i는 $\mathbb{P}^n(\mathbb{R})$ 상에서 열린집합이고 $\mathbb{P}^n(\mathbb{R})=\bigcup_{i=0}^{n} U_i$이다. 또한

$$h_i: U_i\to\mathbb{R}^n,\ \ [z_0,z_1,\dots,z_n]\mapsto\left(\frac{z_0}{z_i},\frac{z_1}{z_i},\dots,\frac{z_{i-1}}{z_i},\frac{z_{i+1}}{z_i},\dots\frac{z_n}{z_i}\right)$$

라 할 때, h_i가 위상동형사상이고 $h_i\circ h_j^{-1}$는 미분동형사상이다. 따라서 [보조정리 1.1.5]의 (2) 의해

$$\{h_i: U_i\to\mathbb{R}^n\mid i=0,1,2,\dots,n\}$$

이 $\mathbb{P}^n(\mathbb{R})$ 상에 미분구조를 정의한다.

비슷한 방법으로, $K=\mathbb{C}$ 상에서 정의된 유한 차원 벡터공간 V에 대하여 복소해석적다양체 $\mathbb{P}^n(\mathbb{C})$를 정의할 수 있다. 특히 $K=\mathbb{C}$인 경우에는 위의 논의에서 이용된 S^n 대신에 S^{2n+1}이 사용된다.

앞으로 문맥에 혼란이 없으면, $\mathbb{P}^n(\mathbb{C})$ 또는 $\mathbb{P}^n(\mathbb{R})$ 등을 $\mathbb{P}^n$을 이용하여 간단히 나타내기로 한다.

예제 1.1.9 행렬공간(space of matrices)

$K=\mathbb{R}$ 또는 $\mathbb{C}$일 때, K-값을 성분으로 갖는 $k\times n$-행렬들의 모임을 $M_{k,n}(K)$라 하자. 이때, $M_{k,n}(K)$가 K^{kn}과 미분동형이 되도록 미분구조를 줄 수 있다. 또한 $G_{k,n}(K)$를 고정된 차수(rank) $k(\le n)$를 갖는 $M_{k,n}(K)$의 원소의 모임이라 하자. 그러면 임의의 $A\in G_{k,n}(K)$와 $l=\binom{n}{k}$에 대하여 $\{A_1,A_2,\dots,A_l\}$을 A의 모든 $k\times k$-소행렬(minor)로

이루어진 순서가 주어진 모임이라 할 때, 다음 등식이 성립한다.

$$G_{k,n}(K)=\bigcup_{i=1}^{l}\{A\in M_{k,n}(K)\mid \det(A_i)\neq 0\}$$

따라서 $G_{k,n}(K)$가 $M_{k,n}(K)$의 열린집합들의 합집합이므로 $G_{k,n}(K)$도 kn-차원 미분다양체이다.

예제 1.1.10 그라스만다양체(Grassmannian manifold)

V가 K 상에서 정의된 n-차원 벡터공간이고 $1\leq k\leq n$일 때, $Gr_{k,n}(V)$를 V의 k-차원 벡터부분공간의 모임이라 하자. 이때, $Gr_{k,n}(V)$를 **그라스만다양체**라 부른다. $K=\mathbb{C}$일 때, $Gr_{1,n}(V)$는 $\mathbb{P}_n(\mathbb{C})$와 동형이고 $Gr_{n,n}(V)$는 한 점으로 이루어져 있다.

$K=\mathbb{C}$일 때, 다음과 같이 정의된 사상 $\pi: G_{k,n}(\mathbb{C})\to Gr_{k,n}(V)$를 고려하자.

$$\pi: G_{k,n}(\mathbb{C})\to Gr_{k,n}(V),\ \pi(A)=\pi\begin{pmatrix}a_1\\a_2\\\vdots\\a_k\end{pmatrix}=\langle a_1,a_2,\dots,a_k\rangle$$

단, 여기서 $\langle a_1,a_2,\dots,a_k\rangle$는 행벡터 $a_1,a_2,\dots,a_k$에 의해 생성된 V의 k-차원 벡터부분공간을 나타낸다. 그러면 다음 성질이 성립한다.

(i) 전사인 사상 π와 미분다양체 $G_{k,n}(\mathbb{C})$를 이용하여 $Gr_{k,n}(V)$에 상위상을 주자. 그러면 다음과 같이 정의된 집합

$$P=\left\{A\in G_{k,n}(\mathbb{C})\mid A\overline{A}^T=I_k\right\}\subset\left\{A=(a_{ij})\in G_{k,n}(\mathbb{C})\mid \sum|a_{ij}|^2\leq k\right\}$$

가 유계이며 닫힌집합이므로 $G_{k,n}(\mathbb{C})$의 컴팩트 부분공간이다. 한편

$$\pi(P)=Gr_{k,n}(V)$$

이므로 $Gr_{k,n}(V)$도 컴팩트공간이다.

(ii) 만약 $\pi(A)=\pi(B)$이면 $A=gB$를 만족하는 $g\in GL(k,\mathbb{C})$가 존재한다. 따라서 $Gr_{k,n}(V)$는 $G_{k,n}(\mathbb{C})/GL(k,\mathbb{C})$와 위상동형이다. $G_{k,n}(\mathbb{C})/GL(k,\mathbb{C})$가 하우스도르프 공간이므로 $Gr_{k,n}(V)$도 역시 하우스도르프 공간이다.

(iii) 마지막으로 $Gr_{k,n}(V)$는 $k(n-k)$-차원 복소다양체이다. 실제로, 임의의 $A\in G_{k,n}(\mathbb{C})$와 $l=\binom{n}{k}$에 대하여

$$\{A_1, A_2, \ldots, A_l\}$$

을 A의 모든 $k\times k$-소행렬의 모임이라 할 때, A_i가 정칙인 $i(1 \le i \le l)$와 치환행렬(permutation matrix) P_i가 존재하여 다음 등식이 성립한다.

$$AP_i = \left[A_i \ \widetilde{A_i}\right]_{k\times n},\ \widetilde{A_i}\text{는 } k\times(n-k)\text{-행렬}$$

이때,

$$U_i = \{S\in Gr_{k,n}(V) \mid S=\pi(A),\ \det(A_i)\ne 0\}$$

라 하면 U_i가 연속함수인 $\det(A_i)$를 이용하여 $\det(A_i)\ne 0$로 정의되었기 때문에 $Gr_{k,n}(V)$의 열린 부분집합이다. 또한, 정의에 의해 $\{U_i \mid i=0,1,\ldots,n\}$이 $Gr_{k,n}(K)$의 열린덮개이다. 뿐만 아니라, 다음과 같이 정의된 함수 $h_i : U_i \to \mathbb{C}^{k(n-k)}$가 $Gr_{k,n}(K)$의 S-구조를 구성함을 어렵지 않게 보일 수 있다.

$$h_i : U_i \to \mathbb{C}^{k(n-k)},\quad h_i(\pi(A)) = A_i^{-1}\widetilde{A_i}\in\mathbb{C}^{k(n-k)}$$

예제 1.1.11 대수다양체(algebraic manifold)

복소사영공간 $\mathbb{P}^n(\mathbb{C})$의 다음과 같이 정의된 부분공간 H를 고려하자.

$$H=\left\{[z_0,z_1,\ldots,z_n]\in\mathbb{P}^n(\mathbb{C}) \mid a_0z_0+a_1z_1+\cdots+a_nz_n=0,\ (a_0,a_1,\ldots,a_n)\in\mathbb{C}^{n+1}-\{0\}\right\}$$

이때, H는 $\mathbb{P}^n(\mathbb{C})$의 $(n-1)$-차원 사영부분공간이고, H를 **사영초평면**(projective hyperplane)이라 부른다. 실제로, 임의의 점

$$[z_0,z_1,\ldots,z_n]\in H\cap U_0$$

에 대하여 $[z_0,z_1,\ldots,z_n]\in U_0$이므로 $z_0\ne 0$이다. 따라서 다음 등식이 성립한다.

$$a_1\frac{z_1}{z_0}+a_2\frac{z_2}{z_0}+\cdots+a_n\frac{z_n}{z_0}=-a_0$$

이때 각각의 $i(1\le i\le n)$에 대하여 $\zeta_i=\dfrac{z_i}{z_0}$라 할 때,

$$h_0|_{H\cap U_0} : H\cap U_0 \to L_0=\left\{(\zeta_1,\zeta_2,\ldots,\zeta_n)\in\mathbb{C}^n \mid a_1\zeta_1+a_2\zeta_2+\cdots+a_n\zeta_n=-a_0\right\},$$

$$h_0|_{H\cap U_0}([z_0,z_1,\ldots,z_n])=(\zeta_1,\zeta_2,\ldots,\zeta_n)$$

이 성립한다. 한편 L_0는 $\mathbb{C}^{n+1}$의 아핀부분공간이므로 $h_0|_{H\cap U_0}$가 H의 좌표계를 이룬다. 비슷한 방법으로, 임의의 $i(1 \le i \le n)$에 대하여 $h_i|_{H\cap U_i}$도 H의 좌표계를 형성함을 알 수 있다. 따라서 H가 $\mathbb{P}^n(\mathbb{C})$의 $(n-1)$-차원 복소부분다양체가 된다.
좀 더 일반적으로,

$$p_1, p_2, \ldots, p_r$$

이 차수가 각각 $d_1, d_2, \ldots, d_r$인 동차다항식(homogeneous polynomial)에 대하여, 다음과 같이 정의된 $\mathbb{P}^n(\mathbb{C})$의 부분공간 V를 고려하자.

$$V = \{[z_0, z_1, \ldots, z_n] \in \mathbb{P}_n(\mathbb{C}) \mid p_1(z) = p_2(z) = \cdots = p_r(z) = 0\}$$

단, 여기서 $z = (z_0, z_1, \ldots, z_n) \in \mathbb{C}^{n+1}$을 나타낸다. 이때, $z_0 \neq 0$이면 다음과 같은 r개의 등식을 얻을 수 있다.

$$p_1\left(1, \frac{z_1}{z_0}, \frac{z_2}{z_0}, \ldots, \frac{z_n}{z_0}\right) = 0, \ldots, p_r\left(1, \frac{z_1}{z_0}, \frac{z_2}{z_0}, \ldots, \frac{z_n}{z_0}\right) = 0$$

따라서 위 r개의 등식의 야코비행렬(Jacobian matrix)

$$\begin{bmatrix} \frac{\partial p_1}{\partial \zeta_1} & \frac{\partial p_1}{\partial \zeta_1} & \cdots\cdots & \frac{\partial p_1}{\partial \zeta_n} \\ \frac{\partial p_2}{\partial \zeta_1} & \frac{\partial p_2}{\partial \zeta_1} & \cdots\cdots & \frac{\partial p_2}{\partial \zeta_n} \\ \cdots & \cdots & \cdots\cdots & \cdots \\ \frac{\partial p_r}{\partial \zeta_1} & \frac{\partial p_r}{\partial \zeta_1} & \cdots\cdots & \frac{\partial p_r}{\partial \zeta_n} \end{bmatrix}, \quad \zeta_i = \frac{z_i}{z_0}, \quad i = 1, 2, \cdots, n$$

이 최대의 차수(rank)인 r을 갖는다면 위의 부분공간 V는 $\mathbb{P}^n(\mathbb{C})$의 $(n-r)$-차원 복소부분다양체가 된다. 하지만 야코비행렬의 차수에 관한 조건이 없는 일반적인 경우에는 V를 **사영대수다양체**(projective algebraic variety)라 말하고, 야코비행렬의 차수가 r보다 작은 V의 점을 **특이점**(singular point)이라 부른다.

예제 1.1.12 페르마곡면(Fermat surface)

임의의 정수 $d \ge 1$에 대하여, 다음과 같이 정의된 $\mathbb{P}^3(\mathbb{C})$의 부분공간 X_d를 고려하자.

$$X_d = \{[z_0, z_1, z_2, z_3] \in \mathbb{P}^3(\mathbb{C}) \mid p(z_0, z_1, z_2, z_3) = z_0^d + z_1^d + z_2^d + z_3^d = 0\}$$

그러면 X_d는 $\mathbb{P}^3(\mathbb{C})$의 2-차원 대수다양체가 된다. 실제로,

$$U_0 = \{[z_0, z_1, z_2, z_3] \in \mathbb{P}^3(\mathbb{C}) \mid z_0 \neq 0\} \cap X_d$$

상에서 $p(1, \zeta_1, \zeta_2, \zeta_3) = 1 + \zeta_1^d + \zeta_2^d + \zeta_3^d = 0$를 얻는다. 이때 p의 야코비행렬은 다음과 같다.

$$\left[d\zeta_1^{d-1} \ d\zeta_2^{d-1} \ d\zeta_3^{d-1}\right]_{1\times 3}$$

따라서 야코비행렬의 차수가 0일 필요충분조건은 $\zeta_1 = \zeta_2 = \zeta_3 = 0$이다. 하지만 $[1,0,0,0]$는 X_d의 원소가 아니므로 p의 야코비행렬의 차수는 X_d에서 항상 1이다. 비슷한 방법으로 X_d의 모든 점에서 p의 야코비행렬의 차수가 1임을 보일 수 있다. 따라서 X_d는 $\mathbb{P}^3(\mathbb{C})$의 2-차원 복소부분다양체이고 보통 **페르마곡면**이라 부른다. 특히, $X_1 = \mathbb{P}^1(\mathbb{C})$이고 $X_2 = S^2 \times S^2 = \mathbb{P}^1(\mathbb{C}) \times \mathbb{P}^1(\mathbb{C})$이다. 또한,

$$X_3 = \mathbb{P}^2(\mathbb{C}) \# 6\overline{\mathbb{P}}^2(\mathbb{C})$$

이고 X_3를 **페르마 4차 곡면** 또는 **$K3$-곡면**(Fermat quartic surface 또는 $K3$-surface)이라 부른다. 마지막으로 자연수 d가 5이상인 경우에는 X_d를 **일반형을 갖는 대수곡면**(algebraic surface of general type)이라 부른다.

레프셰츠 정리(Lefschetz theorem)에 의해 X_d는 항상 단순연결공간(simply connected space)임을 보일 수 있다. 또한, X_d의 두 번째 베티수(second Betti number) $b_2(X_d)$, 부호수(signature) $\sigma(X_d)$, 첫 번째 천류(Chern class) $c_1(X_d)$ 그리고 두 번째 천류 $c_2(X_d)$가 다음과 주어짐은 잘 알려진 사실이다.

$$b_2(X_d) = d^3 - 4d^2 + 6d - 2, \ \sigma(X_d) = \frac{1}{3}d(4 - d^2)$$
$$c_1(X_d) = (4-d)\iota^* h, \ c_2(X_d) = (6 - 4d + d^2)\iota^* h^2, \ h \in H^2(X_d, \mathbb{C})$$

단, 여기서 $\iota : X_d \hookrightarrow \mathbb{P}^3(\mathbb{C})$이고 $H^*(\mathbb{P}^n(\mathbb{C}), \mathbb{C}) = \langle h \mid h^{n+1} = 0 \rangle$이다. 따라서 d가 짝수인 경우에는

$$c_1(X_d) \equiv 0 \pmod 2$$

이므로 X_d가 4-차원 **스핀다양체**(spin manifold)가 된다. 또한 X_d의 오일러 수(Euler number)

$$e(X_d) = 2 + b_2(X_d) = (6 - 4d + d^2)d$$

로 주어진다.

정의 1.1.13

두 S-다양체 $(M, S(M))$과 $(N, S(N))$ 사이에서 정의된 S-사상

$$f:(M, S(M)) \to (N, S(N))$$

이 $(N, S(N))$의 부분다양체로 가는 S-동형사상(S-isomorphism)일 때, f를 **S-매립사상**(S-embedding)이라 한다. 특히 S가 E, A, 또는 O일 때, f를 각각 **미분매립사상**(differentiable embedding), **실해석적 매립사상**(real-analytic embedding), 그리고 **복소해석적 매립사상**(holomorphic embedding)이라 한다.

미분매립사상에 관한 다음 **휘트니 정리**(Whitney theorem)는 매우 잘 알려진 사실이다.

정리 1.1.14 휘트니 정리(Whitney theorem)

n-차원 컴팩트이거나 또는 컴팩트가 아닌 일반적인 미분다양체 M에 대하여, 다음이 성립한다.

(1) $(2n+1)$-차원 유클리드 공간 $\mathbb{R}^{2n+1}$에 대하여, 매립사상 $f: M \to \mathbb{R}^{2n+1}$(또는 좀 더 엄밀하게는 $\mathbb{R}^{2n}$)이 항상 존재한다.

(2) M의 상(image) $f(M)$을 $\mathbb{R}^{2n+1}$의 해석적 부분다양체로 볼 수 있다. 즉, $f(M)$에 해석적 구조를 주어 실해석적 다양체로 볼 수 있다.

그라우에르트(Grauert)와 모리(Morrey)는 위의 휘트니 정리를 확장하여 임의의 실해석적다양체 M의 경우에도 적당히 큰 자연수 N를 택하여 실해석적으로 M을 $\mathbb{R}^N$으로 매립할 수 있음을 보였다.

미분다양체와 달리, 복소다양체의 경우에는 위와 같은 매립 정리가 성립하지 않는다. 실제로 다음 정리가 성립한다.

정리 1.1.15

임의의 컴팩트이고 연결인 복소다양체 X와 $f \in O(X)$에 대하여, f는 항상 상수함수이다.

증명

가정에 의해, X가 컴팩트공간이므로 $|f|$는 X 상에서 최댓값과 최댓값을 갖는 점 x_0가 존재한다. 이때, 다음과 같이 정의된 X의 부분집합 Y를 고려하자.

$$Y = \{x \in X \mid f(x) = f(x_0)\}$$

그러면 f가 연속함수이므로 자명하게 Y는 X의 닫힌 부분집합이다. 한편 $|f|$의 최댓값이 $|f(x_0)|$이므로 Y가 X의 열린 부분집합임도 보일 수 있다. 실제로, Y가 X의 열린 부분집합임을 보이기 위해, 임의의 $x \in Y$에 대하여 x-근방에서 $\varphi(x) = 0 \in \mathbb{C}^n$을 만족하는 좌표함수

$$\varphi : U \to \mathbb{C}^n, \ \ \varphi(u) = (z_1, z_2, \ldots, z_n) = z, \ \ u \in U$$

를 택하자. 그런 다음, $0 \in \mathbb{C}^n$을 중심으로 갖는 작은 열린공 $B(0,\varepsilon) \subset \mathbb{C}^n, \varepsilon > 0$와 $0 \in \mathbb{C}$를 중심으로 갖는 열린공 $D(0,\delta) \subset \mathbb{C}, \delta > 1$에서 잘 정의된 다음과 같은 함수 g를 고려하자.

$$g(\lambda) = f \circ \varphi^{-1}(\lambda z), \ \ \lambda \in D(0,\delta), \ \ z \in B(0,\varepsilon)$$

그러면 g가 $D(0,\delta)$ 상에서 복소해석적 함수이다. 따라서 g가 0에서 최댓값을 갖는다. 한편, 복소해석학에서 성립하는 최댓값 정리에 의해 g가 $D(0,\delta)$ 상에서 상수함수가 된다. 특히 다음 등식이 성립한다.

$$f(u) = f \circ \varphi^{-1}(z) = g(1) = g(0) = f(x_0), \ \ u \in \varphi^{-1}(B(0,\varepsilon)) \subset U$$

따라서 $\varphi^{-1}(B(0,\varepsilon)) \subset Y$가 성립한다. 하지만 x가 Y의 임의의 원소이므로 이것은 Y가 열린집합임을 의미한다.

결론적으로, X가 연결공간이므로 $Y = X$가 성립되어 증명이 완료된다.

따름정리 1.1.16

컴팩트인 양의 차원을 갖는 $\mathbb{C}^n$의 복소 부분다양체 X가 존재하지 않는다. 따라서 컴팩트인 $\mathbb{C}^n$의 복소 부분다양체는 항상 이산적인 유한집합뿐이다.

증명

귀류법을 이용하기 위해, 컴팩트이고 양의 차원을 갖는 $\mathbb{C}^n$의 복소 부분다양체 X가 존재한다고 가정하자. 그러면 $\mathbb{C}^n$의 좌표함수 z_i를 X의 연결성분 Y에 축소하여 얻은 함수 $z_i|_Y$는 항상 복소해석적 함수가 된다. 또한, X는 양의 차원을 갖는 다양체이므로 $z_i|_Y$ 중에 적어도 하나는 상수함수가 아니다. 하지만 이것은 컴팩트이고 연결인 복소다

양체상에서 정의된 상수가 아닌 복소해석적 함수가 존재하지 않는다라는 [정리 1.1.15]의 사실에 명백히 모순이다.

[따름정리 1.1.16]에 의해 복소사영공간 $\mathbb{P}^n(\mathbb{C})$는 $\mathbb{C}^N$의 복소 부분다양체가 될 수 없다. 하지만 컴팩트 공간이 아닌 경우에는 $\mathbb{C}^n$의 복소 부분다양체로 존재하는 복소다양체의 예가 많이 있다. 특히, 이와 같은 성질을 만족하는 복소다양체를 **스타인다양체**(Stein manifold)라 한다.

복소다양체 X의 **해석적 부분다양체**(analytic subvariety)란 X의 부분집합으로 국소적으로 유한 개의 복소해석적 함수의 해(solution)로 주어지는 경우를 말한다. 한편, 복소사영공간 $\mathbb{P}^n(\mathbb{C})$의 복소 부분다양체로 존재하는 컴팩트인 복소다양체도 많이 존재한다. 이와 같은 성질을 만족하는 컴팩트인 복소다양체를 **사영대수다양체**(projective algebraic manifold)라 한다.

초우 정리(Chow theorem)를 적용하면 사영대수다양체는 항상 동차다항식들의 해로 주어진다. 따라서 모든 사영대수다양체는 실제로는 유한 개의 동차다항식의 해로 정의되는 **대수다양체**(algebraic manifold)이다. 이것은 $\mathbb{P}^n(\mathbb{C})$의 모든 해석적 부분다양체가 항상 대수다양체임도 말해 준다. 정의에 의해, 모든 대수다양체는 적당한 복소사영공간 $\mathbb{P}^n(\mathbb{C})$의 해석적 부분다양체임은 자명하다.

정리 1.1.17

그라스만다양체 $Gr_{k,n}(\mathbb{C})$는 사영대수다양체이다.

증명

증명을 위해, 먼저 다음과 같이 정의된 함수

$$P: G_{k,n}(\mathbb{C}) \to \wedge^k\mathbb{C}^n \cong \mathbb{C}^{\binom{n}{k}},\ P(A) = P\begin{pmatrix} a_1 \\ a_2 \\ \vdots \\ a_k \end{pmatrix} = a_1 \wedge a_2 \wedge \cdots \wedge a_k \neq 0$$

를 고려하자. 그러면 다음이 성립한다.

$$\begin{array}{ccc} G_{k,n}(\mathbb{C}) & \overset{P}{\rightarrow} & \wedge^k\mathbb{C}^n - \{0\} \\ \downarrow \pi_G & & \downarrow \pi_P \\ Gr_{k,n}(\mathbb{C}) & \underset{F}{\rightarrow} & \mathbb{P}(\wedge^k\mathbb{C}^n) \end{array}$$

이때, F를 **플뤼커 매립사상**(Flücker embedding)이라 부른다. 다음 사실이 성립한다.

(i) F가 잘 정의된 사상이다. 실제로 $\pi_G(A)=\pi_G(B)$일 때, $gA=B$를 만족하는 $g\in GL(k,\mathbb{C})$가 존재한다. 한편 $A=\begin{pmatrix} a_1 \\ a_2 \\ \vdots \\ a_k \end{pmatrix}$이고 $B=\begin{pmatrix} b_1 \\ b_2 \\ \vdots \\ b_k \end{pmatrix}$라 할 때,

$$a_1\wedge a_2\wedge \cdots \wedge a_k = \det(g) b_1\wedge b_2\wedge \cdots \wedge b_k$$

이므로 다음 등식이 성립한다.

$$\begin{aligned} \pi_P(a_1\wedge a_2\wedge \cdots \wedge a_k) &= [a_1\wedge a_2\wedge \cdots \wedge a_k] \\ &= [b_1\wedge b_2\wedge \cdots \wedge b_k] = \pi_P(b_1\wedge b_2\wedge \cdots \wedge b_k) \end{aligned}$$

따라서 $F([A])=F([B])$가 성립한다.

(ii) F가 단사함수이다. 실제로 $\pi_G(A)\neq\pi_G(B)$라고 가정하자. 그러면 다음 조건을 만족하는 $\mathbb{C}^n$의 $(n-k)$-차원 부분공간 Λ_{n-k}가 존재한다.

$$\Lambda_{n-k}\cap\pi_G(A)=\{0\},\ \ \Lambda_{n-k}\cap\pi_G(B)\neq\{0\}$$

이때, 일차독립인 $\{a_1, a_2, \dots, a_k\}$를 확장하여 얻은 $\mathbb{C}^n$의 기저

$$\{a_1, a_2, \dots, a_k, a_{k+1}, \dots, a_n\}$$

과 각각의 $1\le i\le k$에 대하여 b_i를 다음과 같이 나타내자.

$$b_i = \sum_{j=1}^{k} b_{ji}a_j + \sum_{j=k+1}^{n} b_{ji}a_j$$

그러면 다음 등식이 성립한다.

$$b_1\wedge b_2\wedge \cdots \wedge b_k = \lambda a_1\wedge a_2\wedge \cdots \wedge a_k + \mu_{i_1 i_2 \dots i_k} a_{i_1}\wedge a_{i_2}\wedge \cdots \wedge a_{i_k} + \cdots$$

단, 여기서 $\{i_1, i_2, \dots, i_k\}\neq\{1, 2, \dots, k\}$이고 $1\le i_1<i_2<\cdots<i_k\le n$이다. 또한 $\lambda\neq 0$이고 $\mu_{i_1 i_2 \dots i_k}\neq 0$를 만족하는 $\{i_1, i_2, \dots, i_k\}\subset\{1, 2, \dots, n\}$이 존재하는 경우만 고려해도 충분하다. 따라서 $\wedge^k\mathbb{C}^n$의 두 원소

$$b_1 \wedge b_2 \wedge \cdots \wedge b_k,\ a_1 \wedge a_2 \wedge \cdots \wedge a_k$$

는 서로 평행하지 않다. 하지만 이것은 $F([A]) \neq F([B])$를 의미하므로 F가 단사함수이다.

(iii) $G_{k,n}(\mathbb{C})$가 컴팩트공간이고 F가 단사함수이다. 또한 $\mathbb{P}(\wedge^k \mathbb{C}^n)$가 하우스도르프 공간이므로

$$F: G_{k,n}(\mathbb{C}) \to F(G_{k,n}(\mathbb{C})) \subset \mathbb{P}(\wedge^k \mathbb{C}^n)$$

이 위상동형사상이다.

(iv) 임의의 $A \in G_{k,n}(\mathbb{C})$에 대하여, [예제 1.1.10]의 기호를 이용하여 A가 다음 등식을 만족한다고 가정하자.

$$[A] = [I_{k\times k}\ A_i^{-1}\widetilde{A_i}]_{k\times n},\ \ B_i = A_i^{-1}\widetilde{A_i},\ \ i = 1,2,\ldots,k$$

그러면 F는 다음과 같이 주어진다.

$$F([A]) = (\cdots, \det(C_l), \cdots) \in \mathbb{P}(\wedge^k \mathbb{C}^n),\ \ 1 \le l \le \binom{n}{k} - 1$$

단, 여기서 C_l은 $(I_{k\times k} B_i)_{k\times n}$의 한 $k \times k$-소행렬을 나타낸다. 한편 $\det(C_l)$은 B_i의 성분들로 이루어진 다항식이므로 항상 복소해석적 함수이다. 따라서 F도 복소해석적 함수이다.

위의 (i)-(iv)에 의해, F가 복소해석적 매립사상이므로 그라스만다양체 $Gr_{k,n}(\mathbb{C})$는 복소사영공간 $\mathbb{P}(\wedge^k \mathbb{C}^n)$의 복소 부분다양체이다. 즉 $Gr_{k,n}(\mathbb{C})$는 사영대수다양체이다.

1.2 벡터번들의 정의와 기본성질

다양체 상에서 정의된 벡터번들는 기하학에서 제기된 여러 가지 비선형 문제를 선형화하여 해결하려는 시도에서 출발했다. 이 같은 시도는 미분기하학을 비롯한 복소기하학에 중요한 파급효과를 주었고, 많은 기하학적인 문제를 정확히 이해하고 해결하는 데 큰 도움이 되었다. 이 절의 목표는 먼저 벡터번들의 엄밀한 정의와 그와 연관된 중요 성질을 자세히 정리하고, 몇 가지 중요한 예를 소개하는 것이다.

이를 위해, 다음 정의부터 시작한다.

정의 1.2.1

E와 X가 하우스도르프 공간일 때, 다음 조건 (1)과 (2)를 만족하는 전사인 연속함수

$$\pi : E \to X$$

를 **차수(rank)가 r인 K-벡터번들**(K-vector bundle of rank r)이라 한다.

(1) 임의의 $p \in X$에 대하여, $E_p := \pi^{-1}(p)$가 K-차원이 r인 K-벡터공간이다. 이때, E_p를 p 상에서 π의 **파이버**(fiber)라 한다.

(2) 임의의 $p \in X$에 대하여, 다음 두 조건 (ⅰ)과 (ⅱ)를 만족하는 p의 열린근방 $U \subset X$와 위상동형사상 $h : \pi^{-1}(U) \to U \times K^r$이 존재한다.

(ⅰ) $h(E_p) \subset \{p\} \times K^r$

(ⅱ) pr_2가 두 번째 성분에 관한 사영사상(projection map)

$$pr_2 : \{p\} \times K^r \to K^r,\ (p, v) \mapsto v$$

를 나타낼 때, 다음과 같이 정의된 h^p가 두 K-벡터공간 사이에서 정의된 K-동형사상이다.

$$h^p : E_p \to \{p\} \times K^r \to K^r,\ h^p := pr_2 \circ h|_{E_p}$$

이때, (U, h)를 $\pi : E \to X$의 **국소자명화**(local trivialization)라 하고, E를 $\pi : E \to X$의 **전공간**(total space), X를 $\pi : E \to X$의 **기저공간**(base space)이라 한다. 또한, 종종 간단히 E를 X상의 K-벡터번들이라 부른다.

다음 보조정리가 성립한다.

보조정리 1.2.2

차수가 r인 K-벡터번들 $\pi : E \to X$에 대하여, 다음이 성립한다.

(1) 임의의 두 국소자명화 (U_α, h_α)와 (U_β, h_β)가 $U_\alpha \cap U_\beta \neq \varnothing$일 때,

$$h_\alpha \circ h_\beta^{-1} : (U_\alpha \cap U_\beta) \times K^r \to (U_\alpha \cap U_\beta) \times K^r$$

이 다음과 같이 주어진다.

$$h_{\alpha\beta}(p, v) = (p, g_{\alpha\beta}(p)v)$$

단, 여기서 함수 $g_{\alpha\beta}$는 다음과 같다.

$$g_{\alpha\beta}: U_\alpha \cap U_\beta \to GL(r,K),\ g_{\alpha\beta}(p) := h_\alpha^p \circ (h_\beta^p)^{-1}: K^r \to K^r$$

이때, $g_{\alpha\beta}$를 K-벡터번들 $\pi: E \to X$의 **전이함수**(transition function)라 한다.

(2) 전이함수의 모임 $\{g_{\alpha\beta}\}$가 다음과 같은 **쌍대순환조건**(cocycle condition)을 만족한다.

$$g_{\alpha\beta} \circ g_{\beta\gamma} \circ g_{\gamma\alpha}(p) = I_r,\ p \in U_\alpha \cap U_\beta \cap U_\gamma,$$
$$g_{\alpha\alpha}(p) = I_r,\ p \in U_\alpha$$

단, 여기서 I_r는 $r \times r$-단위행렬을 나타낸다.

증명

(1)과 (2) 증명은 정의에 의해 자명하므로 그 증명을 생략한다.

[보조정리 1.2.2]의 역이 다음과 같이 성립한다.

정리 1.2.3

하우스도르프 공간 X의 열린덮개 $\{U_\alpha \mid \alpha \in \Gamma\}$와 임의의 $\alpha, \beta \in \Gamma$에 대하여 함수

$$g_{\alpha\beta}: U_\alpha \cap U_\beta \to GL(r,K)$$

가 다음과 같이 쌍대순환조건을 만족한다고 가정하자.

$$g_{\alpha\beta} \circ g_{\beta\gamma} \circ g_{\gamma\alpha}(p) = I_r,\ p \in U_\alpha \cap U_\beta \cap U_\gamma$$
$$g_{\alpha\alpha}(p) = I_r,\ p \in U_\alpha$$

그리고 편의상 $\widetilde{E}$를 서로 만나지 않는 $U_\alpha \times K^r$들의 합집합이라 가정하고 $\widetilde{E}$ 상에서 다음과 같이 정의된 동치관계 $\sim$를 주자. 즉 임의의

$$(x,v) \in U_\alpha \times K^r,\ (y,w) \in U_\beta \times K^r$$

에 대하여,

$$(x,v) \sim (y,w) \Leftrightarrow x = y,\ w = g_{\alpha\beta}(x)v$$

이때, 다음이 성립한다.

(1) 함수

$$\pi: E = \widetilde{E}/\sim\ \to X,\ [(x,v)] \mapsto x$$

는 전사함수이다.

(2) $U_\alpha \times K^r$ 상에서 정의된 곱위상과 고유사상 $\widetilde{E} \to E = \widetilde{E}/\sim$를 이용하여 E에 상위상을 줄 때, π가 연속함수이다.

(3) $\pi : E \to X$는 차수가 r인 K-벡터번들이다.

증명

(1)과 (2)는 정의에 의해 자명하므로 (3)의 증명만 보이면 충분하다. 이를 보이기 위해, 먼저 임의의 $p \in X$에 대하여

$$\pi^{-1}(p) = E_p = \{[(p, v)] \mid v \in K^r\}$$

이고 E_p는 K-차원이 r인 K-벡터공간임을 보인다. 실제로, 임의의 $p \in X$에 대하여 $p \in U_\alpha$를 만족하는 $\alpha \in \Gamma$가 존재한다. 또한 $\widetilde{E}$의 정의에 의해 다음 조건이 성립한다.

$$U_\alpha \times K^r \cap U_\beta \times K^r = \varnothing,\ \ \alpha, \beta(\neq \alpha) \in \Gamma$$

위의 조건을 얻기 위해, 예를 들어, $U_\alpha \times K^r$ 대신에 $U_\alpha \times (K^r \times \{\alpha\})$를 이용하고 K^r를 $K^r \times \{\alpha\}$와 동일시하면 된다. 따라서 집합 E_p에 속하는 임의의 동치류 $[(p,v)]$의 대표원을 $\{p\} \times K^r (\subset U_\alpha \times K^r)$에 속하는 유일한 원소 (p, v)로 택할 수 있다. 한편, $\{p\} \times K^r$은 K-차원이 r인 K-벡터공간이므로 E_p도 역시 K-차원이 r인 K-벡터공간이다. 또한, (2)에서 $\pi^{-1}(U_\alpha)$ 상에 정의한 위상과 위의 논의에 의해

$$h : \pi^{-1}(U_\alpha) \to U_\alpha \times K^r,\ \ [(q,v)] \mapsto (q,v) \in \{q\} \times K^r$$

가 위상동형사상이다. 뿐만 아니라, 합성함수

$$h^p : E_p \to \{p\} \times K^r \to K^r,\ \ [(p,v)] \mapsto v$$

가 K-벡터동형사상이다. 따라서 $\pi : E \to X$가 차수가 r인 K-벡터번들이다.

정의 1.2.4

차수가 r인 K-벡터번들 $\pi : E \to X$가 다음 조건 (1), (2), (3)을 만족할 때, $\pi : E \to X$를 **S-벡터번들**이라 한다.

(1) E와 K가 S-다양체이다.

(2) π가 S-사상이다.

(3) 모든 국소자명화가 S-동형사상이다.

특히, $S=O$일 때 $\pi: E \to X$를 **복소해석적 벡터번들**(holomorphic vector bundle)이라 한다.

예제 1.2.5 보편번들 또는 유니버설번들(universal bundle 또는 tautological bundle)

다음과 같이 정의된 집합

$$U_{r,n}(K)=\{(v,\ V) \mid v \in V,\ V\text{는 } K^n \text{ 상에서 정의된 } r-\text{차원 선형부분공간}\}$$

과 사상

$$\pi: U_{r,n}(K) \to Gr_{r,n}(K),\ \pi(v,\ V)=V$$

를 고려하자. 그러면

$$\pi: U_{r,n}(K) \to Gr_{r,n}(K)$$

는 K-차수가 r인 K-벡터번들이고 $U_{r,n}(K)$를 ***K*-보편번들** 또는 ***K*-유니버설번들** (K-universal bundle)이라 부른다. 특히 $S=O$일 때,

$$\pi: U_{r,n}(\mathbb{C}) \to Gr_{r,n}(\mathbb{C})$$

는 $\mathbb{C}$-차수가 r인 복소해석적 벡터번들이 된다.

예를 들어, 차수가 1인 K-보편번들

$$\pi: U_{1,n}(K) \to Gr_{1,n}(K)=\mathbb{P}_{n-1}(K)$$

는 다음과 같이 주어진다.

$$\pi(v,l)=l=[z_0,z_1,\dots,z_{n-1}]$$

단, 여기서 $v=t(z_0,z_1,\dots,z_{n-1})$, $t \in K$를 의미한다. 이때, $U_{1,n}(K)$를 $O_{\mathbb{P}_{n-1}(K)}(-1)$으로 나타내기도 한다.

(i) K-보편번들 $U_{1,n}(K)$의 국소자명화(local trivialization)를 찾기 위해, 먼저 각각의 $\alpha \in \{0,1,2,\dots,n-1\}$에 대하여 U_α의 π에 관한 역상 $\pi^{-1}(U_\alpha)$가 다음과 같이 주어짐을 알 필요가 있다.

$$\pi^{-1}(U_\alpha)=\{(t(z_0,z_1,\dots,z_{n-1}),\ [z_0,z_1,\dots,z_{n-1}]) \mid t \in K,\ z_\alpha \neq 0\}$$

즉

$$\pi^{-1}(U_\alpha)$$
$$= \left\{ \left(tz_\alpha \left(\frac{z_0}{z_\alpha}, \frac{z_1}{z_\alpha}, \dots, \frac{z_{\alpha-1}}{z_\alpha}, 1, \frac{z_{\alpha+1}}{z_\alpha}, \dots, \frac{z_{n-1}}{z_\alpha} \right), [z_0, z_1, \dots, z_{n-1}] \right) \mid t \in K,\ z_\alpha \neq 0 \right\}$$

이때, $t_\alpha = tz_\alpha$라 하면 $h_\alpha : \pi^{-1}(U_\alpha) \rightarrow U_\alpha \times K$가 다음과 같이 주어진다.

$$h_\alpha(v, l) = (l, t_\alpha) = (l, tz_\alpha), \quad h_\alpha^l(v) = t_\alpha$$

또한, h_α가 전단사함수이고 $h_\alpha^l : \pi^{-1}(l) \rightarrow \{l\} \times K$가 선형적으로 K-동형사상이다. 실제로,

$$v_1 = t_1(z_0, z_1, \dots, z_{n-1}), \quad v_2 = t_2(z_0, z_1, \dots, z_{n-1})$$

일 때, $v_1 + v_2 = (t_1 + t_2)(z_0, z_1, \dots, z_{n-1})$이므로 다음이 성립한다.

$$h_\alpha^l(v_1 + v_2) = (t_1 + t_2)z_\alpha = t_1 z_\alpha + t_2 z_\alpha = h_\alpha^l(v_1) + h_\alpha^l(v_2)$$

(ii) K-보편번들 $U_{1,n}(K)$의 전이함수(transition function)를 찾기 위해, 먼저 임의의

$$\alpha, \beta \in \{0, 1, 2, \dots, n-1\}$$

에 대하여 $(v, l) \in \pi^{-1}(U_\alpha \cap U_\beta)$를 택하자. 그러면

$$h_\alpha(v, l) = (l, tz_\alpha), \quad h_\beta(v, l) = (l, tz_\beta)$$

이다. 따라서 $t \neq 0$일 때, 다음 등식이 성립한다.

$$h_\alpha \circ h_\beta^{-1}(l, t_\beta) = h_\alpha(v, l) = (l, t_\alpha) = \left(l, \frac{t_\alpha}{t_\beta} t_\beta \right) = (l, g_{\alpha\beta}(l) t_\beta)$$

즉 $t \neq 0$일 때, $g_{\alpha\beta}(l)$이 다음과 같이 주어진다.

$$g_{\alpha\beta}(l) = \frac{tz_\alpha}{tz_\beta} = \frac{z_\alpha}{z_\beta}$$

사실 $t = 0$인 경우에도 $g_{\alpha\beta}(l) = \dfrac{z_\alpha}{z_\beta}$로 주어짐을 쉽게 확인할 수 있다. 따라서 $U_\alpha \cap U_\beta$ 상에서 정의된 전이함수

$$g_{\alpha\beta} : U_\alpha \cap U_\beta \rightarrow GL(1, K) = K - \{0\}, \quad g_{\alpha\beta}(l) = \frac{z_\alpha}{z_\beta}$$

이다.

정의 1.2.6

S-다양체 X 상에서 정의된 두 개의 S-벡터번들

$$\pi_E : E \to X, \ \ \pi_F : F \to X$$

에 대하여, 다음이 성립한다.

(1) S-사상(S-morphism) $f : E \to F$가 다음 두 조건 (i)과 (ii)를 만족할 때 **S-준동형사상**(S-homomorphism)이라 한다.

(i) 임의의 $p \in X$에 대하여, $f_p : E_p \to F_p$이다. 따라서 $\pi_F \circ f = \pi_E$가 성립한다.

(ii) 임의의 $p \in X$에 대하여, $f_p : E_p \to F_p$가 K-선형사상이다.

(2) S-준동형사상 $f : E \to F$가 다음 두 조건 (i)과 (ii)를 만족할 때, **S-동형사상**(S-isomorphism)이라 한다.

(i) $f : E \to F$가 두 S-다양체 E와 F 사이에서 정의된 S-동형사상이다.

(ii) 임의의 $p \in X$에 대하여, $f_p : E_p \to F_p$가 선형적으로 K-동형사상이다.

(3) S-다양체 X 상에서 정의된 두 S-벡터번들 E와 F 사이에 S-동형사상이 존재할 때, E와 F가 서로 **동치**(equivalent)라고 말한다.

(U, h)가 S-벡터번들 $\pi : E \to X$의 국소자명화일 때, [정의 1.2.1]과 [정의 1.2.6]에 의해 S-벡터번들 $E|_U$는 $U \times K^r$과 S-동형이다.

임의의 두 K-벡터공간 V와 W에 대하여, 다음과 같은 새로운 K-벡터공간을 정의할 수 있다.

- $V \oplus W$ (직합, direct sum)
- $V \otimes W$ (텐서곱, tensor product)
- $\mathrm{Hom}(V, W)$ (준동형군, homomorphism group)
- V^* (쌍대공간, dual space)
- $\wedge^k V$ (외대수, exterior product)
- $S^k(V)$ (대칭대수, symmetric algebra)

K-벡터번들의 경우에도 K-벡터공간과 마찬가지로 위와 같은 대수적인 구성을 통해 두 개의 K-벡터번들로부터 새로운 K-벡터번들을 정의할 수 있다.

예제 1.2.7 휘트니합번들(Whitney sum bundle)

S-다양체 X 상에서 정의된 두 개의 S-벡터번들

$$\pi_E : E \to X,\ \ \pi_F : F \to X$$

에 대하여, $E \oplus F$와 $\pi : E \oplus F \to X$를 다음과 같이 정의하자.

$$E \oplus F = \bigcup_{p \in X} E_p \oplus F_p,\ \ \pi^{-1}(p) = E_p \oplus F_p$$

임의의 $p \in X$에 대하여, 정의의 의해 다음 조건을 만족하는 p의 열린근방 U와 국소자명화 h_E, h_F가 존재한다.

$$h_E : E|_U \to U \times K^n,\ \ h_F : F|_U \to U \times K^m$$

따라서 다음과 같이 정의된 $h_{E \oplus F}$가 p의 열린근방에서 $\pi : E \oplus F \to X$의 국소자명화가 된다.

$$h_{E \oplus F} : E \oplus F|_U \to U \times (K^n \oplus K^m),\ h^q_{E \oplus F}(v+w) = (q, h^q_E(v) + h^q_F(w)),\ q \in U$$

또한, $E \oplus F$의 전이함수 $g_{\alpha\beta}(p)$는 다음과 같이 주어진다.

$$g^{E \oplus F}_{\alpha\beta}(p) = \begin{bmatrix} g^E_{\alpha\beta}(p) & 0 \\ 0 & g^F_{\alpha\beta}(p) \end{bmatrix}$$

비슷한 방법으로, 다음과 같은 K-벡터번들도 어렵지 않게 정의할 수 있다.

- $E \otimes F$ (텐서번들, tensor bundle)
- $\mathrm{Hom}(E, F) = E^* \otimes F$ (준동형번들, homomorphism bundle)
- $\wedge^k E$ (외대수번들, exterior bundle)
- $S^k(E)$ (대칭번들, symmetric bundle)

정의 1.2.8

S-다양체 X 상에서 정의된 S-벡터번들

$$\pi : E \to X$$

에 대하여, E의 S-부분다양체 F가 다음 두 조건 (i)과 (ii)를 만족할 때 E의 **S-부분번들**(S-subbundle)이라 한다.

(i) 임의의 $p \in X$에 대하여, $F \cap E_p$가 E_p의 K-벡터부분공간이다.

(ii) $\pi_F = \pi|_F$라 할 때, $\pi_F : F \to X$가 다시 K-벡터번들이다. 즉 $1 \le s \le r$일 때, 다음과 같은 다이어그램이 성립한다.

$$\begin{array}{ccc} E|_U & \overset{h_U^E}{\rightarrow} & U \times K^r \\ \uparrow j & & \uparrow Id \times j \\ F|_U & \underset{h_U^F}{\rightarrow} & U \times K^s \end{array}$$

단, 여기서 j는 자명하게 정의된 포함함수를 나타낸다. 따라서 $h_U^F = h_U^E|_F$이다.

예제 1.2.9 영번들과 상번들(null bundle and image bundle)

S-다양체 X 상에서 정의된 두 개의 S-벡터번들

$$\pi_E : E \to X, \ \ \pi_F : F \to X$$

에 대하여 $f : E \to F$가 S-준동형사상일 때, 임의의 $p \in X$에 대하여 $f_p = f|_{E_p}$라 하자. 그런 다음, 다음과 같이 정의된 두 집합을 고려하자.

$$\mathrm{Ker}(f) = \bigcup_{p \in X} \mathrm{Ker}(f_p), \ \ \mathrm{Im}(f) = \bigcup_{p \in X} \mathrm{Im}(f_p)$$

한편, 임의의 $p \in X$에 대하여 $\mathrm{rank}(f_p)$가 상수일 때 f가 **상수차수**(contant rank)를 가지고 있다고 말한다. 따라서 f가 상수차수를 가지면 $\mathrm{Ker}(f)$와 $\mathrm{Im}(f)$는 각각 E와 F의 S-부분번들이 된다. 특히, f가 단사이거나 전사이면 f가 항상 상수차수를 가지므로 $\mathrm{Ker}(f)$와 $\mathrm{Im}(f)$는 각각 E와 F의 S-부분번들이다.

S-다양체 X 상에서 정의된 벡터번들 E, F, G와 S-준동형사상 f, g에 대하여 다음과 같은 벡터번들의 열(sequence)을 고려하자.

$$\cdots \to E \xrightarrow{f} F \xrightarrow{g} G \to \cdots$$

이때, 만약 $\mathrm{Ker}(g) = \mathrm{Im}(f)$이면 위의 다이어그램이 F에서 **완전**(exact)하다고 말한다. 특히 다음과 같은 다이어그램이 E, F, G에서 모두 완전할 때, **짧은 완전열**(short exact sequence)이라 부른다.

$$0 \to E \xrightarrow{f} F \xrightarrow{g} G \to 0$$

정의 1.2.10

S-다양체 X 상에서 정의된 S-벡터번들

$$\pi : E \to X$$

에 대하여, 다음이 성립한다.

(1) S-사상 $s : X \to E$가 다음 등식을 만족할 때 **절편** 또는 **단면**(section)이라 한다.

$$\pi \circ s = Id_X$$

(2) U가 X의 열린 부분집합일 때, $\Gamma(U,E)$는 U 상에서 정의된 모든 절편의 모임을 나타낸다. 특히, $U = X$일 때 $\Gamma(X,E)$는 X 전체에서 정의된 절편의 모임을 나타낸다.

S-벡터번들 $\pi : E \to X$의 절편에 관한 몇 가지 성질을 정리하면 다음과 같다.

보조정리 1.2.11

S-다양체 X 상에서 정의된 차수가 r인 S-벡터번들

$$\pi : E \to X$$

에 대하여 $\{s_1, s_2, \dots, s_r\} \subset \Gamma(X,E)$가 일차독립인 절편이 존재할 때, E가 자명한 S-벡터번들이 된다. 즉 S-벡터번들의 자명화 $h : E \to X \times K^r$이 존재한다.

증명

증명을 위해, 먼저 임의의 원소 $v \in E$를 다음과 같이 $s_1, s_2, \dots, s_r \in \Gamma(X,E)$의 일차결합으로 나타내자.

$$v = \sum_{i=1}^{r} a_i(x) s_i(x), \quad \pi(v) = x$$

그런 다음, X 전체에서 정의된 사상 h를 다음과 같이 정의한다.

$$h : E \to X \times K^r, \quad v \mapsto (\pi(v), a_1(x), a_2(x), \dots, a_r(x))$$

그러면 h는 자명하게 위상동형사상이고

$$h^p : E_p \to K^r, \quad p \in X$$

가 K-벡터동형사상이다.

보조정리 1.2.12

S-다양체 X 상에서 정의된 차수가 r인 S-벡터번들

$$\pi : E \to X,$$

X의 열린 부분집합 U_α, 그리고 $X = \bigcup_{\alpha \in J} U_\alpha$에 대하여, h_α와 $\{g_{\alpha\beta}\}$가 각각 U_α 상에서 정의된 국소자명화

$$h_\alpha : \pi^{-1}(U_\alpha) \to U_\alpha \times K^r, \ \alpha \in J$$

와 전이함수의 모임이라 하자. 또한, 임의의 $\alpha \in J$에 대하여 S-사상

$$f_\alpha : U_\alpha \to K^r$$

이 다음 조건을 만족한다고 하자.

$$f_\alpha = g_{\alpha\beta} f_\beta, \ \ U_\alpha \cap U_\beta \neq \varnothing$$

그러면 $\mathscr{F} = \{f_\alpha : U_\alpha \to K^r\}$을 이용하여 X 전체에서 정의된 자명하지 않은 벡터번들 $\pi : E \to X$의 절편을 만들 수 있다. 역으로, 벡터번들 $\pi : E \to X$의 임의의 절편 s는 각각의 U_α 상에서 정의된 S-사상 $f_\alpha : U_\alpha \to K^r$을 이용하여 나타낼 수 있다. 이때, f_α를 s의 **자명화**(trivialization)라 한다.

증명

증명을 위해, 먼저 각각의 $\alpha \in J$에 대하여 s_α를 다음과 같이 정의하자.

$$s_\alpha : U_\alpha \to \pi^{-1}(U_\alpha), \ \ s_\alpha(x) = h_\alpha^{-1}(x, f_\alpha(x)), \ x \in U_\alpha$$

그런 다음, X 전체에서 정의된 함수 s를 다음과 같이 정의하자.

$$s : X \to E, \ \ s|_{U_\alpha} = s_\alpha$$

실제로 임의의 $U_\alpha \cap U_\beta \neq \varnothing$ 에 대하여 $U_\alpha \cap U_\beta$ 상에서

$$\begin{aligned} s_\alpha(x) &= h_\alpha^{-1}(x, f_\alpha(x)) = h_\alpha^{-1}(x, g_{\alpha\beta}(x) f_\beta(x)) \\ &= h_\alpha^{-1} \circ (h_\alpha \circ h_\beta^{-1})(x, f_\beta(x)) = h_\beta^{-1}(x, f_\beta(x)) \\ &= s_\beta(x), \ \ x \in U_\alpha \cap U_\beta \end{aligned}$$

이므로 $s|_{U_\alpha} = s|_{U_\beta}$가 성립한다. 즉 s가 X 전체에서 잘 정의된 사상이다. 그리고 그 역도 위의 논의에 의해 자명하게 성립한다. 따라서 증명이 완료된다.

예제 1.2.13

E가 $\mathbb{P}^1(\mathbb{C})$ 상에서 정의된 보편번들 $U_{1,2}(\mathbb{C})$일 때, 복소해석적 벡터번들

$$E^k := E^{\otimes k} \to \mathbb{P}^1(\mathbb{C})$$

의 대역적 절편을 다음 단계를 이용하여 모두 구해보자. 이를 위해, [예제 1.2.5]와 [보조정리 1.2.12]에서 이용된 기호를 그대로 사용한다.

(i) 먼저, 임의의 $l = [z_0, z_1] \in \mathbb{P}^1(\mathbb{C})$에 대하여 $g_{01}(l) = \dfrac{z_0}{z_1}$로 주어짐을 앞에서 보였다. 따라서, 임의의 정수 k에 대하여 벡터선번들(line bundle)

$$E^k \to \mathbb{P}^1(\mathbb{C})$$

는 전이함수로

$$g_{01}^k : U_0 \cap U_1 \to GL(1, \mathbb{C}),\ \ g_{01}^k(l) = \left(\frac{z_0}{z_1}\right)^k$$

를 갖는다. 즉

$$E^k = \begin{cases} U_{1,2}(\mathbb{C})^k, & k > 0, \\ (U_{1,2}(\mathbb{C})^*)^{-k}, & k < 0, \\ \mathbb{P}^1(\mathbb{C}), & k = 0 \end{cases}$$

(ii) 이제, $\Gamma(\mathbb{P}^1(\mathbb{C}), E^k)$가 다음과 같이 주어짐을 보이자. $\Gamma(\mathbb{P}^1(\mathbb{C}), E^k)$를 종종 $O(\mathbb{P}^1(\mathbb{C}), E^k)$로 나타내기도 한다.

$$O(\mathbb{P}_1(\mathbb{C}), E^k) = \begin{cases} 0, & k > 0, \\ \mathbb{C}, & k = 0, \\ P_{-k}(\mathbb{C}^2), & k < 0 \end{cases}$$

단, 여기서 $P_{-k}(\mathbb{C}^2)$는 $\mathbb{C}^2$ 상에서 정의된 차수가 $-k$인 모든 동차다항식의 집합을 나타낸다. 실제로, 임의의 $\alpha = 0, 1$에 대하여 $f_\alpha : U_\alpha \to \mathbb{C}$는 $\Gamma(U_\alpha, U_\alpha \times \mathbb{C})$의 원소이다. 즉

$$\varphi_0 : U_0 \to \mathbb{C},\ \ [z_0, z_1] \mapsto \frac{z_1}{z_0} =: z,\ \ \varphi_1 : U_1 \to \mathbb{C},\ \ [z_0, z_1] \mapsto \frac{z_0}{z_1} =: w$$

에 대하여 $f_\alpha \circ \varphi_\alpha^{-1} : \mathbb{C} \to \mathbb{C}$가 복소해석적 함수이고, $U_0 \cap U_1$ 상에서 $w = 1/z$이다. 따라서 각각의 $\alpha = 0, 1$에 대하여 $f_\alpha \circ \varphi_\alpha^{-1}$를 다음과 같이 테일러 급수(Taylor series)로 나타낼 수 있다.

$$f_0 \circ \varphi_0^{-1}(z) = \sum_{n=0}^{\infty} a_n z^n, \quad f_1 \circ \varphi_1^{-1}(w) = \sum_{n=0}^{\infty} b_n w^n$$

한편, 임의의 $l \in U_0 \cap U_1$에 대하여 $f_0(l) = g_{01}^k(l) f_1(l)$이므로 다음 등식이 성립한다.

$$\begin{aligned}\sum_{n=0}^{\infty} b_n w^{n+k} &= w^k \sum_{n=0}^{\infty} b_n w^n = g_{01}^k(\varphi_1^{-1}(w)) f_1(\varphi_1^{-1}(w)) \\ &= f_0(\varphi_1^{-1}(w)) = f_0 \circ \varphi_0^{-1}(\varphi_0 \circ \varphi_1^{-1}(w)) \\ &= f_0 \circ \varphi_0^{-1}\left(\frac{1}{w}\right) = \sum_{n=0}^{\infty} a_n w^{-n}\end{aligned}$$

여기서, 왼쪽 급수와 오른쪽 급수의 계수를 비교하여 다음과 같은 결론을 얻을 수 있다.

- $k > 0$인 경우; 임의의 $n \geq 0$인 정수 n에 대하여 $a_n = b_n = 0$
- $k = 0$인 경우; 임의의 $n \geq 1$인 정수 n에 대하여 $a_n = b_n = 0$이고 $U_0 \cap U_1$ 상에서

$$f \circ \varphi_0^{-1}(z) = a_0 = b_0 = f \circ \varphi_1^{-1}(w)$$

- $k < 0$인 경우; 임의의 $n > -k$인 정수 n에 대하여 $a_n = b_n = 0$이고 $U_0 \cap U_1$ 상에서

$$\begin{aligned}f \circ \varphi_0^{-1}(z) &= a_0 + a_1 z + \cdots + a_{-k} z^{-k}, \\ f \circ \varphi_1^{-1}(w) &= b_0 + b_1 w + \cdots + b_{-k} w^{-k}\end{aligned}$$

즉,

$$a_0 = b_{-k},\ a_1 = b_{-k-1},\ \ldots,\ a_{-k-1} = b_1,\ a_{-k} = b_0$$

따라서 f는 차수가 $-k$인 동차다항식이다.

다음 보조정리의 증명은 거의 자명하므로 그 증명을 생략한다.

보조정리 1.2.14

S-다양체 X 상에서 정의된 차수가 r인 S-벡터번들

$$\pi : E \to X$$

와 $\Gamma(X, E)$에 대하여, 다음이 성립한다.

(1) $\Gamma(X,E)$에 다음과 같은 대수적인 구조를 줄 때, $\Gamma(X,E)$가 K-벡터공간이 된다.

(i) 임의의 $s,t \in \Gamma(X,E)$에 대하여,

$$(s+t)(x) = s(x) + t(x), \quad x \in X$$

(ii) 임의의 $s \in \Gamma(X,E)$와 $\alpha \in K$에 대하여,

$$(\alpha s)(x) = \alpha(s(x)), \quad x \in X$$

(2) $\Gamma(X)$를 X 상에서 정의된 K-값을 갖는 S-함수들의 모임이라 할 때, 임의의 $s \in \Gamma(X,E)$와 $f \in \Gamma(X)$에 대하여

$$(fs)(x) = f(x)s(x), \quad x \in X$$

그러면 $\Gamma(X,E)$는 $\Gamma(X)$-모듈($\Gamma(X)$-module)이 된다.

[예제 1.2.13]과 [보조정리 1.2.14]에 의해, 다음 보조정리가 성립한다.

보조정리 1.2.15

E가 $\mathbb{P}_1(\mathbb{C})$ 상에서 정의된 보편번들 $U_{1,2}(\mathbb{C})$일 때, 복소해석적 벡터번들

$$E^k := E^{\otimes k} \to \mathbb{P}^1(\mathbb{C})$$

에 대하여 다음이 성립한다.

$$\dim_{\mathbb{C}} O(\mathbb{P}^1(\mathbb{C}), E^k) = \begin{cases} 0, & k > 0, \\ 1, & k = 0, \\ -k+1, & k < 0 \end{cases}$$

예제 1.2.16

차원이 n인 미분다양체 M에 대하여, $T(M) \to M$을 M의 접번들(tangent bundle)이 하자. 이때, 접번들 $T(M)$을 이용하여 새로운 벡터번들을 만들 수 있다. 예를 들어, 쌍대접번들(cotangent bundle) $T^*(M)$은 임의의 점 $x \in M$의 파이버 $T_x^*(M)$가 실수의 계수 상에서 정의된 $T_x(M)$의 쌍대공간인 경우이다. 또한 외대수번들(exterior algebra bundle) $\wedge^p T(M)$과 $\wedge^p T^*(M)$은 임의의 점 $x \in M$의 파이버가 각각 차수가 p인 $T_x(M)$과 $T_x^*(M)$의 반대칭 텐서곱(tensor product)인 경우이다. 앞으로 다음 기호를 이용한다.

$$\wedge T(M) = \oplus_{p=0}^{n} \wedge^p T(M), \quad \wedge T^*(M) = \oplus_{p=0}^{n} \wedge^p T^*(M)$$

비슷한 방법으로, 임의의 점 x의 파이버가 각각 차수가 k인 $T_x(M)$과 $T_x^*(M)$의 대칭 텐서곱인 대칭외대수번들 $S^k(T(M))$과 $S^k(T^*(M))$도 정의할 수 있다.
M의 임의의 열린집합 U에 대하여, U 상에서 정의된 차수가 p인 미분형식의 모임 $E^p(U)$를 절편의 개념을 이용하여 다음과 같이 정의한다.

$$E^p(U) = \Gamma(U, \wedge^p T^*(M))$$

이때, 외미분(exterior differential)

$$d : E^p(U) \to E^{p+1}(U)$$

를 다음과 같이 정의한다. 실제로 $T_x^*(M)$의 쌍대기저 $\{dx_1, dx_2, \ldots, dx_n\}$을 이용하면 $E^p(U)$의 기저가 $E(U)$의 모듈로서 다음과 같이 주어진다.

$$\left\{dx_I = dx_{i_1} \wedge dx_{x_2} \wedge \cdots \wedge dx_{i_p}\right\}_{1 \le i_1 < i_2 < \cdots < t_p \le n}$$

따라서 임의의 $f = \sum_{|I| = p}{}' f_I dx_I \in E^p(U)$에 대하여, 위의 기저를 이용하면

$$d : E^p(U) \to E^{p+1}(U)$$

가 구체적으로 다음과 같이 주어진다.

$$df = \begin{cases} \displaystyle\sum_{j=1}^{n} \frac{\partial f}{\partial x_j} dx_j, & p = 0, \\ \displaystyle\sum_{|I| = p}{}' df_I \wedge dx_I = \sum_{|I| = p}{}' \sum_{j=1}^{n} \frac{\partial f_I}{\partial x_j} dx_I \wedge dx_{j,} & p > 0 \end{cases}$$

단, 여기서 $f_I \in E(U)$이고 $|I|$는 모든 첨자의 개수를 의미하며 $\sum_{|I| = p}{}'$은 순증가하는 p개의 첨자의 경우에만 합을 한다는 의미이다.
국소적으로 정의된 위의 외미분의 정의가 좌표계의 선택에 의존하지 않음을 쉽게 보일 수 있다. 따라서 국소적으로 정의된 외미분의 정의를 큰 어려움 없이 미분다양체 M 전체로 확장할 수 있다.

같은 기저다양체를 갖는 벡터번들 사이의 사상을 다른 기저다양체를 갖는 경우로 다음과 같이 확장할 수 있다.

정의 1.2.17

S-다양체 X와 Y 상에서 정의된 두 개의 S-벡터번들

$$\pi_E : E \to X, \ \ \pi_F : F \to Y$$

에 대하여, S-사상(S-morphism) $f : E \to F$가 다음 두 조건 (i)과 (ii)를 만족할 때 f를 **S-준동형사상**(S-homomorphism)이라 한다.

(i) 임의의 점 $p \in X$에 대하여, 적당한 점 $q \in Y$가 존재하여 $f_p : E_p \to F_q$이다. 따라서 $\pi_F \circ f = \hat{f} \circ \pi_E$를 만족하는 S-사상 $\hat{f} : X \to Y$가 존재한다.

$$\begin{array}{ccc} E & \overset{f}{\to} & F \\ \downarrow \pi_E & & \downarrow \pi_F \\ X & \underset{\hat{f}}{\to} & Y \end{array}$$

(ii) 임의의 $p \in X$에 대하여, 위의 $f_p : E_p \to F_q$가 선형적으로 K-동형사상이다.

다음 정리가 성립한다.

정리 1.2.18

S-다양체 X, Y와 다음과 같은 S-사상과 S-벡터번들

$$f : X \to Y, \ \ \pi_E : E \to Y$$

에 대하여, 다음 다이어그램이 순환하는 새로운 S-벡터번들 $\pi' : E' \to X$와 S-준동형사상 $g : E' \to E$가 존재한다. 따라서 $\pi_E \circ g = f \circ \pi'$이 성립한다.

$$\begin{array}{ccc} E' & \overset{g}{\to} & E \\ \downarrow \pi' & & \downarrow \pi_E \\ X & \underset{f}{\to} & Y \end{array}$$

이때, S-벡터번들 E'은 벡터번들에 관한 동치관계에 관해 유일하게 존재하고 E'을 f에 관한 E의 **풀벡번들**(pull-back)이라 한다. 보통 E'과 g를 각각 $f^* E$와 f^*로 나타낸다.

증명

정리의 증명을 위해, S-벡터번들 E'의 존재성과 유일성을 증명한다.

(i) 존재성

S-벡터번들 E'의 존재성을 보이기 위해, E'을 다음과 같이 정의한다.

$$E' = \{(x, e) \in X \times E \mid f(x) = \pi_E(e)\}$$

이때, $E_x{}' = \{x\} \times E_{f(x)}$는 $E_{f(x)}$로 유도된 K-벡터공간의 구조를 가진다. 또한 $g: E' \to E$와 $\pi': E' \to X$를 다음과 같이 정의하자.

$$g: E' \to E,\ (x, e) \mapsto e,\ \ \pi': E' \to X,\ (x, e) \mapsto x$$

그러면 $h: \pi^{-1}(U) = E|_U \to U \times \mathbb{C}^n$이 π_E의 국소자명화라 할 때,

$$h': E'|_{f^{-1}(U)} \to f^{-1}(U) \times \mathbb{C}^n,\ (x, e) \mapsto (x, h_{f(x)}(e))$$

가 E'의 국소자명화가 된다.

(ii) 유일성

$\tilde{\pi}: \tilde{E} \to X$를 위의 정리를 만족하는 또 다른 S-벡터번들이라 하자. 즉 순환하는 다음 다이어그램이 존재한다.

$$\begin{array}{ccccc} E' & \overset{h}{\leftarrow} & \tilde{E} & \overset{\tilde{g}}{\rightarrow} & E \\ \| & & \downarrow \tilde{\pi} & & \downarrow \pi_E \\ E' & \underset{\pi'}{\rightarrow} & X & \underset{f}{\rightarrow} & Y \end{array}$$

이때,

$$f(\tilde{\pi}(\tilde{e})) = f \circ \tilde{\pi}(\tilde{e}) = \pi_E \circ \tilde{g}(\tilde{e}) = \pi_E(\tilde{g}(\tilde{e}))$$

이므로 $(\tilde{\pi}(\tilde{e}), \tilde{g}(\tilde{e})) \in E'$이다. 따라서 $h: \tilde{E} \to E'$을 $h(\tilde{e}) = (\tilde{\pi}(\tilde{e}), \tilde{g}(\tilde{e}))$로 정의하면 $\tilde{g}: \tilde{E} \to E$가 S-준동형사상이므로 $h: \tilde{E} \to E$도 잘 정의된 S-준동형사상이 된다. 뿐만 아니라. h가 S-동형사상이 됨도 어렵지 않게 확인할 수 있다.

이 절의 마지막 주제로 주어진 다양체를 기저 다양체로 가지는 벡터번들의 종류에 대해 알아본다. 좀 더 정확하게 다음 정리가 성립한다. 자세한 증명은 생략한다([12] 참고).

정리 1.2.19

미분다양체 X와 차수가 r인 미분 벡터번들 $E \to X$에 대하여, 다음이 성립한다.

(1) X에 의존하는 다음 조건을 만족하는 자연수 $N(X)$와 미분사상 $f : X \to G_{r,N(X)}(\mathbb{R})$이 존재한다.

$$f^* U_{r,N(X)}(\mathbb{R}) \cong E$$

단, 여기서 $Gr_{r,N(X)}$와 $U_{r,N(X)} \overset{GL(r)}{\to} Gr_{r,N(X)}$는 각각 그라스만다양체와 보편번들을 나타낸다.

(2) 위의 (1)의 조건을 만족하는 두 개의 미분사상 f와 $\tilde{f}$에 대하여, f와 $\tilde{f}$가 호모토피에 관해 동치이면 $\tilde{f}^* U_{r,N(X)}(\mathbb{R}) \cong E$가 성립한다.

(3) 벡터번들의 동형사상에 관해 X 상에서 차수가 r이 모든 벡터번들의 모임과 호모토피 동치관계에 관해 모든 미분사상 $f : X \to BGL(r, \mathbb{R})$의 모임은 서로 일대일 대응 관계에 있다. 즉 다음이 성립한다([그림 1.2.1] 참고).

$$\{\text{차수가 } r\text{인 모든 } C^\infty\text{-벡터번들}\}/\sim \underset{1-1,\,\text{onto}}{\leftrightarrow} [X, BGL(r, \mathbb{R})]$$

$$\begin{array}{ccccc} f^*(U_{r,N}) & \to & U_{r,N} & \to & EGL(r,K) \\ \downarrow GL(r,K) & & \downarrow GL(r,K) & & \downarrow GL(r,K) \\ X & \underset{f}{\to} & Gr_{r,N} & \to & BGL(r,K) \end{array}$$

[그림 1.2.1]

위의 [정리 1.2.19]는 복소벡터번들의 범위에서는 성립하지 않음에 유의할 필요가 있다. 또한 방향성을 줄 수 있는 미분벡터번들의 경우에는 각각의 파이버에 적당한 거리함수(metric)를 주어 벡터번들의 구조군(structure group)을 $SO(r)$까지 줄일 수 있다. 따라서 이 경우에는 방향성을 보존하는 벡터번들의 동형사상에 관해 X 상에서 차수가 r이 모든 벡터번들의 모임과 호모토피 동치관계에 관해 모든 미분사상 $f : X \to BSO(r, \mathbb{R})$의 모임은 서로 일대일 대응 관계에 있다. 예를 들어, $BSO(2) = BU(1) = \mathbb{P}^\infty(\mathbb{C})$이고 $ESO(2) \cong S^\infty$이므로 방향성을 보존하는 벡터번들의 동형사상에 관해 복소사영평면 $\mathbb{P}^1(\mathbb{C})$ 상에 존재하는 모든 미분 벡터번들의 모임은

$$[\mathbb{P}^1(\mathbb{C}), \mathbb{P}^\infty(\mathbb{C})] \cong H^2(\mathbb{P}^1(\mathbb{C}), \mathbb{Z}) \cong \mathbb{Z}$$

와 일대일 대응 관계에 있다([그림 1.2.2] 참고).

$$
\begin{array}{ccccccc}
S^3 = \mathbb{C}^2 - \{0\}/\sim & \rightarrow & S^4 = \mathbb{C}^4 - \{0\}/\sim & \rightarrow & \cdots & \rightarrow & S^\infty \\
\downarrow & & \downarrow & & & & \downarrow \\
S^2 = \mathbb{P}^1(\mathbb{C}) & \rightarrow & \mathbb{P}^2(\mathbb{C}) & \rightarrow & \cdots & \rightarrow & \mathbb{P}^\infty(\mathbb{C})
\end{array}
$$

[그림 1.2.2]

1.3 준복소다양체와 $\bar{\partial}$-작용소

이 절에서는 복소다양체보다 더 일반적인 준복소다양체(almost complex manifold)에 대해 알아본다. 심플렉틱 기하구조를 가지는 심플렉틱다양체(symplectic manifold)가 대표적인 준복소다양체이다. 또한 이 절에서는 준복소다양체 상에서 정의된 $\bar{\partial}$-작용소에 대한 여러 가지 중요한 성질도 함께 정리한다.

이를 위해, 먼저 준복소다양체의 특수한 경우로 준복소벡터공간에 대한 정의부터 시작한다.

정의 1.3.1

V가 실수 상에서 정의된 $2n$-차원 벡터공간이고 $J: V \rightarrow V$가 $J^2 = -\mathrm{Id}_V$를 만족하는 선형사상이라 할 때, J를 V 상에서 정의된 **복소구조**(complex structure)라 한다. 이때, 복소구조 J를 가진 $2n$-차원 벡터공간을 보통 (V, J)로 나타내고 **준복소벡터공간**(almost complex space)이라 한다.

다음 보조정리가 성립한다.

보조정리 1.3.2

(V, J)가 복소구조 J를 가진 실수 상에서 정의된 $2n$-차원 벡터공간일 때, 다음이 성립한다.

(1) V를 복소수 상에서 정의된 복소 차원이 n인 복소벡터공간으로 만들 수 있고, 이때 만들어진 복소벡터공간을 V_J로 나타낸다.

(2) 또한, $\{v_1, v_2, \ldots, v_n\}$이 위의 (1)과 같이 만들어진 복소벡터공간 V_J의 기저일 때,

$\{v_1, v_2, \ldots, v_n, Jv_1, Jv_2, \ldots, Jv_n\}$이 실수 상에서 정의된 $2n$-차원 벡터공간 V의 기저가 된다.

증명

(1) V를 복소수 상에서 정의된 복소 차원이 n인 복소벡터공간으로 만들 수 있을 보이기 위해, 복소수의 스칼라 곱을 V 상에 정의할 수 있음을 보이면 충분하다. 실제로, 임의의 실수 α, β에 대하여 복소수의 스칼라 곱을 다음과 같이 정의한다.

$$(\alpha + i\beta) \cdot v = \alpha v + \beta Jv, \quad i = \sqrt{-1}$$

(2) 반대로, $\{v_1, v_2, \ldots, v_n\}$이 위의 (1)과 같이 만들어진 복소벡터공간 V_J의 기저일 때, $\{v_1, v_2, \ldots, v_n, Jv_1, Jv_2, \ldots, Jv_n\}$이 실수 상에서 정의된 $2n$-차원 벡터공간 V의 기저임을 보이자. 이를 위해, $\{v_1, v_2, \ldots, v_n, Jv_1, Jv_2, \ldots, Jv_n\}$이 실수 상에서 일차독립임을 보이면 충분하다. 실제로, 다음 등식이 성립한다고 가정하자.

$$\sum_{j=1}^{n} (a_i v_j + b_j Jv_j) = 0, \quad a_j, b_j \in \mathbb{R}$$

그리면

$$\sum_{j=1}^{n} (a_i v_j + b_j \sqrt{-1}\, v_j) = \sum_{j=1}^{n} (a_j + b_j \sqrt{-1}) v_j = 0$$

이다. 한편, $\{v_1, v_2, \ldots, v_n\}$이 V_J 상에서 일차독립이므로 다음 등식이 성립한다.

$$a_j + b_j \sqrt{-1} = 0, \quad 1 \leq j \leq n$$

따라서 모든 $1 \leq j \leq n$에 대하여 $a_j = b_j = 0$이고, 증명이 완료된다.

예제 1.3.3

$x_1, y_1, x_2, y_2, \ldots, x_n, y_n$을 좌표로 갖는 $2n$-차원 실수벡터공간 $\mathbb{R}^{2n}$에 대하여, 선형사상 $j_0 : \mathbb{R}^{2n} \to \mathbb{R}^{2n}$을 다음과 같이 정의하자.

$$J_0 : \mathbb{R}^{2n} \to \mathbb{R}^{2n}, \; J_0(x_1, y_1, x_2, y_2, \ldots, x_n, y_n) = (-y_1, x_1, -y_2, x_2, \ldots, -y_n, x_n)$$

그리면 J_0에 대응하는 기본행렬 $[J_0]$는

$$[J_0] = \begin{bmatrix} 0 & -1 & 0 & 0 & \cdots & 0 & 0 \\ 1 & 0 & 0 & 0 & \cdots & 0 & 0 \\ 0 & 0 & 0 & -1 & \cdots & 0 & 0 \\ 0 & 0 & 1 & 0 & \cdots & 0 & 0 \\ \vdots & \vdots & \vdots & \vdots & \vdots & \vdots & \vdots \\ 0 & 0 & 0 & 0 & \cdots & 0 & -1 \\ 0 & 0 & 0 & 0 & \cdots & 1 & 0 \end{bmatrix}_{(2n)\times(2n)}$$

이고 $J_0^2 = -\mathrm{Id}_{\mathbb{R}^{2n}}$이다. 이때, J_0를 $\mathbb{R}^{2n}$ 상에서 정의된 **기본복소구조** 또는 **표준복소구조** (standard complex structure)라 한다.

한편 $(\mathbb{R}^{2n}, J_0)$를 n-차원 복소벡터공간 $\mathbb{C}^n$으로 볼 수 있다. 실제로, 임의의 실수 x, y에 대하여 복소수의 스칼라 곱은 다음과 같이 주어진다.

$$(x+iy)\cdot v = xv + yJ_0 v, \quad v \in \mathbb{R}^{2n},\ i = \sqrt{-1}$$

특히 $n=1$일 때, 다음이 성립한다.

$$\begin{aligned} \mathbb{C} \ni z = x + \sqrt{-1}\,y \leftrightarrow & (x+iy)\cdot(1,0) \\ & = x(1,0) + yJ_0(1,0) = x(1,0) + y(0,1) = (x,y) \in \mathbb{R}^2 \end{aligned}$$

좀 더 일반적으로, n-차원 복소벡터공간

$$\mathbb{C}^n = \{(z_1, z_2, \dots, z_n) \mid z_i \in \mathbb{C},\ 1 \le i \le n\}$$

과

$$z_j = x_i + \sqrt{-1}\,y_j, 1 \le j \le n$$

에 대하여, x_j와 y_j가 각각 z_j의 실수부분(real part)과 허수부분(imaginary part)이라 하자. 그러면 복소벡터공간 $\mathbb{C}^n$을 $x_1, y_1, x_2, y_2, \dots, x_n, y_n$을 좌표로 갖는 $2n$-차원 실수벡터공간 $\mathbb{R}^{2n}$으로 볼 수 있다.

$2n$-차원 실수벡터공간 $\mathbb{R}^{2n}$ 상에 존재하는 모든 복소구조에 대해 다음 보조정리가 성립한다.

보조정리 1.3.4

$\mathscr{C}$를 $2n$-차원 실수벡터공간 $\mathbb{R}^{2n}$ 상에 존재하는 모든 복소구조라 할 때, $\mathscr{C}$와 $GL(2n, \mathbb{R})/GL(n, \mathbb{C})$ 사이에 일대일 대응이 존재한다.

증명

증명을 위해, 먼저 복소수 상에서 정의된 일반선형군 $GL(n,\mathbb{C})$를 실수 상에서 정의된 일반선형군 $GL(2n,\mathbb{R})$로 다음과 같이 매립시킬수 있음을 알 필요가 있다.

$$r: GL(n,\mathbb{C}) \to GL(2n,\mathbb{R}),\quad C+\sqrt{-1}D \mapsto \begin{bmatrix} C & -D \\ D & C \end{bmatrix},$$
$$|\det(C+\sqrt{-1}D)|^2 = \det(r(C+\sqrt{-1}D)) \neq 0$$

이제, 함수

$$\varphi: GL(2n,\mathbb{R}) \to \mathscr{C},\ A \to A^{-1}J_0A$$

를 고려하자. 그러면 다음이 성립한다.

(i) φ가 준동형사상이다. 또한 각각의 $A \in GL(r,\mathbb{C})$에 대하여, 다음 등식이 성립한다.

$$(A^{-1}J_0A)(A^{-1}J_0A) = A^{-1}J_0^2A = -A^{-1}A = -\mathrm{Id}_{\mathbb{R}^{2n}}$$

즉,

$$\varphi(A)^2 = -\mathrm{Id}_{\mathbb{R}^{2n}}$$

이다.

(ii) φ가 전사함수이다. 실제로, $J^2 = -\mathrm{Id}_{\mathbb{R}^{2n}}$을 만족하는 J에 대하여 $A^{-1}J_0A = J$를 만족하는 $A \in GL(2n,\mathbb{R})$이 항상 존재한다([6, p.243, 연습문제 16번] 참고).

(iii) φ의 핵(kernel) $\ker(\varphi)$가 $GL(n,\mathbb{C})$이다. 실제로, $A \in \ker(\varphi)$이면

$$A^{-1}J_0A = J_0$$

이다. 즉, $J_0A = AJ_0$이다. 특히 $n=1$일 때, $A = \begin{bmatrix} a & b \\ c & d \end{bmatrix}$라면

$$J_0A = AJ_0 \Leftrightarrow \begin{bmatrix} 0 & -1 \\ 1 & 0 \end{bmatrix}\begin{bmatrix} a & b \\ c & d \end{bmatrix} = \begin{bmatrix} a & b \\ c & d \end{bmatrix}\begin{bmatrix} 0 & -1 \\ 1 & 0 \end{bmatrix} \Leftrightarrow a=d,\ b=-c$$

가 성립한다. 따라서 $A = \begin{bmatrix} d & b \\ -b & d \end{bmatrix}$이고 $r^{-1}(A) = d-\sqrt{-1}b \in GL(1,\mathbb{C})$이다.

비슷한 방법으로, $A \in \ker(\varphi)$일 필요충분조건이 $r^{-1}(A) \in GL(n,\mathbb{C})$임을 쉽게 보일 수 있다.

위의 (i)-(iii)에 의해, $GL(2n,\mathbb{R})/\ker(\varphi) = GL(2n,\mathbb{R})/GL(n,\mathbb{C}) \cong \mathscr{C}$이다.

이제, (V, J)가 복소구조가 주어진 $2n$-차원 실수벡터공간이라 하자. 이때, $V \otimes_{\mathbb{R}} \mathbb{C}$는 V를 복소화(complexification)하여 얻어진 복소 $2n$-차원 복소벡터공간이고 $V \otimes_{\mathbb{R}} \mathbb{C}$ 상에서 복소수의 스칼라 곱은 다음과 같이 정의된다.

$$\beta \cdot (v \otimes \alpha) = v \otimes (\beta\alpha), \quad v \in V, \alpha, \beta \in \mathbb{C}$$

또한, V 상에서 정의된 복소구조 J를 $V \otimes_{\mathbb{R}} \mathbb{C}$ 상까지 복소수 상에서 정의된 선형사상으로 다음과 같이 자연스럽게 확장할 수 있다.

$$J(v \otimes \alpha) = J(v) \otimes \alpha, \quad v \in V, \alpha \in \mathbb{C}$$

한편 $J^2 = -\mathrm{Id}_{V \otimes_{\mathbb{R}} \mathbb{C}}$가 성립하므로 J가 두 개의 고윳값 $\sqrt{-1}$과 $-\sqrt{-1}$을 갖는다.

정의 1.3.5

복소구조 J가 주어진 $2n$-차원 실수벡터공간 (V, J)와 그것의 복소화공간 $V \otimes_{\mathbb{R}} \mathbb{C}$에 대하여, 다음 부분공간을 정의한다.

(1) $V^{1,0}$를 $V \otimes_{\mathbb{R}} \mathbb{C}$ 상에서 정의된 J의 $\sqrt{-1}$-고유공간이라 하자.

(2) $V^{0,1}$을 $V \otimes_{\mathbb{R}} \mathbb{C}$ 상에서 정의된 J의 $-\sqrt{-1}$-고유공간이라 하자.

그러면 $V = V^{1,0} \oplus V^{0,1}$이다.

다음 보조정리가 성립한다.

보조정리 1.3.6

복소구조 J가 주어진 $2n$-차원 실수벡터공간 (V, J)와 그것의 복소화공간 $V \otimes_{\mathbb{R}} \mathbb{C}$에 대하여, 다음이 성립한다.

(1) $V^{1,0}$와 $V^{0,1}$이 실수 상에서 서로 동형이다. 즉, 다음 사상 ψ는 실수 상에서 동형사상이다.

$$\psi : V^{1,0} \to V^{0,1}, \ v \otimes \alpha \mapsto \overline{v \otimes \alpha} = v \otimes \overline{\alpha}$$

실제로, 임의의 $v \otimes \alpha \in V^{1,0}$에 대하여 $\psi(iv \otimes \alpha) = -i\psi(v \otimes \alpha)$가 성립한다.

(2) $V^{1,0}$와 $V^{0,1}$은 각각 다음과 같이 주어진 복소 n-차원 복소벡터공간이다.

$$V^{1,0} = \left\{ \frac{1}{2}(v - iJv) \in V \otimes_{\mathbb{R}} \mathbb{C} \mid v \in V \otimes_{\mathbb{R}} \mathbb{C} \right\},$$

$$V^{1,0} = \left\{ \frac{1}{2}(v + iJv) \in V \otimes_{\mathbb{R}} \mathbb{C} \mid v \in V \otimes_{\mathbb{R}} \mathbb{C} \right\}$$

(3) V_J를 V로부터 복소구조 J를 이용하여 얻어진 복소 n-차원 복소벡터공간이라 할 때, V_J와 $V^{1,0}$가 복소벡터공간으로 서로 동형이다.

증명

(1) 임의의 $v\otimes\alpha\in V^{1,0}$에 대하여, $v\otimes\overline{\alpha}\in V^{0,1}$임을 보이면 충분하다. 실제로,

$$J(v\otimes\alpha)=i(v\otimes\alpha)=v\otimes(i\alpha)$$

이므로 다음이 성립한다.

$$J(v\otimes\overline{\alpha})=J(v)\otimes\overline{\alpha}=\overline{J(v)\otimes\alpha}=\overline{J(v\otimes\alpha)}=\overline{v\otimes i\alpha}=v\otimes(-i\overline{\alpha})=-i(v\otimes\overline{\alpha})$$

즉 $v\otimes\overline{\alpha}\in V^{0,1}$이다.

(2) 증명을 위해, 먼저

$$S_1=\left\{\frac{1}{2}(v-iJv)\in V\otimes_{\mathbb{R}}\mathbb{C}\mid v\in V\otimes_{\mathbb{R}}\mathbb{C}\right\},$$

$$S_2=\left\{\frac{1}{2}(v+iJv)\in V\otimes_{\mathbb{R}}\mathbb{C}\mid v\in V\otimes_{\mathbb{R}}\mathbb{C}\right\}$$

라 하자. 그러면 다음 등식이 성립한다.

$$v=\frac{1}{2}(v-iJ(v))+\frac{1}{2}(v+iJ(v))\in S_1+S_2$$

한편 $S_1\cap S_2=\{0\}$가 성립한다. 실제로, 만약 $v_1-iJ(v_1)=v_2+iJ(v_2)$라면

$$i(v_1-iJ(v_1))=J(v_1-iJ(v_1))=J(v_2+iJ(v_2))=-i(v_2+iJ(v_2))$$

이므로 $v_1-iJ(v_1)=-(v_2+iJ(v_2))$이다. 따라서 $v_2+iJ(v_2)=0=v_1-iJ(v_1)$이다. 결론적으로

$$V\otimes_{\mathbb{R}}\mathbb{C}=S_1\oplus S_2=V^{1,0}\oplus V^{0,1}$$

임을 알 수 있다. 그런데 $S_1\subset V^{1,0}$이고 $\dim_{\mathbb{C}}S_1=n$이므로 $S_1=V^{1,0}$이다. 비슷한 방법으로 $S_2=V^{0,1}$이다.

(3) V_J와 $V^{1,0}$가 복소벡터공간으로 서로 동형임을 보이기 위해, 다음과 같이 정의된 사상 φ를 고려하자.

$$\varphi: V_J\to V^{1,0},\quad v\mapsto\frac{1}{2}(v-iJ(v))$$

그러면 φ는 복소수 상에서 선형사상이다. 실제로 다음이 성립한다.

$$\varphi(v_1+v_2)=\varphi(v_1)+\varphi(v_2),$$

$$\varphi(iv)=\varphi(J(v))=\frac{1}{2}(J(v)-iJ(J(v)))=\frac{1}{2}(J(v)+iv)=i\frac{1}{2}(v-iJ(v))=i\varphi(v)$$

한편 φ가 전사함수이고 $\dim_{\mathbb{C}} V_J=\dim_{\mathbb{C}} V^{1,0}=n$이므로 φ가 동형사상이다.

임의의 복소 n-차원 복소벡터공간 V에 대하여, 복소수 i에 의한 스칼라 곱으로부터 유도된 작용을 J라 하자. 그러면 V를 복소구조 J를 가진 $2n$-차원 실수벡터공간 $(V_{\mathbb{R}}, J)$로 볼 수 있다. 따라서 $V_{\mathbb{R}}\otimes_{\mathbb{R}}\mathbb{C}$는 복소 $2n$-차원 복소벡터공간이 된다. 한편 한편 [보조정리 1.3.6]의 (3)에 의해. $(V_{\mathbb{R}}\otimes_{\mathbb{R}}\mathbb{C})^{1,0}$가 $(V_{\mathbb{R}}, J)_J=V$와 복소벡터공간으로 서로 동형이다.

앞으로 다음 기호를 이용한다.

정의 1.3.7

복소구조 J가 주어진 $2n$-차원 실수벡터공간 (V, J)에 대하여, 다음이 성립한다.

(1) $V_{\mathbb{C}}=V\otimes_{\mathbb{R}}\mathbb{C}$

(2) 다음과 같은 외대수(exterior algebra) 기호를 이용한다.

(i) $\wedge V_{\mathbb{C}}$, $V^{p,0}=\wedge^p V^{1,0}\hookrightarrow\wedge V_{\mathbb{C}}$, $V^{0,p}=\wedge^p V^{0,1}\hookrightarrow\wedge V_{\mathbb{C}}$

(ii) $u\in\wedge^p V^{1,0}$이고 $v\in\wedge^q V^{0,1}$일 때, $\wedge^{p,q}V$는 $u\wedge v$로 생성된 $\wedge V_{\mathbb{C}}$의 부분공간을 나타낸다. 그러면 다음 등식이 성립한다.

$$\wedge V_{\mathbb{C}}=\sum_{r=0}^{2n}\sum_{p+q=r}\wedge^{p,q}V$$

이제, 복소구조 J가 주어진 $2n$-차원 실수벡터공간 (V, J)에 대한 지금까지의 논의를 $2n$-차원 미분다양체로 확장한다.

정의 1.3.8

임의의 실수 상에서 정의된 $2n$-차원인 미분다양체 M과 접번들 TM 상에서 정의된 미분가능인 동형사상 $J: TM\to TM$을 고려하자. 각각의 점 $x\in M$에서 정의된

$J_x : T_xM \to T_xM$가 $J_x^2 = -\mathrm{Id}$를 만족할 때, J를 M 상에서 정의된 **준복소구조**(almost complex structure) 또는 TM 상에서 정의된 **복소구조**(complex structure)라 한다.

임의의 복소 n-차원 복소다양체 M에 대하여, 집합으로는 M과 같지만 복소구조가 없는 실수 상에서 정의된 $2n$-차원 미분다양체 $M_{\mathbb{R}}$을 고려할 수 있다. M의 임의의 복소좌표계

$$\varphi : U \subset M \to \mathbb{C}^n,\ \ \varphi(p) = \varphi_1(p) + i\varphi_2(p),\ \ \varphi(p), \varphi_2(p) \in \mathbb{R}^n$$

에 대하여, 실수 상에서 정의된 미분다양체 $M_{\mathbb{R}}$의 좌표계로

$$\varphi_{\mathbb{R}} : U \subset M \to \mathbb{R}^{2n},\ \ \varphi_{\mathbb{R}}(p) = (\varphi_1(p), \varphi_2(p))$$

를 이용한다.

다음 보조정리가 성립한다.

보조정리 1.3.9

임의의 복소 n-차원 복소다양체 M에 대하여, $M_{\mathbb{R}}$이 집합으로는 M과 같지만 복소구조가 없는 실수 상에서 정의된 $2n$-차원 미분다양체라 하자. 그러면 $M_{\mathbb{R}}$ 상에 항상 준복소구조가 존재한다.

증명

증명을 위해, 먼저 임의의 $x \in M_{\mathbb{R}}$에 대하여 $T_x(M_{\mathbb{R}})$ 상에서 정의된 복소구조

$$J_x : T_x(M_{\mathbb{R}}) \to T_x(M_{\mathbb{R}})$$

을 다음과 같이 정의한다. 즉 임의의 $x \in M$에 대하여

$$h : U \to \mathbb{C}^n,\ \ h(p) = (h_1(p), h_2(p),\ \ldots, h_n(p))$$

가 x-근방에서 정의된 복소좌표계라 할 때, $M_{\mathbb{R}}$ 상에서 정의된 다음과 같은 좌표계 $\tilde{h}: U \to \mathbb{R}^{2n}$을 얻을 수 있다.

$$\tilde{h}(p) = (\mathrm{Re}h_1(p), \mathrm{Im}h_1(p),\ \ldots, \mathrm{Re}h_n(p), \mathrm{Im}h_n(p)) = (x_1(p), y_1(p),\ \ldots, x_n(p), y_n(p))$$

여기서 모든 $1 \le i \le n$에 대하여 각각의 함수 $\mathrm{Re}h_i(p)$과 $\mathrm{Im}h_i(p)$는 실해석적(real-analytic)이므로 무한 번 미분가능함수이다.

이제, 좌표계 (h, U)와 $(\tilde{h}, U)$를 이용하여 접공간 T_xM과 $T_xM_{\mathbb{R}}$의 기저를 얻는다. 이를 위해, 각각의 $1 \leq j \leq n$에 대하여 $z_j = x_j + iy_j$라 하자. 그러면

$$\left\{\frac{\partial}{\partial z_j}\right\}_{j=1}^{n} \text{과} \left\{\frac{\partial}{\partial x_j}, \frac{\partial}{\partial y_j}\right\}_{j=1}^{n}$$

이 각각 T_xM과 $T_xM_{\mathbb{R}}$의 기저이다. $(\xi_1, \eta_1, \xi_2, \eta_2, \ldots, \xi_n, \eta_n)$이 $T_xM_{\mathbb{R}}$의 좌표를 나타낼 때, $T_xM_{\mathbb{R}}$ 상에서 복소구조 $J_x : T_xM_{\mathbb{R}} \to T_xM_{\mathbb{R}}$을 다음과 같이 정의한다.

$$J_x(\xi_1, \eta_1, \xi_2, \eta_2, \ldots, \xi_n, \eta_n) = (-\eta_1, \xi_1, -\eta_2, \xi_2, \ldots, -\eta_n, \xi_n)$$

위의 과정을 다이어그램으로 나타내면 다음과 같다.

$$\begin{array}{ccccccc}
T_xM & \overset{dh}{\rightarrow} & \mathbb{C}^n & \overset{\alpha}{\rightarrow} & \mathbb{R}^{2n} & \overset{d\tilde{h}}{\leftarrow} & T_xM_{\mathbb{R}^{2n}} \\
\downarrow & & \downarrow i & & \downarrow J_0 & & \downarrow J_x \\
T_xM & \underset{dh}{\rightarrow} & \mathbb{C}^n & \overset{\alpha}{\rightarrow} & \mathbb{R}^{2n} & \overset{d\tilde{h}}{\leftarrow} & T_xM_{\mathbb{R}^{2n}}
\end{array}$$

여기서 $\alpha : \mathbb{C}^n \to \mathbb{R}^{2n}$과 $J_0 : \mathbb{R}^{2n} \to \mathbb{R}^{2n}$은 $(p_1, q_1, p_2, q_2, \ldots, p_n, q_n)$이 $\mathbb{R}^{2n}$의 좌표를 나타낼 때 각각 다음과 같다.

$$\alpha : (z_1 = x_1 + iy_1, z_2 = x_2 + iy_2, \ldots, z_n = x_n + iy_n) \mapsto (x_1, y_1, x_2, y_2, \ldots, x_n, y_n)$$

$$J_0(p_1, q_1, p_2, q_2, \ldots, p_n, q_n) = (-q_1, p_1, -q_2, p_2, \ldots, -q_n, p_n)$$

한편, J_x는 U 상에서 상수함수이므로 당연히 무한 번 미분가능하다. 또한, $U \cap V \neq \varnothing$을 만족하는 두 좌표계 $(h, U, \{t, s\})$와 $(k, V, \{u, v\})$에 대하여, (h, U)와 (k, V)에 의존하는 복소구조를 각각 $J_x^{\tilde{h}}$와 $J_x^{\tilde{k}}$라 하자. 그러면 다음 등식을 만족하는 가역이고 미분가능인 $n \times n$-행렬 M이 존재한다.

$$M^{-1} \circ J_x^{\tilde{k}} \circ M = J_x^{\tilde{h}}, \quad M = \begin{bmatrix} \frac{\partial u}{\partial t} & \frac{\partial u}{\partial s} \\ \frac{\partial v}{\partial t} & \frac{\partial v}{\partial s} \end{bmatrix}_{n \times n}$$

따라서 $T_{M_{\mathbb{R}}}$ 상에서 잘 정의된 미분가능인 복소구조 $J : TM_{\mathbb{R}} \to TM_{\mathbb{R}}$이 존재한다.

M이 m-차원 미분다양체일 때, M 상에서 정의된 복소수 값을 갖는 미분형식을 다음과 같이 정의한다.

정의 1.3.10

임의의 m-차원 미분다양체 M과 M의 접번들 TM에 대하여 $TM_{\mathbb{C}} = TM \otimes_{\mathbb{R}} \mathbb{C}$로 정의하자. 또한 M의 쌍대접번들 T^*M에 대하여 $T^*M_{\mathbb{C}} = T^*M \otimes \mathbb{C}$라 하자 이때, M 상에서 정의된 복소수 값을 갖는 **차수가 r인 미분형식의 모임** $\Omega^r(M)_{\mathbb{C}}$를 다음과 같이 정의한다.

$$\Omega^r(M)_{\mathbb{C}} = \Gamma(M, \wedge^r T^* M_{\mathbb{C}})$$

앞으로 혼란이 없으면 $\Omega^r(M)_{\mathbb{C}}$를 간단히 $\Omega^r(M)$으로 쓴다.

$x = (x_1, x_2, \ldots, x_m)$가 미분다양체 M의 국소좌표계의 좌표를 나타낼 때, 복소수 값을 갖는 차수가 r인 임의의 미분형식 $\varphi \in \Omega^r(X)$을 다음과 같이 나타낼 수 있다.

$$\varphi(x) = \sum_{|I| = r} \varphi_I(x) dx_I$$

여기서

$$dx_I = dx_{i_1} \wedge dx_{i_2} \wedge \cdots \wedge dx_{i_r},\ 1 \le i_1 < i_2 < \cdots < i_k \le m$$

으로 다중 첨자(muti-index)를 나타낸다. 또한 $\varphi_I(x)$는 국소좌표계에서 정의된 복소수 값을 갖는 미분가능 함수이다. 이때, 외미분작용소 d는 복소수 상에서 선형적으로 복소수 값을 갖는 미분형식까지 어려움 없이 확장된다. 따라서 $d^2 = 0$를 만족하는 다음과 같은 열(sequence)을 고려할 수 있다.

$$0 \to \Omega^0(M) \xrightarrow{d} \Omega^1(M) \xrightarrow{d} \Omega^2(M) \xrightarrow{d} \cdots \xrightarrow{d} \Omega^m(M) \to 0$$

(M, J)가 $2n$-차원 준복소다양체일 때, M 상에서 정의된 복소수 값을 갖는 미분형식을 위와 같이 다음과 같이 정의한다.

정의 1.3.11

임의의 $2n$-차원 준복소다양체 (M, J)와 M의 접번들 TM에 대하여 $TM_{\mathbb{C}} = TM \otimes_{\mathbb{R}} \mathbb{C}$라 할 때, TM 상에서 정의된 복소구조 J는 자연스럽게 복소수 상까지 확장된다. 이때,

$T^{1,0}(M)$과 $T^{0,1}(M)$을 다음과 같이 정의한다.

(1) $T^{1,0}(M)$은 $T(M)_{\mathbb{C}}$ 상에서 정의된 복소구조 J의 $(+i)$-고유공간으로 이루어진 $T(M)_{\mathbb{C}}$의 부분번들을 나타낸다.

(2) $T^{0,1}(M)$은 $T(M)_{\mathbb{C}}$ 상에서 정의된 복소구조 J의 $(-i)$-고유공간으로 이루어진 $T(M)_{\mathbb{C}}$의 부분번들을 나타낸다.

(3) $Q: T(M)_{\mathbb{C}} \to T(M)_{\mathbb{C}}$가 각각의 파이버에서 공핵으로 정의된 사상이라 할 때, Q의 축소사상

$$Q: T^{1,0}(M) \to T^{0,1}(M)$$

은 공핵선형적(conjugate-linear)으로 동형사상이다.

(4) 또한 $T(M)_J$와 $T^{1,0}(M)$은 서로 복소수 상에서 동형이다. 여기서 $T(M)_J$는 $T(M)$ 상에서 정의된 복소구조 J를 이용하여 만든 차수가 n인 복소벡터번들을 나타낸다.

(5) $T^*(M)^{1,0}$와 $T^*(M)^{0,1}$를 각각 복소수 상에서 정의된 $T^{1,0}(M)$과 $T^{0,1}(M)$의 쌍대공간이라 할 때, 다음과 같은 외대수 번들을 정의한다.

$$\wedge T^*(M)_{\mathbb{C}},\ \ \wedge T^*(M)^{1,0} \hookrightarrow \wedge T^*(M)_{\mathbb{C}},\ \ \wedge T^*(M)^{0,1} \hookrightarrow \wedge T^*(M)_{\mathbb{C}}$$

이때, 다음 등식이 성립한다.

$$T^*(M)_{\mathbb{C}} = T^*(M)^{1,0} \oplus T^*(M)^{0,1}$$

(6) $\wedge^{p,q}T^*(M)$은 파이버가 $\wedge^{p,q}T_x^*(M)$인 복소벡터번들을 나타낸다.

(7) $\Omega^{p,q}(M) = \Gamma(M, \wedge^{p,q}T^*(M))$일 때, $\Omega^r(M) = \sum_{p+q=r} \Omega^{p,q}(M)$이 성립한다.

임의의 $2n$-차원 준복소다양체 (M, J)에 대하여, (p, q)-형식을 갖는 미분형식을 국소적으로 나타내기 위해 다음 정의가 필요하다.

정의 1.3.12

차수가 r인 임의의 S-번들 $E \to M$과 M의 임의의 열린집합 U에 대하여, U 상에서 정의된 E의 **틀** 또는 **프레임**(frame)이란 다음 두 조건 (1)과 (2)를 만족하는 r개의 S-절편의 모임 $\{s_1, s_2, \dots, s_r\}$을 의미한다.

(1) 각각의 $1 \le i \le r$에 대하여, $s_i \in \Gamma(U, E)$이다.

(2) 임의의 $x \in U$에 대하여, $\{s_1(x), s_2(x), \dots, s_r(x)\}$가 파이버 E_x의 기저이다.

차수가 r인 임의의 S-벡터번들 $E \to M$과 임의의 $x \in M$에 대하여, x의 적당한 근방에 E의 틀이 항상 존재한다. 또한 M 전체에서 정의된 틀이 존재할 필요충분조건은 번들 $E \to M$이 자명한(trivial) 경우이다. 실제로, $h : E|_U \to U \times K^r$이 M의 열린집합 U 상에서 정의된 S-벡터번들 $E \to M$의 국소자명화라 할 때, 다음과 같은 동형사상 h_*가 존재한다.

$$h_* : \Gamma(U, E|_U) \to \Gamma(U, U \times K^r)$$

한편

$$e_1 = (1, 0, \ldots, 0),\ e_2 = (0, 1, \ldots, 0),\ \ldots, e_r = (0, 0, \ldots, 1)$$

이 벡터값을 갖는 함수라 할 때, $\{e_1, e_2, \ldots, e_r\}$은 자명하게 $U \times K^r$의 틀이 된다. 따라서

$$\{h_*^{-1}(e_1), h_*^{-1}(e_2), \ldots, h_*^{-1}(e_r)\}$$

이 $E|_U$의 틀이다.

$2n$-차원 준복소다양체 (M, J)에 대하여, $\{\omega_1, \omega_2, \ldots, \omega_n\}$과 $\{\overline{\omega_1}, \overline{\omega_2}, \ldots, \overline{\omega_n}\}$를 각각 적당한 열린집합 $U \subset M$ 상에서 정의된 $T^*(M)^{1,0}$과 $T^*(M)^{0,1}$의 국소적 틀이라 하자. 그러면 $\wedge^{p,q} T^*(M)$의 국소적 틀은 다음과 같이 주어진다.

$$\{\omega_I \wedge \overline{\omega_J}\}$$

여기서 $|I| = p, |J| = q$이고 I와 J는 순증가하는 다중 첨자를 나타낸다. 따라서 임의의 $s \in \Omega^{p,q}(M)$에 대하여, s는 다음과 같이 표현된다.

$$s = \sum_{|I| = p,\, |J| = q} a_{IJ}\, \omega^I \wedge \overline{\omega^J}$$

여기서 I와 J는 순증가하는 다중 첨자만을 의미한다. 또한 외미분에 대하여 다음 등식이 성립한다.

$$ds = \sum_{|I| = I,\, |J| = q} (da_{IJ}\, \omega^I \wedge \overline{\omega^J} + a_{IJ}\, d(\omega^I \wedge \overline{\omega^J}))$$

정의 1.3.13

임의의 $2n$-차원 준복소다양체 (M, J)와 자연스러운 사영사상

$$\pi_{p,q}: \Omega^r(M) \to \Omega^{p,q}(M)$$

에 대하여, 다음이 성립한다.

(1) $d: \Omega^{p,q}(M) \to \Omega^{p+q+1}(M) = \sum_{r+s=p+q+1} \Omega^{r,s}(M)$,

$\partial = \pi_{p+1,q} \circ d: \Omega^{p,q}(M) \to \Omega^{p+1,q}(M)$,

$\bar{\partial} = \pi_{p,q+1} \circ d: \Omega^{p,q}(M) \to \Omega^{p,q+1}(M)$

(2) ∂과 $\bar{\partial}$를 복소수 상에서 선형적으로 $\Omega^*(M) = \sum_{r=0}^{\dim M} \Omega^r(M)$까지 자연스럽게 확장하여 정의한다.

[정의 1.3.13]에 의해, 다음이 성립한다.

$$d: \Omega^{p,q}(M) \to \Omega^{p+q+1}(M),\ \ d = \sum_{r+s=p+q+1} \pi_{r,s} \circ d = \partial + \bar{\partial} + \cdots$$

다음 보조정리가 성립한다.

보조정리 1.3.14

임의의 $2n$-차원 준복소다양체 (M, J)와 동형사상

$$Q: \Omega^*(M) \to \Omega^*(M),\quad s \mapsto \bar{s}$$

에 대하여, 다음 등식이 성립한다.

(1) $$Q\bar{\partial}(Qs) = \partial s,\quad s \in \Omega^*(M)$$

(2) $\partial^2 = 0$와 $\bar{\partial}^2 = 0$는 서로 필요충분조건이다.

증명

(1) 임의의 $s \in \Omega^r(M), p+q=r$에 대하여 다음 등식이 성립한다.

$$Q\pi_{p,q}s = \pi_{q,p}Qs,\quad Q(ds) = dQ(s)$$

따라서, 임의의 $s \in \Omega^{q,p}(M)$에 대하여

$$\begin{aligned} Q\bar{\partial}(Qs) &= Q\pi_{p,q+1} \circ d \circ Q(s) = Q\pi_{p,q+1} \circ Q \circ d(s) \\ &= Q \circ Q \circ \pi_{q+1,p} \circ d(s) = \pi_{q+1,p} \circ d(s) \\ &= \partial(s) \end{aligned}$$

이다.

(2) 위의 (1)과 비슷한 방법으로 다음 등식이 성립한다.

$$Q\partial(Qs) = \overline{\partial}s,\ \ s \in \Omega^*(M)$$

이제 $\partial^2 s = 0$일 때, 위의 (1)의 등식에 의해 $\partial \circ Q \circ \overline{\partial} \circ Q(s) = 0$이다. 따라서

$$\partial \circ Q \circ \overline{\partial} \circ Q(s) = 0$$

의 왼쪽에 Q를 적용한 후

$$Q\partial(Qs) = \overline{\partial}s,\ \ s \in \Omega^*(M)$$

라는 사실을 이용하면 다음이 성립함을 알 수 있다.

$$0 = Q \circ \partial \circ Q \circ \overline{\partial} \circ Q(s) = \overline{\partial} \circ \overline{\partial} \circ Q(s)$$

즉 $\overline{\partial}^2(Q(s)) = 0$이다. 결론적으로, $\partial^2 = 0$이 성립한다면 $\overline{\partial}^2 = 0$이다. 그 역도 비슷한 방법으로 성립함을 보일 수 있다.

다음 보조정리의 증명은 간단하므로 독자에게 맡긴다.

보조정리 1.3.15

임의의 $2n$-차원 준복소다양체 (M, J)에 대하여 $d = \partial + \overline{\partial}$일 때, 다음 등식이 성립한다.

$$d^2 = \partial^2 + \overline{\partial}^2 + \partial\overline{\partial} + \overline{\partial}\partial,\ \ \partial^2 = \overline{\partial}^2 = \partial\overline{\partial} + \overline{\partial}\partial = 0$$

[보조정리 1.3.15]의 가정에 있는 조건 $d = \partial + \overline{\partial}$는 일반적인 준복소다양체에서는 성립하지 않는다.

정의 1.3.16

임의의 $2n$-차원 준복소다양체 (M, J)에 대하여 $d = \partial + \overline{\partial}$일 때, M 상에서 정의된 준복소구조 J가 **적분가능**(integrable)이라 한다.

복소다양체에 대하여 다음 정리가 성립한다.

정리 1.3.17

임의의 복소 n-차원 복소다양체에 대하여 J를 복소다양체로부터 유도된 $M_{\mathbb{R}}$ 상의 준복소구조라 하자([보조정리 1.3.9] 참고). 그러면 J는 항상 적분가능하다.

증명

증명을 위해 먼저 $(T(M_{\mathbb{R}})_{\mathbb{C}})^{1,0}$(또는 간단히 $T(M_{\mathbb{R}})^{1,0}$)가 $T(M)$과 복소벡터공간으로 서로 동형이고 비슷하게 $T^*(M)$과 $T^*(M_{\mathbb{R}})^{1,0}$가 서로 동형임을 알 필요가 있다. 또한,

$$(z_1, z_2, \dots, z_n),\ z_j = x_j + iy_j,\ 1 \le j \le n$$

이 국소좌표계라 할 때, $\{dz_1, dz_2, \dots, dz_n\}$이 $T^*(M)$의 쌍대틀(coframe)이 된다. 뿐만 아니라,

$$\left\{\frac{1}{2}\left(\frac{\partial}{\partial x_j} - i\frac{\partial}{\partial y_j}\right)\right\}_{j=1}^{n} \text{과 } \left\{\frac{1}{2}\left(\frac{\partial}{\partial x_j} + i\frac{\partial}{\partial y_j}\right)\right\}_{j=1}^{n}$$

이 각각 $T(M)^{1,0}$과 $T(M)^{0,1}$의 기저이고,

$$\left\{\frac{\partial}{\partial x_j}, \frac{\partial}{\partial y_j}\right\}_{j=1}^{n} \text{과 } \left\{\frac{\partial}{\partial z_j}\right\}_{j=1}^{n}$$

이 각각 $T(M_{\mathbb{R}})$와 $T(M)$의 국소적 틀이다.

이제, 임의의 $s \in \Omega^{p,q}(M)$에 대하여 s를 국소적으로 다음과 같이 나타내자.

$$s = \sum_{|I|=p, |J|=q} a_{IJ}\, dz^I \wedge d\bar{z}^J$$

따라서 다음이 성립한다.

$$ds = \sum_{j=1}^{n} \sum_{|I|=p, |J|=q} \left(\frac{\partial a_{IJ}}{\partial x_j} dx_j + \frac{\partial a_{IJ}}{\partial y_j} dy_j\right) \wedge dz^I \wedge d\bar{z}^J$$

한편,

$$\frac{\partial}{\partial x_j} = \frac{\partial}{\partial z_j} + \frac{\partial}{\partial \bar{z}_j},\ \frac{\partial}{\partial y_j} = i\left(\frac{\partial}{\partial z_j} - \frac{\partial}{\partial \bar{z}_j}\right)$$

와

$$dx_j = \frac{1}{2}\left(dz_j + d\bar{z}_j\right),\ dy_j = \frac{1}{2i}\left(dz_j - d\bar{z}_j\right)$$

를 이용하여, 위의 ds를 다음과 같이 다시 표현할 수 있다.

$$ds = \sum_{j=1}^{n} \sum_{|I|=p, |J|=q} \left(\frac{\partial a_{IJ}}{\partial x_j} dx_j + \frac{\partial a_{IJ}}{\partial y_j} dy_j\right) \wedge dz^I \wedge d\bar{z}^J$$

$$= \sum_{j=1}^{n} \sum_{|I|=p,|J|=q} \left(\frac{\partial}{\partial z_j} + \frac{\partial}{\partial \bar{z}_j} \right) a_{IJ} \cdot \frac{1}{2} (dz_j + d\bar{z}_j) \wedge dz^I \wedge d\bar{z}^J$$

$$+ \sum_{j=1}^{n} \sum_{|I|=p,|J|=q} i \left(\frac{\partial}{\partial z_j} - \frac{\partial}{\partial \bar{z}_j} \right) a_{IJ} \cdot \frac{1}{2i} (dz_j - d\bar{z}_j) \wedge dz^I \wedge d\bar{z}^J$$

$$= \sum_{j=1}^{n} \sum_{|I|=p,|J|=q} \frac{\partial a_{IJ}}{\partial z_j} dz_j \wedge dz^I \wedge d\bar{z}^J + \sum_{j=1}^{n} \sum_{|I|=p,|J|=q} \frac{\partial a_{IJ}}{\partial \bar{z}_j} d\bar{z}_j \wedge dz^I \wedge d\bar{z}^J$$

$$= \partial s + \bar{\partial} s$$

즉 $d = \partial + \bar{\partial}$이다. 정의에 의해, 이것은 준복소구조 J가 $M_{\mathbb{R}}$ 상에서 적분가능임을 의미한다.

◇

Newlander와 Nirenberg의 유명한 다음 정리에 의해 [정리 1.3.17]의 역도 성립한다.

정리 1.3.18 Newlander-Nirenberg

임의의 적분가능인 $2n$-차원 준복소다양체 (M, J)에 대하여, M 상에 준복소구조 J를 유도하는 복소구조 O_M이 존재한다. 또한 이와 같은 복소구조 O_M은 복소구조의 동형에 관해 유일하다. 즉 다음 두 조건 (i)과 (ii)가 성립한다.

(i) M 상에 동형에 관해 유일한 복소구조 $\{(h, U)\}$가 존재한다.

(ii) 임의의 $x \in M$에 대하여, x를 포함하는 좌표근방 U 상에서 정의된 국소좌표계

$$(z_1 = x_1 + iy_1, z_2 = x_2 + iy_2, \ldots, z_n = x_n + iy_n)$$

에 관해 다음 등식이 성립한다.

$$J\left(\frac{\partial}{\partial x_j}\right) = \frac{\partial}{\partial y_j}, \quad J\left(\frac{\partial}{\partial y_j}\right) = -\frac{\partial}{\partial x_j}, \quad 1 \le j \le n$$

[정리 1.3.18]과 동치인 또 다른 유명한 사실을 서술하면 다음과 같다.

정리 1.3.19 Newlander-Nirenberg

임의의 적분가능인 $2n$-차원 준복소다양체 (M, J)에 대하여, 다음과 같이 정의된 Newlander-Nirenberg 작용소 $N_J : TM \times TM \to TM$을 고려하자.

$$N_J(v, w) = [v, w] + J[Jv, w] + J[v, Jw] - [Jv, Jw], \quad v, w \in TM$$

여기서 $[\cdot, \cdot]$는 벡터장 사이의 리연산(Lie bracket)을 의미한다. 이때, $N_J \equiv 0$일 필요충분조건은 J가 적분가능인 것이다.

제 2 장

쉬프 이론

제 2 장

쉬프 이론

2.1 쉬프의 정의와 성질

이 절에서는 수학에서 중요한 위치를 차지하고 있는 쉬프 이론(sheaf theory)에 관한 기본적인 정의와 여러 가지 중요한 성질을 정리한다. 쉬프 이론은 르레(Jean Leray)가 처음으로 수학계에 소개하였다. 이 이론은 국소적 정보를 이용하여 대역적 성질을 파악할 수 있게 하는 아주 유용한 이론이다, 특히 미분다양체는 국소적으로 유클리드 공간과 동일시 할 수 있음으로 유클리드 공간에서 활용할 수 있는 다양한 방법을 이용하여 미분다양체의 국소적 성질을 파악할 수 있다. 쉬프 이론은 이와 같은 국소적 성질을 모아 주어진 미분다양체의 대역적 성질을 쉽게 유도할 수 있도록 해 주는 아주 중요한 이론이다.

정의 2.1.1

위상공간 X와 임의의 열린집합 $U\subset X$에 대하여 다음과 같은 성질 (1)과 (2)가 성립할 때, F를 X 상의 **프리쉬프**(presheaf)라 한다.

(1) 각각의 열린집합 $U\subset X$에 대하여, 집합 $F(U)$가 대응한다.

(2) $V\subset U$를 만족하는 임의의 두 열린집합 U, V에 대하여, 다음 성질 (i)과 (ii)를 만족하는 축소사상(restriction map) r_V^U가 존재한다.

$$r_V^U : F(U) \to F(V)$$

(i) $r_U^U = I_U$이다. 여기서 I_U는 U 상에서 정의된 항등사상을 나타낸다.

(ii) 임의의 열린집합 $W\subset V\subset U$에 대하여, $r_W^U = r_W^V \circ r_V^U$가 성립한다.

이때, 집합 $F(U)$의 원소를 U 상에서 정의된 **절편** 또는 **단면**(section)이라 부른다.

임의의 두 프리쉬프 사이의 사상에 대한 정의도 다음과 같이 할 수 있다.

정의 2.1.2

임의의 위상공간 X와 X 상에서 정의된 임의의 두 프리쉬프 F, G에 대하여 다음 두 조건 (1)과 (2)를 만족하는 함수들의 모임

$$\{h_U \mid X\text{의 열린 부분집합 } U\}$$

를 $h: F \to G$로 나타낼 때, h를 **사상**(morphism)이라 한다.

(1) 임의의 열린집합 $U \subset X$에 대하여, 함수 $h_U: F(U) \to G(U)$가 존재한다.

(2) 위의 (1)에서 정의된 함수 h_U와 $V \subset U \subset X$에 대하여, 다음 다이어그램이 순환한다.

$$\begin{array}{ccc} F(U) & \overset{h_U}{\rightarrow} & G(U) \\ \downarrow r_V^U & & \downarrow r_V^U \\ F(V) & \underset{h_V}{\rightarrow} & G(V) \end{array}$$

특히, 위의 함수 h_U가 포함함수(inclusion map)일 때, F가 G의 **부분프리쉬프**(subpresheaf)라 부른다.

임의의 프리쉬프 F에 대하여 $F(U)$는 보통 가환군(abelian group)과 같은 대수적인 구조를 가진다. 이 경우에는 앞으로 [정의 2.1.2]에서 정의된 함수 h_U와 축소사상 r_V^U 등이 준동형사상 조건도 함께 만족한다고 가정한다.

정의 2.1.3

위상공간 X 상에서 정의된 프리쉬프 F를 고려하자. X의 열린집합 U_i의 모임 $\{U_i \mid i \in J\}$와 $U = \cup_i U_i$에 대하여 F가 다음 두 조건 (1)과 (2)를 만족할 때, F를 **쉬프**(sheaf)라 한다.

(1) 임의의 $s, t \in F(U)$와 임의의 $i \in J$에 대하여, 만약 $r_{U_i}^U(s) = r_{U_i}^U(t)$이면 $s = t$이다.

(2) 임의의 $s_i \in F(U_i), i \in J$와 $U_i \cap U_j \neq \varnothing$를 만족하는 임의의 U_i, U_j에 대하여

$$r_{U_i \cap U_j}^{U_i}(s_i) = r_{U_i \cap U_j}^{U_j}(s_j), \quad i, j \in J$$

가 성립할 때, $r_{U_i}^U(s) = s_i, i \in J$를 만족하는 $s \in F(U)$가 존재한다.

이때, s를 절편들의 모임 $\{s_i \in F(U_i) \mid i \in J\}$의 **확장**(extension)이라 하고 위와 같은 확장은 사실 유일하다.

두 쉬프 사이의 사상도 프리쉬프에서와 비슷하게 다음과 같이 정의할 수 있다.

정의 2.1.4

임의의 위상공간 X와 X 상에서 정의된 임의의 두 쉬프 F, G에 대하여, 다음이 성립한다.

(1) 프리쉬프 F와 G 사이의 사상 h를 두 쉬프 F와 G 사이의 **사상**(morphism)이라 한다.

(2) 쉬프 F의 부분프리쉬프 H가 다시 쉬프가 될 때, H를 F의 **부분쉬프**(subsheaf)라 한다.

(3) 두 쉬프 F와 G 사이의 사상 $h : F \to G$와 임의의 열린집합 $U \subset X$에 대하여

$$h_U : F(U) \to G(U)$$

가 항상 같은 범주(category)에 관해 서로 동형사상일 때, h를 **동형사상**(isomorphism)이라 한다.

예제 2.1.5

(1) X가 위상공간이고 G가 아벨군일 때, 임의의 연결인 열린집합 $U \subset X$에 대하여 $F(U) = G$라 하자. 또한 임의의 연결인 열린집합 $V \subset U \subset X$에 대하여, I가 축소함수

$$I: F(U) = G \to F(V) = G,\ \ I(s) = s|_V,\ \ s \in F(U) = G$$

를 나타낸다고 하자. 그러면 F는 X 상에서 쉬프가 된다. 이때, 이 쉬프를 **상수쉬프**(constant sheaf)라 하고 $F = \underline{G}$ 또는 간단히 $F = G$로 나타낸다.

(2) X가 단위원 $S^1 = \{z \in \mathbb{C} \mid |z| = 1\}$일 때, $X = S^1$의 임의의 열린집합 U에 대하여 $F(U) = \mathbb{Z}$라 하자. 또한 S^1의 열린집합 $U_i\,(i = 0, 1, 2)$를 다음과 같이 정의하자.

$$\begin{aligned} U_0 &= \left\{z = e^{i\theta} \in S^1 \mid -\frac{\pi}{6} < \theta < \frac{2\pi}{3}\right\}, \\ U_1 &= \left\{z = e^{i\theta} \in S^1 \mid \frac{\pi}{2} < \theta < \frac{7\pi}{6}\right\}, \\ U_2 &= \left\{z = e^{i\theta} \in S^1 \mid \pi < \theta < 2\pi\right\} \end{aligned}$$

그러면 $S^1 = U_0 \cup U_1 \cup U_2$이다. 이때, 임의의 $0 \le i, j(\ne i) \le 2$에 대하여 축소함수

$$r^i_{ij} := r^{U_i}_{U_i \cap U_j}$$

를 다음과 같이 정의하자.

$$r_i^{S^1} := r_{U_i}^{S^1} = I,\ \ i = 0, 1, 2,\ \ r_{01}^0 = r_{02}^0 = r_{12}^2 = r_{12}^1 = r_{01}^1 = I,\ \ r_{02}^2 = -I$$

그리고 그 외 축소함수는 I로 정의한다. 그러면 F가 프리쉬프이고 또한 쉬프가 된다. 한편, 모든 축소함수를 0으로 정의하면 F는 프리쉬프이지만 쉬프는 아니다. 실제로, 임의의 $s, t(\neq s) \in F(U_0 \cup U_1) = \mathbb{Z}$에 대하여

$$r_{U_0}^{U_0 \cup U_1}(s) = 0 = r_{U_1}^{U_0 \cup U_1}(t)$$

이지만 $U_0 \cup U_1$ 상에서 $s \neq t$이므로 F가 쉬프가 될 수 없다.

(3) 프리쉬프이지만 쉬프가 아닌 또 다른 대표적인 예가 있다. 실제로, 복소평면 $X = \mathbb{C}$와 임의의 열린집합 $U \subset \mathbb{C}$에 대하여 $B(U)$를 U 상에서 정의된 유계인 복소해석적 함수의 모임이라 하자. 특히, 전체집합 $X = \mathbb{C}$도 X의 열린집합이므로 $B(X) = B(\mathbb{C})$도 $\mathbb{C}$ 상에서 유계인 복소해석적 함수의 모임을 나타낸다. 한편 리우빌 정리(Liouville theorem)에 의해 복소평면 $\mathbb{C}$ 상에서 정의된 임의의 유계인 복소해석적 함수는 항상 상수 함수이다. 따라서 $B(\mathbb{C}) = \mathbb{C}$이다.

임의의 자연수 i에 대하여

$$U_i = \{z \in \mathbb{C} \mid |z| < i\}$$

일 때, $\mathbb{C} = \cup_{i \in \mathbb{N}} U_i$이다. 이때, $f_i \in B(U_i)$를 $f_i(z) = z$라 하면 $B(\mathbb{C}) = \mathbb{C}$이므로 $f|_{U_i} = f_i$를 만족하는 $f \in B(\mathbb{C})$가 존재하지 않는다. 따라서 B는 프리쉬프이지만 쉬프가 될 수는 없다.

(4) 임의의 위상공간 X, Y와 열린집합 $V \subset U \subset X$에 대하여, $C_{X,Y}(U)$와 r_V^U를 다음과 같이 정의하자.

$$C_{X,Y}(U) = \{f \mid f : U \to Y \text{ 연속함수}\},\ \ r_V^U(f) = f|_V,\ \ f \in C_{X,Y}(U)$$

여기서 $f|_V$는 f를 V에 축소하여 얻은 축소함수를 나타낸다. 그러면 $C_{X,Y}$가 X 상에서 쉬프가 된다. 특히 $K = \mathbb{R}$ 또는 $\mathbb{C}$일 때 $C_X := C_{X,K}$를 X의 **구조쉬프**(structure sheaf)라 한다. 실제로 $C_X(U)$는 자연스러운 점별 덧셈과 곱셈 및 함수들의 스칼라 곱에 관한 K-대수를 구성한다. 따라서 C_X는 K-대수들로 이루어진 쉬프이다.

(5) 임의의 S-다양체 X와 임의의 열린집합 $U \subset X$에 대하여, $S_X(U)$를 U 상에서 정의된 S-함수로 구성된 집합이라 하자. 그러면 S_X는 C_X의 부분쉬프가 되고, 이 부분쉬프 S_X를 S-다양체 X의 **구조쉬프**(structure sheaf)라 한다. 이와 같은 구조쉬프

의 대표적인 예로는 미분가능인 함수로 구성된 E_X, 실해석적 함수로 구성된 A_X, 그리고 복소해석적 함수로 구성된 O_X 등이 있다.

프리쉬프에는 종종 모듈구조가 주어진다. 이에 대한 자세한 정의는 다음과 같다.

정의 2.1.6

임의의 위상공간 X에 대하여, R이 가환환으로 이루어진 X 상의 프리쉬프이고 M이 아벨군으로 구성된 X 상의 프리쉬프라 하자. 임의의 열린집합 $V \subset U \subset X$에 대하여 $M(U)$에 다음과 같은 $R(U)$-모듈 구조가 주어져 있다고 가정하자.

$$r_V^U(\alpha f) = \rho_V^U(\alpha) r_V^U(f), \quad \alpha \in R(U),\ f \in M(U)$$

여기서 r_V^U와 ρ_V^U는 각각 M과 R의 축소함수를 나타낸다. 이때, M을 ***R*-모듈 프리쉬프**(presheaf of R-modules)라 부른다. 특히, M이 쉬프인 경우에는 M을 ***R*-모듈 쉬프**(sheaf of R-modules)라 한다.

예제 2.1.7

(1) 임의의 위상공간 X, S-벡터번들 $E \to X$, 그리고 임의의 열린집합 $U \subset X$에 대하여, X 상의 프리쉬프 $S(E)$를 $S(E)(U) = \Gamma(U, E)$로 정의하자. 이때, $S(E)(U)$에 다음과 같이 $\Gamma(U, K)$-모듈 구조를 줄 수 있다.

$$(f \cdot s)(x) = f(x) \cdot s(x), \quad x \in X,\ f \in \Gamma(U, K),\ s \in \Gamma(U, E)$$

사실 $S(E)$는 $C_{X, E}$의 부분쉬프이고 $S(E)$를 벡터번들 ***E*의 *S*-절편 쉬프**(sheaf of S-sections of the vector bundle E)라 부른다. 예를 들어, S_X-모듈(또는 **$S(X)$-모듈**)로 이루어진 쉬프로 E_X^* (또는 $E^*(X)$)는 미분다양체 상에서 정의된 미분형식으로 이루어진 쉬프이고 $E_X^{p,q}$(또는 $E^{p,q}(X)$)는 복소다양체 상에서 정의된 (p, q)-형식을 갖는 미분형식으로 이루어진 쉬프이다.

(2) $O_{\mathbb{C}}$가 복소평면 $\mathbb{C}$ 상에서 정의된 복소해석적 함수의 모임이고, T를 임의의 열린집합 $U \subset \mathbb{C}$에 대하여 $\mathbb{C}$ 상에서 다음과 같이 정의된 프리쉬프라 하자.

$$T(U) = \begin{cases} O(U), & 0 \notin U, \\ \{f \in O(U) \mid f(0) = 0\}, & 0 \in U \end{cases}$$

그러면 T는 사실 쉬프이다. 또한, T는 가환환(commutative ring) $O_{\mathbb{C}}$-모듈 쉬프가 된다.

다음 정의가 성립한다.

정의 2.1.8

임의의 복소다양체 X에 대하여, X 상의 O_X-모듈 쉬프를 **해석적 쉬프**(analytic sheaf)라 부른다.

임의의 위상공간 X, X 상에서 정의된 프리쉬프(또는 쉬프) F, 그리고 임의의 열린집합 $U \subset X$에 대하여, $F|_U$는 F를 U로 축소하여 얻은 새로운 프리쉬프(또는 쉬프)를 의미한다. 즉 임의의 열린집합 $V \subset X$에 대하여 $V \cap U$는 U의 임의의 열린집합이고 이때, $F|_U(V \cap U)$는 다음과 같이 주어진다.

$$F|_U(V \cap U) = F(V \cap U)$$

정의 2.1.9

임의의 위상공간 X에 대하여 R이 가환환들로 이루어진 쉬프일 때, 다음이 성립한다.

(1) 임의의 정수 $p \geq 0$와 임의의 열린집합 $U \subset X$에 대하여, 프리쉬프 R^p를 다음과 같이 정의한다.

$$R^p(U) = \underbrace{R(U) \oplus R(U) \oplus \cdots \oplus R(U)}_{p\text{번}}$$

그러면 R^p는 R-모듈로 이루어진 쉬프가 된다. 이때, R^p를 **쉬프 R의 직합**(direct sum of R)이라 부르고 p를 R^p의 **계수** 또는 **차수**(rank)라 부른다.

(2) M이 $M \cong R^p$, $p \geq 0$를 만족하는 R-모듈 쉬프라 할 때, M을 **R-모듈 자유쉬프**(free sheaf of modules)라 부른다.

(3) 임의의 $x \in X$와 x의 적당한 열린근방 U에 대하여 $M|_U$가 R-모듈 자유쉬프일 때, R-모듈 쉬프 M을 **국소적 자유쉬프**(locally free sheaf)라 부른다.

(4) 특히, 차수가 1인 국소적 자유쉬프를 **가역적 쉬프**(invertible sheaf)라 부른다.

다음 정리는 벡터번들과 국소적 자유쉬프 사이의 관계를 말해 준다.

정리 2.1.10

임의의 연결인 S-다양체 (X, S)에 대하여, S-벡터번들의 동형에 관해 X 상에서 정의된 S-벡터번들의 모임을 $\mathcal{X}$라 하고 S-모듈 쉬프의 동형에 관해 X 상에서 정의된 $S(X)$-모듈 국소적 자유쉬프의 모임을 $\mathcal{Y}$라 하자, 그러면 $\mathcal{X}$와 $\mathcal{Y}$ 사이에 일대일 대응이 존재한다.

증명

증명을 위해, 함수 Ψ를 다음과 같이 정의하자.

$$\Psi : \mathcal{X} \to \mathcal{Y}, \ \ E \mapsto S(E)$$

여기서 $S(E)$는 [예제 2.1.7]의 (1)과 같이 S-벡터번들 E의 S-절편 쉬프를 나타내고, $S(E)$는 사실 $S(X)$-모듈 국소적 자유쉬프이다. 실제로, S-벡터번들 E가 국소적으로 자명하므로 임의의 $x \in X$와 적당한 x-열린근방 U에 대하여 다음이 성립한다.

$$E|_U \cong U \times K^r, \ \ r\text{은 } S\text{-벡터번들 } E\text{의 차수}$$

따라서 $S(E)|_U \cong S(U \times K^r)$이다. 한편

$$S(U \times K^r) \cong S|_U \oplus S|_U \oplus \cdots \oplus S|_U$$

가 성립한다. 따라서 $S(E)$가 $S(X)$-모듈 국소적 자유쉬프이고, Ψ가 잘 정의된 함수이다.

(i) Ψ가 전사함수이다. 이를 보이기 위해, 먼저 L을 X 상에서 정의된 $S(X)$-모듈 국소적 자유쉬프라 하자. 그러면 다음을 만족하는 X의 열린덮개 $\{U_\alpha\}$와 함수 g_α가 존재한다.

$$g_\alpha : L(U_\alpha) \cong S(U_\alpha) \oplus S(U_\alpha) \oplus \cdots \oplus S(U_\alpha) \ (r\text{ 번})$$

여기서 차수 r은 X가 연결집합이므로 U_α에 의존하지 않는다.

이제, 함수

$$g_{\alpha\beta} : S(U_\alpha \cap U_\beta) \oplus \cdots \oplus S(U_\alpha \cap U_\beta) \to S(U_\alpha \cap U_\beta) \oplus \cdots \oplus S(U_\alpha \cap U_\beta)$$

를 $g_{\alpha\beta} = g_\alpha \circ g_\beta^{-1}$로 정의하자. 그러면 전이함수(transition function) $g_{\alpha\beta}$는 $S(U_\alpha \oplus U_\beta)$에 속하는 함수를 성분으로 갖는 가역적 $r \times r$-행렬이다. 즉

$$g_{\alpha\beta} : U_\alpha \cap U_\beta \to GL(r, K)$$

이다. 또한 $\{g_{\alpha\beta}\}$가 다음과 같은 쌍대순환조건(cocycle condition)을 만족한다.

$$g_{\alpha\beta} = g_{\beta\alpha}, \quad g_{\alpha\beta} \circ g_{\beta\gamma} = g_{\alpha\gamma}$$

따라서 $S(X)$-모듈 국소적 자유쉬프 L로부터 S-벡터번들 $E \to X$를 다음과 같이 정의할 수 있다.

$$E = \coprod_{\alpha} U_\alpha \times K^r / \sim, \quad (x, \xi) \sim (x, g_{\alpha\beta}(x)\xi), \quad x \in U_\alpha \cap U_\beta \neq \varnothing$$

여기서 편의상 $\coprod_{\alpha} U_\alpha \times K^r$은 $U_\alpha \times K^r$들 사이의 교집합이 공집합이라고 가정하고 합집합을 취한 것을 의미한다. 정의에 의해, $\Psi(E) = L$이다. 즉 Ψ가 전사함수이다.

(ii) Ψ가 단사함수이다. 실제로, 전이함수들의 모임 $\{g_{\alpha\beta}\}$가 S-벡터번들의 동형에 관해 S-벡터번들을 유일하게 결정한다는 사실에 의해 Ψ는 단사함수이다.

위의 (i)과 (ii)에 의해, Ψ는 일대일 대응이므로 증명이 완료된다.

2.2 쉬프의 분해열

위상공간 상에서 정의된 쉬프는 위상공간의 국소적 정보를 포함하고 있다. 이와 같은 국소적 정보를 위상공간의 대역적 성질로 변환하기 위해서는 호몰로지 대수의 방법을 쉬프에 적용할 필요가 있다. 이 절에서는 이와 관련된 여러 가지 중요한 성질을 정리한다.

정의 2.2.1

다음이 성립한다.

(1) 임의의 위상공간 X에 대하여, X 상에서 정의된 **에탈공간**(étalé space) Y는 전사인 연속함수이고 동시에 국소적 위상동형사상인 $\pi : Y \to X$를 가진 위상공간이다. 이때, 에탈공간 Y를 보통 $\pi : Y \to X$로 나타낸다.

(2) 임의의 에탈공간 $\pi : Y \to X$와 임의의 열린집합 $U \subset X$에 대하여, $\pi \circ f = I_U$를 만족하는 연속함수 $f : U \to Y$를 에탈공간 $\pi : Y \to X$의 U 상에서 정의된 **절편**(section)이라 한다.

임의의 위상공간 X에 대하여, X의 **덮개공간**(covering space)은 에탈공간보다 조금 더 강한 조건을 가진 위상공간이다. 실제로 X의 덮개공간 Y는 다음 세 가지 조건을 만족한다.

(1) 전사인 연속함수 $\pi : Y \to X$가 존재한다.

(2) 임의의 점 $x \in X$에 대하여, x를 포함하는 적당한 열린집합 U가 존재하여 U의 π에 관한 역상 $\pi^{-1}(U)$가 서로 만나지 않는 열린집합 $V_\alpha(\alpha \in \Gamma)$의 합집합으로 주어진다.

(3) 각각의 $\alpha \in \Gamma$에 대하여, $\pi|_{V_\alpha} : V_\alpha \to U$가 위상동형사상이다.

또한 에탈공간의 절편들의 모임은 쉬프 $C_{X,\,Y}$의 부분쉬프가 된다.

위상공간 X 상에서 정의된 프리쉬프 F에 대하여, F를 통해 X의 정보를 효과적으로 얻기 위해 F에 대응하는 새로운 쉬프를 정의할 필요가 있다. 이와 같이 주어진 프리쉬프로부터 새로운 쉬프를 만드는 과정을 **쉬프화**(sheafification)라 한다.

정의 2.2.2

위상공간 X 상에서 정의된 임의의 프리쉬프 F에 대하여, 다음이 성립한다.

(1) 임의의 $x \in X$에 대하여, F_x를 다음과 같이 F의 제한함수 $\{r_V^U\}$를 이용하여 집합 $F(U)$의 귀납적 극한(direct limit)으로 정의한다.

$$F_x = \varinjlim_{x \in U} F(U)$$

이때, F_x를 x에서 F의 **스톡**(stalk)이라 한다.

(2) 임의의 $x \in X$에 대하여, $F(U)$의 임의의 원소를 F의 스톡 F_x에 속하는 동치류로 보내는 자연스러운 사상 $r_x^U : F(U) \to F_x$가 존재한다. 이때, $s_x = r_x^U(s)$를 x에서 s의 **점**(germ) 또는 **싹**이라 한다. 또한 s를 점 s_x의 **대표원**(representative)이라 한다.

프리쉬프 F가 귀납적 극한에 관해 보존되는 대수적인 구조를 가질 때, 스톡도 당연히 F와 똑같은 대수적인 구조를 가진다. 예를 들어, F가 아벨군이나 가환환 같은 대수적인 구조를 가질 때, F의 스톡도 똑같은 구조를 유지한다.

보조정리 2.2.3

위상공간 X 상에서 정의된 임의의 프리쉬프 F에 대하여, 집합 $\widetilde{F}$와 사상 $\pi : \widetilde{F} \to X$

를 다음과 같이 정의하자.

$$\widetilde{F} = \bigcup_{x \in X} F_x, \quad \pi : \widetilde{F} \to X, \ s_x \mapsto x$$

이때, $\widetilde{F}$에 위상을 주어 전사함수 $\pi : \widetilde{F} \to X$를 에탈공간으로 만들 수 있다.

증명

증명을 위해, 먼저 $\widetilde{F}$에 위상을 정의한다. 이를 위해, 임의의 $s \in F(U)$에 대하여 다음과 같은 함수 $\tilde{s}$를 정의하자.

$$\tilde{s} : U \to \widetilde{F}, \ x \mapsto s_x$$

그러면 자명하게 $\pi \circ \tilde{s} = I_U$가 성립한다. 또한 $\tilde{s}$가 연속함수가 되도록 $\widetilde{F}$에 자연스러운 위상을 정의할 수 있다. 실제로,

$$B = \{\tilde{s}(U) \mid U\text{가 } X\text{의 열린 부분집합}, \ s \in F(U)\}$$

라 할 때, B는 $\widetilde{F}$ 상에서 위상의 기저 조건을 만족한다.

(i) π가 전사인 연속함수이다. 이를 보이기 위해, 먼저 $\tilde{s}^{-1}(\tilde{s}(U)) = U$이고 U가 X의 열린집합이므로 $\tilde{s}$가 연속함수이다. 사실, 정의에 의해 $\tilde{s}$가 상사상(quotient map)이다. 따라서 임의의 열린집합 $U \subset X$에 대하여

$$\tilde{s}^{-1}(\pi^{-1}(U)) = (\pi \circ \tilde{s})^{-1}(U) = U$$

이므로 $\pi^{-1}(U)$가 $\widetilde{F}$ 상에서 열린집합이다. 즉 π가 전사인 연속함수이다.

(ii) π가 국소적 위상동형사상이다. 실제로, $\pi \circ \tilde{s} = I_U$이므로 $\tilde{s} : U \to \tilde{s}(U)$는 전단사함수이다. 임의의 두 원소 $u, v \in \tilde{s}(U)$에 대하여 $\pi(u) = \pi(v)$일 때, $u = \tilde{s}(x)$이고 $v = \tilde{s}(y)$를 만족하는 $x, y \in U$가 존재한다. 한편

$$x = \pi(\tilde{s}(x)) = \pi(u) = \pi(v) = \pi(\tilde{s}(y)) = y$$

이므로 $u = v$이다. 즉 $\pi|_{\tilde{s}(U)} : \tilde{s}(U) \to U$가 단사이고 전사이며 또한 위상동형사상이다.

위의 (i)과 (ii)에 의해, $\pi : \widetilde{F} \to X$가 에탈공간이다.

[보조정리 2.2.3]에서 정의한 에탈공간 $\widetilde{F}$에 대하여, 다음이 성립한다.

보조정리 2.2.4

위상공간 X 상에서 정의된 임의의 아벨군의 프리쉬프 F와 그에 대응하는 에탈공간 $\pi: \widetilde{F} \to X$에 대하여, 다음이 성립한다.

(1) $\widetilde{F} \circ \widetilde{F} = \{(s,t) \in \widetilde{F} \times \widetilde{F} \mid \pi(s) = \pi(t)\}$라 할 때, 다음과 같이 정의된 사상

$$\mu: \widetilde{F} \circ \widetilde{F} \to \widetilde{F}, \quad (s_x, t_x) \mapsto s_x - t_x$$

가 연속함수이다.

(2) 임의의 열린집합 $U \subset X$에 대하여 U 상에서 정의된 $\widetilde{F}$의 절편들의 모임 $\Gamma(U, \widetilde{F})$가 다음과 같이 정의된 점별 덧셈 연산에 관해 아벨군이다:

임의의 $s, t \in \Gamma(U, \widetilde{F})$에 대하여

$$(s-t)(x) = s_x - t_x, \quad x \in U$$

증명

(1) 임의의 열린집합 $U \subset X$와 $s, t \in F(U)$에 대하여, 정의에 의해 $\widetilde{(s-t)}(U)$가 $\widetilde{F}$의 기저원소이다. 또한, $\mu^{-1}(\widetilde{(s-t)}(U)) = \tilde{s}(U) \circ \tilde{t}(U)$이고, 정의에 의해

$$\tilde{s}(U) \circ \tilde{t}(U)$$

가 $\widetilde{F} \circ \widetilde{F}$의 기저원소이다. 따라서 μ가 연속함수이다.

(2) 가정의 의해, F가 아벨군의 구조를 가지므로 스톡 F_x도 아벨군의 구조를 갖는다. 또한 사상

$$s - t = \mu \circ (s, t): U \to \widetilde{F} \circ \widetilde{F} \to \widetilde{F}$$

이므로 $s-t$가 연속함수 (s,t)와 μ의 합성으로 주어진다. 따라서 $s-t$가 U 상에서 연속함수이다. 결론적으로, $(s-t) \in \Gamma(U, \widetilde{F})$이다. 따라서 $\Gamma(U, \widetilde{F})$가 아벨군의 구조를 갖는다.

정의 2.2.5

위상공간 X 상에서 정의된 임의의 프리쉬프 F와 그에 대응하는 에탈공간 $\pi: \widetilde{F} \to X$에 대하여, 다음이 성립한다.

(1) $\widetilde{F}$의 절편들의 쉬프를 프리쉬프 **F에 의해 생성된 쉬프**(sheaf generated by F)라 하고 간단히 $\widetilde{F}$로 나타낸다. 다시 말해서, 임의의 열린집합 $U \subset X$에 대하여, $\widetilde{F}(U)$를 다음과 같이 정의한다.

$$\widetilde{F}(U) = \Gamma(U, \widetilde{F})$$

(2) 두 프리쉬프 사이에 다음과 같은 사상 $\tau : F \to \widetilde{F}$가 존재한다.

$$\tau_U : F(U) \to \widetilde{F}(U), \ \ \tau_U(s) = \widetilde{s}$$

단, 임의의 $x \in U$에 대하여 $\widetilde{s}(x) = r_x^U(s)$이다.

다음 보조정리가 성립한다.

보조정리 2.2.6

위상공간 X 상에서 정의된 임의의 쉬프 F와 사상 $\tau : F \to \widetilde{F}$에 대하여, 사상 τ가 쉬프 동형사상이다. 즉 F가 쉬프일 때, F에 의해 생성된 쉬프 $\widetilde{F}$와 F 자신은 서로 동형이다.

증명

증명을 위해, 임의의 열린집합 $U \subset X$에 대하여 τ_U가 전단사함수임을 보이면 된다.

(i) τ_U가 단사함수이다. 실제로, 임의의 $s, t \in F(U)$에 대하여 $\tau_U(s) = \tau_U(t)$라 하자. 그러면, 임의의 $x \in U$에 대하여 $\widetilde{s}(x) = \widetilde{t}(x)$가 성립한다. 또한 $\widetilde{F}$의 정의에 의해, 다음 등식을 만족하는 x의 열린근방 $V_x \subset U$가 존재한다.

$$r_{V_x}^U(s) = r_{V_x}^U(t)$$

한편 F가 쉬프이고 $U = \cup_{x \in U} V_x$이므로 쉬프의 정의에 의해 U 상에서 $s = t$가 되어야 한다.

(ii) τ_U가 전사함수이다. 실제로, 임의의 $\sigma \in \widetilde{F}(U) = \Gamma(U, \widetilde{F})$를 고려하자. 그러면, 임의의 $x \in U$에 대하여 다음 등식을 만족하는 x의 열린근방 V_x와 $s \in F(V_x)$가 존재한다.

$$\sigma(x) = s_x = r_{V_x}^U(s)(x)$$

한편 스톡의 정의에 의해 다음 등식이 성립하는 x의 열린근방 $W_x \subset V_x$가 존재한다.

$$\sigma|_{W_x} = \tau_{V_x}(s)|_{W_x} = r^{V_x}_{W_x} \circ \tau_{V_x}(s) = \tau_{W_x} \circ r^{V_x}_{W_x}(s)$$

이때, $s_{W_x} = r^{V_x}_{W_x}(s)$라 하자. 그러면, 임의의 $x \in U$에 대하여 $\sigma|_{W_x} = \tau_{W_x}(s_{W_x})$를 만족하는 $W_x \subset U$와 $s_{W_x} \in F(W_x)$가 존재한다. 결론적으로, 다음을 만족하는 U의 열린덮개 $\{U_i\}$와 $s_i \in F(U_i)$가 존재한다.

$$\tau_{U_i}(s_i) = \sigma|_{U_i}, \quad \tau_{U_i}(s_i)|_{U_i \cap U_j} = \tau_{U_j}(s_j)|_{U_i \cap U_j}$$

또한, τ_U가 단사함수이므로 $\tau_{U_i}(s_i)|_{U_i \cap U_j} = \tau_{U_j}(s_j)|_{U_i \cap U_j}$를 이용하여 다음 등식을 얻을 수 있다.

$$r^{U_i}_{U_i \cap U_j}(s_i) = r^{U_j}_{U_i \cap U_j}(s_j)$$

쉬프의 정의에 의해, 위의 등식은 $r^U_{U_i}(s) = s_i$를 만족하는 유일한 $s \in F(U)$가 존재함을 의미한다. 따라서

$$\tau_U(s)|_{U_i} = r^U_{U_i} \circ \tau_U(s) = \tau_{U_i} \circ r^U_{U_i}(s) = \tau_{U_i}(s_i) = \sigma|_{U_i}$$

이므로 $\tau_U(s) = \sigma$이다.

정의 2.2.7

위상공간 X 상에서 정의된 임의의 아벨군의 쉬프 F와 F의 부분쉬프 G에 대하여, 다음이 성립한다.

(1) Q를 다음과 같이 정의된 프리쉬프로 생성된 쉬프라 하자. 즉 임의의 열린집합 U에 대하여

$$U \mapsto F(U)/G(U)$$

이때, Q를 **F의 G에 의한 상쉬프**(quotient sheaf of F by G)라 하고 F/G로 나타낸다.

(2) 임의의 열린집합 $U \subset X$에 대하여 $K(U) = F(U)/G(U)$라 할 때, 쉬프 F와 프리쉬프 K에 해당하는 에탈공간 $\widetilde{F}$와 $\widetilde{K}$ 사이에 귀납적 극한을 이용하여 정의된 자연스러운 연속함수 $p : \widetilde{F} \to \widetilde{K}$가 존재한다. 즉 $\Gamma(U, \widetilde{F})$와 $\Gamma(U, \widetilde{K})$ 사이에 다음과

같은 전사함수가 존재한다.

$$\widetilde{F}(U) = \Gamma(U, \widetilde{F}) \rightarrow \Gamma(U, \widetilde{K}), \quad s \mapsto p \circ s$$

따라서 두 쉬프 F와 F/G 사이에 전사함수 $F \rightarrow F/G$를 정의할 수 있다.

일반적으로 프리쉬프 $U \mapsto K(U) = F(U)/G(U)$는 쉬프가 아니다.

예제 2.2.8

임의의 연결인 T_2-공간 X와 X의 서로 다른 두 원소 a, b에 대하여, X 상에서 아벨군의 쉬프 F를 다음과 같이 정의하자. 즉, 임의의 열린집합 $U \subset X$와 자연스러운 축소함수에 대하여

$$U \rightarrow F(U) = \mathbb{Z}$$

그리고 $I_{\{a,b\}}$를 다음과 같이 정의하자.

$$I_{\{a,b\}}(U) = \begin{cases} F(U) = \mathbb{Z}, & a, b \not\in U, \\ \{f \in F(U) = \mathbb{Z} \mid f|_U = 0\}, & a \in U, \\ \{f \in F(U) = \mathbb{Z} \mid f|_U = 0\}, & b \in U \end{cases}$$

그러면 $I_{\{a,b\}}$가 F의 부분쉬프이다. 이때, 프리쉬프 $U \mapsto K(U) = F(U)/I_{\{a,b\}}(U)$는 다음과 같다.

$$U \mapsto K(U) = F(U)/I_{\{a,b\}}(U) = \begin{cases} 0, & a, b \not\in U, \\ \mathbb{Z}, & a \text{ 또는 } b \in U \end{cases}$$

한편 U_a와 U_b가 각각 서로소인 a와 b의 열린근방이고 V가 $U_a \cap V \neq \varnothing$, $U_b \cap V \neq \varnothing$, $\{a, b\} \cap V = \varnothing$을 만족하는 열린집합일 때,

$$r^{U_a}_{U_a \cap V}(s) = 0 = r^{U_b}_{U_b \cap V}(t), \quad s \neq t \in K(U), \quad U = U_a \cup U_b \cup V$$

이다. 하지만

$$r^U_{U_a}(l) = s, \quad r^U_{U_b}(l) = t$$

를 만족하는 $l \in K(U)$가 존재하지 않는다. 따라서 프리쉬프 K는 쉬프가 될 수 없다.

다음 정의도 성립한다.

정의 2.2.9

위상공간 X 상에서 정의된 임의의 아벨군의 쉬프 A, B, C에 대하여, 다음이 성립한다.

(1) 임의의 $x \in X$에 대하여 스톡 사이의 열

$$A_x \xrightarrow{g_x} B_x \xrightarrow{h_x} C_x$$

가 **완전열**(exact sequence, 즉 $\ker(h_x) = \operatorname{Im}(g_x)$)일 때, 열

$$A \xrightarrow{g} B \xrightarrow{h} C$$

가 B에서 **완전**(exact)이라고 한다.

(2) 0가 상수의 영쉬프(constant zero sheaf)를 나타낼 때, 다음과 같은 열

$$0 \to A \xrightarrow{g} B \xrightarrow{h} C \to 0$$

이 A, B, C에서 완전일 때, **짧은 완전열**(short exact sequence)이라 한다.

짧은 완전열

$$0 \to A \xrightarrow{g} B \xrightarrow{h} C \to 0$$

에 대하여, 다음 열이 완전열임을 의미하지는 않음에 유의할 필요가 있다.

$$0 \to A(U) \xrightarrow{g_U} B(U) \xrightarrow{h_U} C(U) \to 0$$

또한, 여기서 $\beta \in \ker(h_U)$일 때, $g_U|_V(\alpha) = \beta|_V$를 만족하는 열린집합 $V \subset U$가 항상 존재한다. 한편, 임의의 열린집합 $U \subset X$에 대하여, 다음 열은 항상 완전열이 된다.

$$0 \to A(U) \xrightarrow{g_U} B(U) \xrightarrow{h_U} C(U)$$

하지만 [예제 2.2.10]의 (1)과 같이 h_U가 항상 전사함수가 되지는 않는다.

예제 2.2.10

(1) X가 연결인 복소다양체라 할 때, O_X와 O_X^*가 각각 복소해석적 함수의 쉬프와 어느 곳에서도 영이 아닌 복소해석적 함수의 쉬프를 나타낸다고 하자. 함수 사이의 자연스러운 점별 곱셈을 이용하여 O_X와 O_X^*에 아벨군의 구조를 줄 수 있다. 따라서 O_X와 O_X^*가 X 상에서 정의된 아벨군의 쉬프이다. 이때, 다음과 같은 쉬프 사이의 열을 고려하자.

$$0 \to \mathbb{Z} \xrightarrow{i} O_X \xrightarrow{\exp} O_X^* \to 0$$

여기서 i는 포함함수를 이용하여 정의된 쉬프사상이다. 또한 임의의 열린집합 $U \subset X$에 대하여, exp는 다음과 같이 정의된다,

$$\exp|_U(f)(z) = e^{2\pi i f(z)}, \quad f \in O_X(U)$$

그러면 위의 열는 사실 짧은 완전열이 된다.

(i) exp가 전사함수이다. 실제로 임의의 $x \in X$와 $g_x \in (O_X^*)_x$에 대하여, 적당한 단순연결(simply-connected)인 x의 열린근방 U 상에서 g_x의 대표원 $g \in O_X^*(U)$를 택하자. 그런 다음, log 함수의 적당한 분지(branch)를 택하여 다음 등식을 만족하는 $f_x \in (O_X)_x$를 찾을 수 있다.

$$f_x = \left(\frac{1}{2\pi i}\log(g)\right)_x$$

따라서 $\exp_x(f_x) = g_x$가 성립한다. 즉 $\exp_x$는 전사함수이다.

(ii) 위의 열이 O_X에서 완전(exact)하다. 실제로, 만약 $\exp_x(f_x) = 1$라면 다음 등식을 만족하는 연결인 적당한 x의 열린근방 U와 f_x의 대표원 $f \in O_X(U)$가 존재한다.

$$e^{2\pi i f(z)} = 1, \quad z \in U$$

따라서 f가 U 상에서 상수함수이고 사실 정수가 되어야 한다. 즉 $\ker(\exp_x) = \mathbb{Z}$이다.

(iii) 하지만 $\exp : O(\mathbb{C} - \{0\}) \to O^*(\mathbb{C} - \{0\})$가 전사함수가 아니다. 예를 들어, 임의의 $z \in \mathbb{C} - \{0\}$에 대하여 $f(z) = z$라 할 때,

$$f \in O^*(\mathbb{C} - \{0\})$$

이다. 이때, $\exp(g) = f$를 만족하는 $g \in O(\mathbb{C} - \{0\})$가 존재하지 않는다.

(2) A가 쉬프 B의 부분쉬프일 때, 정의에 의해 다음 열이 항상 짧은 완전열이다.

$$0 \to A \xrightarrow{i} B \xrightarrow{h} B/A \to 0$$

여기서 i와 h는 자연스럽게 정의된 포함사상과 상사상을 나타낸다.

예를 들어, X가 복소평면 $\mathbb{C}$이고 O가 $\mathbb{C}$ 상에서 정의된 복소해석적 함수의 쉬프라 할 때, I가 다음과 같이 정의된 O의 부분쉬프라 하자.

$$I(U) = \begin{cases} O(U), & 0 \notin U, \\ \{f \in O(U) \mid f(0) = 0\}, & 0 \in U \end{cases}$$

그러면 다음 열은 짧은 완전열이다.

$$0 \to I \xrightarrow{i} O \xrightarrow{h} O/I \to 0$$

이때, 임의의 $x \in \mathbb{C}$에서 O/I의 스톡 $(O/I)_x$는 다음과 같이 주어진다.

$$(O/I)_x = \begin{cases} \mathbb{C}, & x = 0, \\ 0, & x \neq 0 \end{cases}$$

또 다른 비슷한 예로, X가 연결인 T_2-공간이고 a, b가 X의 서로 다른 두 점을 나타낼 때, [예제 2.2.8]에서 정의된 쉬프 F와 F의 부분쉬프 $I_{\{a,b\}}$를 고려하자. 이때, 다음 열도 짧은 완전열이다.

$$0 \to I_{\{a,b\}} \xrightarrow{i} \mathbb{Z} \xrightarrow{h} \mathbb{Z}/I_{\{a,b\}} \to 0$$

여기서 $\mathbb{Z}/I_{\{a,b\}}$는 [예제 2.2.8]에서 정의한 프리쉬프 K에 의해 생성된 쉬프를 나타낸다. 이때, 임의의 $x \in \mathbb{C}$에서 $O/I_{\{a,b\}}$의 스톡 $(O/I_{\{a,b\}})_x$는 다음과 같이 주어진다.

$$(O/I_{\{a,b\}})_x = \begin{cases} \mathbb{Z}, & x = a \text{ 또는 } b, \\ 0, & x \neq a,\ x \neq b \end{cases}$$

아벨군의 쉬프에 관한 분해(resolution)를 설명하기 위해 먼저 다음 정의가 필요하다.

정의 2.2.11

다음 정의가 성립한다.

(1) 정수의 집합 $\mathbb{Z}$를 첨자집합(index set)으로 가진 쉬프들의 모임

$$F^* = \{F^n\}_{n\in\mathbb{Z}}$$

를 **등급쉬프**(graded sheaf)라 한다.

(2) 임의의 등급쉬프 $F^* = \{F^n\}_{n\in\mathbb{Z}}$에 대하여, F^n과 F^{n+1} 사이를 쉬프사상 α_n으로 연결한 다음과 같은 열은 **쉬프열**(sheaf sequence)이라 한다.

$$\cdots \to F^0 \xrightarrow{\alpha_0} F^1 \xrightarrow{\alpha_1} F^2 \xrightarrow{\alpha_2} \cdots$$

(3) 임의의 쉬프열

$$\cdots \to F^0 \xrightarrow{\alpha_0} F^1 \xrightarrow{\alpha_1} F^2 \xrightarrow{\alpha_2} \cdots$$

과 임의의 $n\in\mathbb{Z}$에 대하여 $\alpha_n \circ \alpha_{n-1} = 0$가 성립할 때, 위의 쉬프열을 **미분쉬프열**(sequence of differential sheaf)이라 한다.

(4) 임의의 쉬프 F와 임의의 미분쉬프열

$$0 \to F \xrightarrow{\beta} F^0 \xrightarrow{\alpha_0} F^1 \xrightarrow{\alpha_1} \cdots \xrightarrow{\alpha_{m-1}} F^m \xrightarrow{\alpha_m} \cdots$$

에 대하여, 만약 위의 쉬프열이 완전열이면 이 쉬프열을 쉬프 F의 **분해열**(sequence of resolution)이라 하고, 다음과 같이 간단히 나타낸다.

$$0 \to F \xrightarrow{\beta} F^* \text{ 또는 } 0 \to F \to F^*$$

쉬프의 분해열은 주어진 쉬프의 다양한 정보를 얻는 데 매우 중요하게 이용된다. 쉬프의 분해열에 관한 몇 가지 중요한 예는 다음과 같다.

예제 2.2.12

(1) 임의의 m-차원 미분다양체 X와 임의의 음이 아닌 정수 p에 대하여, S_X^p를 차수가 p인 미분형식의 쉬프라 하자. 그러면 다음과 같은 상수쉬프 $\mathbb{R}$의 분해열이 존재한다.

$$0 \to \mathbb{R} \xrightarrow{i} S_X^0 \xrightarrow{d} S_X^1 \xrightarrow{d} \cdots \xrightarrow{d} S_X^p \xrightarrow{d} \cdots \text{ 또는 } 0 \to \mathbb{R} \to S_X^*$$

실제로, 미분다양체 상에서 $d^2 = 0$이므로 위의 쉬프열은 미분쉬프열이다. 또한 푸앵카레 보조정리([11, p.94])에 의해, 별 모양의 임의의 열린집합 U 상에서 정의된 차수가 p인 형식 $\beta \in S_X^p(U)$가 $d\beta = 0$일 때, $d\alpha = \beta$를 만족하는 열린집합 $V \subset U$와 $\alpha \in S_X^{p-1}(V)$가 존재한다. 따라서 임의의 $x \in X$에 대하여 x의 스톡에서 d_x가 완전사상이다. S_X^p를 종종 E_X^p로 쓰기도 한다.

(2) 임의의 n-차원 복소다양체 X와 임의의 음이 아닌 정수 p, q에 대하여, $S_X^{p,q}$를 차수가 (p, q)인 복소미분형식의 쉬프라 하자. 그러면 임의의 $p \geq 0$에 대하여 다음과 같은 쉬프 Ω^p의 분해열이 존재한다.

$$0 \to \Omega^p \xrightarrow{i} S_X^{p,0} \xrightarrow{\bar{\partial}} S_X^{p,1} \xrightarrow{\bar{\partial}} \cdots \xrightarrow{\bar{\partial}} S_X^{p,n} \to 0 \text{ 또는 } 0 \to \Omega^p \to S_X^{p,*}$$

여기서 Ω^p는 쉬프사상 $\bar{\partial}: S_X^{p,0} \to S_X^{p,1}$의 핵으로 정의된 쉬프로 **차수가 p인 복소미분형의 쉬프**(sheaf of holomorphic forms of degree p)라 한다. 이때, 국소좌표계를 이용하여 $\varphi \in \Omega^p(U)$를 다음과 같이 나타낼 수 있다.

$$\varphi = \sum_{|I|=p} \varphi_I \, dx^I, \quad \varphi \in O(U)$$

실제로, 복소다양체 상에서 $\bar{\partial}^2 = 0$이므로 위의 쉬프열은 일단 미분쉬프열이다. 또한 $\bar{\partial}$에 관한 푸앵카레 보조정리에 의해, 임의의 다중원판(poly-disc)

$$\Delta = \left\{ z = (z_1, z_2, \dots, z_n) \in \mathbb{C}^n \mid |z_i| < r,\ i = 1, 2, \dots, n \right\}$$

상에서 정의된 차수가 (p, q)인 형식 $\beta \in S_X^{p,q}(\Delta)$가 $\bar{\partial}\beta = 0$일 때, $\bar{\partial}\alpha = \beta$를 만족하는 $\alpha \in S_X^{p,q-1}(\Delta')$과 다중원판 $\Delta' \subset \Delta$가 존재한다([2, p. 27]). 따라서 임의의 $x \in X$에 대하여 x의 스톡에서 $\bar{\partial}_x$가 완전사상이다. $S_X^{p,q}$를 종종 $E_X^{p,q}$로 쓰기도 한다.

(3) 임의의 n-차원 복소다양체 X와 임의의 음이 아닌 정수 p에 대하여, Ω^p를 차수가 p인 복소미분형식의 쉬프라 하자. 그러면 다음과 같은 상수쉬프 $\mathbb{C}$의 분해열이 존재한다.

$$0 \to \mathbb{C} \xrightarrow{i} \Omega^0 \xrightarrow{\partial} \Omega^1 \xrightarrow{\partial} \cdots \xrightarrow{\partial} \Omega^n \to 0 \text{ 또는 } 0 \to \mathbb{C} \to \Omega^*$$

실제로, 미분작용소 $d = \partial + \bar{\partial}$가 복소미분형식에 작용할 때, $d = \partial$가 성립하므로 위의 미분쉬프열은 완전쉬프열이다.

미분쉬프열에 대하여 다음 정의가 성립한다.

정의 2.2.13

다음이 성립한다.

(1) 임의의 두 미분쉬프열 L^*와 M^*를 고려하자. 이때, 임의의 정수 j에 대하여 다음 다이어그램이 순환하게 하는 쉬프사상

$$f_j : L^j \to M^j$$

가 존재할 때, $f = \{f_j\}_{j \in \mathbb{Z}}$를 L^*과 M^* 사이의 **준동형사상**(homomorphism)이라 한다.

$$\begin{array}{ccccc} \to & L^j & \overset{\alpha_j}{\to} & L^{j+1} & \to \\ & \downarrow f_j & & \downarrow f_{j+1} & \\ \to & M^j & \underset{\beta_j}{\to} & M^{j+1} & \to \end{array}$$

(2) 미분쉬프열과 비슷하게, 임의의 두 쉬프 A와 B에 대하여 A^*와 B^*가 각각 A와 B의 분해열이라 하자. 이때, 임의의 음이 아닌 정수 j에 대하여 다음 다이어그램이 순환하게 하는 쉬프사상 $f : A \to B$와 $f_j : A^j \to B^j$가 존재할 때, $g = \{f, f_j \mid j \geq 0\}$를 A^*과 B^* 사이의 **준동형사상**(homomorphism)이라 한다.

$$\begin{array}{cccccc} 0 & \to & A & \to & A^0 & \to \\ & & \downarrow f & & \downarrow f_0 & \\ 0 & \to & B & \to & B^0 & \to \end{array} \quad \text{또는} \quad \begin{array}{ccccc} 0 & \to & A & \to & A^* \\ & & \downarrow f & & \downarrow f_* \\ 0 & \to & B & \to & B^* \end{array}$$

예제 2.2.14

임의의 위상공간 X와 아벨군 G에 대하여, X 상에서 정의된 상수쉬프 G의 분해열을 정의할 수 있다. 실제로, 임의의 음이 아닌 정수 p와 열린집합 $U \subset X$에 대하여

$S^p(U, G)$를 U 상에서 정의된 계수가 G이고 차수가 p인 특이쌍대사슬(singular cochain)의 모임이라 하자. 다시 말해서, $S_p(U, \mathbb{Z})$를 U 상에서 정의된 계수가 정수이고 차수가 p인 특이사슬(singular chian)로 이루어진 아벨군이라 할 때

$$S^p(U, G) = \mathrm{Hom}_{\mathbb{Z}}(S_p(U, \mathbb{Z}), G)$$

이다. ∂_U가 $S_p(U, G)$ 상에서 정의된 경계사상(boundary map)을 나타낼 때, δ_U를 $S^p(U, G)$ 상에서 정의된 ∂의 쌍대경계사상(coboundary map)이라 하자. 이때, 임의의 열린집합 U에 대하여

$$U \mapsto S^p(U, G)$$

로 정의된 프리쉬프로 생성된 쉬프 $S^p(X, G)$와 쌍대경계사상

$$\delta_U : S^p(U, G) \to S^{p+1}(U, G)$$

를 이용하여 정의된 쉬프사상 $\delta : S^p(X, G) \to S^{p+1}(X, G)$를 고려할 수 있다. 특히 U가 별 모양의 X의 열린 부분집합이면 $p \geq 1$에서 다음 열은 완전열이 된다.

$$\cdots \to S^{p-1}(U, G) \xrightarrow{\delta} S^p(U, G) \xrightarrow{\delta} S^{p+1}(U, G) \xrightarrow{\delta} \cdots$$

따라서 다음 열은 상수쉬프 G의 분해열이다.

$$0 \to G \to S^0(X, G) \xrightarrow{\delta} S^1(X, G) \xrightarrow{\delta} S^2(X, G) \xrightarrow{\delta} \cdots \text{ 또는 } 0 \to G \to S^*(X, G)$$

여기서 $\ker(\delta : S^0(U, G) \to S^1(U, G)) \cong G$임을 이용했다.

위의 논의를 미분다양체 상에서 정의된 C^∞-사슬의 모임으로 확장할 수 있다. 실제로, 임의의 미분다양체 X와 임의의 음이 아닌 정수 p에 대하여, p-차원 유클리드 공간 $\mathbb{R}^p$에 놓여 있는 p-단체(p-simplex) Δ^p의 열린근방에서 X의 열린집합 U로 가는 미분가능인 함수 $f : \Delta^p \to U$의 일차결합인 C^∞-사슬(C^∞-chain)의 모임을 $S_p^\infty(U, \mathbb{R})$라 하자. 그런 다음

$$S_\infty^p(U, G) = \mathrm{Hom}(S_p^\infty(U, \mathbb{R}), G)$$

라 할 때, 위와 같이 다음과 같은 상수쉬프 G의 분해열이 존재한다.

$$0 \to G \to S_\infty^0(X, G) \xrightarrow{\delta} S_\infty^1(X, G) \xrightarrow{\delta} S_\infty^2(X, G) \xrightarrow{\delta} \cdots \text{ 또는 } 0 \to G \to S_\infty^*(X, G)$$

위의 논의로부터, 예를 들어, X 상에서 정의된 상수쉬프 $\mathbb{R}$에 관해 다음과 같이 두 개의 분해열이 존재한다.

$$0 \to \mathbb{R} \to S_X^*,\ 0 \to \mathbb{R} \to S_\infty^*(X, \mathbb{R})$$

이때, 위의 두 분해열 사이에 자연스러운 준동형사상 $I: S_X^* \to S_\infty^*(X, \mathbb{R})$을 C^∞-사슬 상에서의 적분으로 다음과 같이 정의할 수 있다.

$$\begin{array}{ccccc} 0 & \to & \mathbb{R} & \to & S_X^* \\ & & \downarrow \mathrm{Id} & & \downarrow I \\ 0 & \to & \mathbb{R} & \to & S_\infty^*(X, \mathbb{R}) \end{array}$$

실제로, 임의의 열린집합 $U \subset X$에 대하여

$$I_U : S_X^*(U) \to S_\infty^*(U, \mathbb{R}),\ \ \varphi \mapsto I_U(\varphi)(c) = \int_c \varphi$$

로 정의된다. 여기서 c는 U 상에서 정의된 실수 계수를 갖는 C^∞-사슬을 나타낸다. 그러면 스토크스 정리(Stokes' theorem)에 의해 위의 다이어그램이 순환한다. 즉 $I \circ d = \delta \circ I$가 성립한다.

다음 보조정리는 잘 알려진 작용소 $d, \partial, \overline{\partial}$에 관한 푸앵카레 보조정리의 dd^c-버전(또는 $\partial\overline{\partial}$-버전)으로 나중의 논의를 위해 필요하다.

보조정리 2.2.15

복소공간 $\mathbb{C}^n$의 열린 부분집합 U와 $d\varphi = 0$를 만족하는 임의의 미분형식 $\varphi \in S^{p,q}(U)$를 고려하자. 이때, 임의의 점 $x \in U$에 대하여 다음 등식을 만족하는 x의 열린근방 $W \subset U$와 미분형식 $\psi \in S^{p-1,q-1}(W)$가 존재한다.

$$\partial\overline{\partial}\psi = \varphi|_W$$

증명

증명을 위해, 작용소 $d, \partial, \overline{\partial}$에 관해 푸앵카레 보조정리가 성립한다고 가정한다. 그리고 증명을 간단히 하기 위해, $r = p + q$라 하자. 그러면, 가정의 의해 U 상에서 $d\varphi = 0$이므

로 $\varphi = d\eta$를 만족하는 x의 열린근방 $V \subset U$와 $\eta \in S^{r-1}(V)$가 존재한다. 이때, η를 다음과 같이 나타내자.

$$\eta = \eta^{r-1,0} + \eta^{r-2,1} + \cdots + \eta^{0,r-1}$$

한편

$$S^{p,q}(V) \ni \varphi = d\eta = (\partial + \bar{\partial})\eta = \partial\eta^{p-1,q} + \bar{\partial}\eta^{p,q-1}$$

이므로 V 상에서 $\partial\eta^{p,q-1} = \bar{\partial}\eta^{p-1,q} = 0$가 성립한다. 따라서 ∂-푸앵카레 보조정리와 $\bar{\partial}$-푸앵카레 보조정리에 의해 다음 등식을 만족하는 x의 열린근방 $W \subset V \subset U$와 $\xi_1, \xi_2 \in S^{p-1,q-1}(W)$가 존재한다.

$$\partial\xi_1 = \eta^{p,q-1}|_W, \quad \bar{\partial}\xi_2 = \eta^{p-1,q}|_W$$

따라서 다음이 성립한다.

$$\varphi|_W = \partial\eta^{p-1,q} + \bar{\partial}\eta^{p,q-1}|_W = \partial\bar{\partial}\xi_2 + \bar{\partial}\partial\xi_1|_W = \partial\bar{\partial}(\xi_2 - \xi_1)|_W$$

마지막으로 W 상에서 $\psi = \xi_1 - \xi_2$라 정의하면 증명이 완료된다.

2.3 쉬프코호몰로지 이론

이 절에서는 먼저 쉬프코호몰로지를 비교적 엄밀하게 정의하고 그와 관련된 여러 가지 중요한 성질을 정리한다. 이를 위해, 먼저 특별한 성질을 갖는 쉬프인 연성쉬프와 세밀쉬프에 대해 알아본다.

이 책에서는 앞으로 특별히 다른 언급이 없으면, 패러컴팩트 T_2-공간(paracompact T_2-space) 상에서 정의된 아벨군의 쉬프만을 고려한다.

정의 2.3.1

임의의 위상공간 X와 X 상에서 정의된 쉬프 F에 대하여, 다음이 성립한다.

(1) 임의의 닫힌집합 $S \subset X$에 대하여, $F(S)$를 다음과 같이 귀납적 극한으로 정의한다.

$$F(S) = \varinjlim_{S \subset U} F(U)$$

여기서 $U \subset X$는 S를 포함하는 임의의 열린집합을 나타낸다.

(2) 임의의 닫힌집합 $S \subset X$에 대하여 축소사상 $F(X) \to F(S)$가 전사함수일 때, 쉬프 F를 **연성쉬프**(soft sheaf)라 한다. 즉 S 상에서 정의된 F의 임의의 절편이 X 상까지 확장될 수 있을 때, F를 연성쉬프라 한다.

다음 보조정리가 성립한다. 자세한 증명은 생략한다([13, p.52]).

보조정리 2.3.2

임의의 위상공간 X와 X 상에서 정의된 쉬프 A, B, C에 대하여

$$0 \to A \xrightarrow{g} B \xrightarrow{h} C \to 0$$

가 짧은 완전열이고 A가 연성쉬프일 때, 다음이 성립한다.

(1) 다음 열이 항상 짧은 완전열이다.

$$0 \to A(X) \xrightarrow{g_X} B(X) \xrightarrow{h_X} C(X) \to 0$$

(2) 임의의 닫힌집합 $S \subset X$에 대하여, 다음 열이 항상 짧은 완전열이다.

$$0 \to A(S) \xrightarrow{g_S} B(S) \xrightarrow{h_S} C(S) \to 0$$

다음 정의는 연성쉬프의 구체적인 예를 제시할 때 유용하게 사용된다.

정의 2.3.3

임의의 패러컴팩트 T_2-공간 X와 X 상에서 정의된 아벨군의 쉬프 F를 고려하자. 임의의 국소적으로 유한인 X의 열린덮개 $\{U_\alpha\}$에 대하여 다음 두 조건 (1)과 (2)를 만족하는 쉬프사상의 모임 $\{\eta_\alpha : F \to F\}$가 존재할 때, F를 **세밀쉬프**(fine sheaf)라 한다.

(1) $\sum_\alpha \eta_\alpha = 1$

(2) 각각의 α에 대하여, 임의의 원소 $x \in V_\alpha$에서 $\eta_\alpha(F_x) = 0$를 만족하는 $X - U_\alpha$의 열린근방 V_α가 존재한다.

이때, 쉬프사상들의 모임 $\{\eta_\alpha\}$를 열린덮개 $\{U_\alpha\}$에 의존하는 ***F*의 단위분할**(partition of unity)이라 한다.

다음은 대표적인 세밀쉬프의 예이다.

예제 2.3.4

아래의 (1)-(4)의 예에서는 위상공간이나 미분다양체의 단위분할이 쉬프의 단위분할의 역할을 한다.

(1) X가 패러컴팩트 T_2-공간일 때, [예제 2.1.5]의 (4)의 연속함수의 구조쉬프 C_X

(2) X가 패러컴팩트 미분다양체일 때, [예제 2.2.12]의 (1)의 미분형식의 쉬프 S_X

(3) X가 패러컴팩트 준복소다양체일 때, [예제 2.2.12]의 (2)의 복소미분형식의 쉬프 $S_X^{p,q}$

(4) X가 미분다양체일 때, S_X-모듈로 이루어진 국소적 프리쉬프

(5) R이 단위원을 가진 환으로 이루어진 세밀쉬프일 때, R 상에서 정의된 임의의 모듈도 세밀쉬프이다.

다음 정리가 성립한다.

정리 2.3.5

임의의 패러컴팩트 T_2-공간 X에 대하여, X 상에서 정의된 아벨군의 세밀쉬프 F는 항상 연성쉬프이다.

증명

X의 임의의 닫힌집합 S와 $s \in F(S)$에 대하여, s를 X 전체로 확장할 수 있음을 보인다. 이를 위해, 먼저 다음 등식을 만족하는 열린집합의 모임 $\{U_\alpha\}$와 $s_\alpha \in F(U_\alpha)$를 택하자.

$$S \subset \bigcup_\alpha U_\alpha, \;\; s_\alpha|_{S \cap U_\alpha} = s|_{S \cap U_\alpha}$$

그런 다음, $U_0 = X - S$이고 $s_0 = 0$라 하자. 그러면 $\{U_\beta\} = \{U_0\} \cup \{U_\alpha\}$가 X의 열린덮개가 된다. 한편 X가 패러컴팩트이므로 $\{U_\beta\}$가 국소적으로 유한이라고 가정해도 일반성을 잃지 않는다. 따라서 $\{U_\beta\}$에 의존하는 X의 세밀쉬프 F의 단위분할 $\{\eta_\beta\}$가 존재한다. 이때, 정의에 의해 $\eta_\beta(s_\beta)$는 $X - U_\beta$의 적당한 열린근방에서 항등적으로 영인 $F(U_\beta)$의 원소이다. 따라서 $\eta_\beta(s_\beta)$를 X 전체로 확장할 수 있다. 기호를 간단히 하기 위해, 이렇게 X 전체로 확장된 $F(X)$의 원소를 같은 기호 $\eta_\beta(s_\beta)$로 나타내자. 마지막으로

$$t = \sum_\beta \eta_\beta(s_\beta)$$

라 하면 다음 등식이 성립한다.

$$t|_S = \sum_\beta \eta_\beta(s_\beta)|_S = \sum_\beta \eta_\beta(s_\beta|_{S\cap U_\beta}) = \sum_\beta \eta_\beta(s|_{S\cap U_\beta}) = s|_S = s$$

예제 2.3.6

(1) 일반적으로 복소해석적 함수의 쉬프 O_X는 연성쉬프가 아니다. 따라서 [정리 2.3.5]에 의해 O_X가 세밀쉬프도 아니다. 예를 들어, X가 복소평면 $\mathbb{C}$일 때, $O_{\mathbb{C}}$는 연성쉬프가 아니다. 살제로,

$$S = \left\{ z \in \mathbb{C} \mid |z| \leq \frac{1}{3} \right\}$$

일 때, $\{z \in \mathbb{C} \mid |z| < 1\}$ 상에서 잘 정의된 복소해석적 함수 $f(z) = \sum_{n \geq 0} z^{n^2}$를 고려하자. 그러면 f는 S 상에서도 잘 정의된 함수이다. 하지만, 예를 들어, $z = 1$에서 $f(z)$는 발산하므로 f는 복소평면 $\mathbb{C}$ 전체로 확장할 수 없다.

(2) 일반적으로 상수쉬프 G도 연성쉬프가 아니다. 예를 들어, 임의의 서로 다른 두 원소 a, b에 대하여 $s(a) = 0$이고 $s(b) \neq 0$를 만족하는 $s \in G(\{a, b\})$를 고려할 때, $t|_{\{a,b\}} = s$를 만족하는 $t \in G(X)$가 존재하지 않는다.

짧은 완전열에 대하여 다음 보조정리가 성립한다.

보조정리 2.3.7

임의의 위상공간 X와 X 상에서 정의된 쉬프 A, B, C에 대하여

$$0 \to A \xrightarrow{g} B \xrightarrow{h} C \to 0$$

가 짧은 완전열이고 A와 B가 연성쉬프일 때, C가 연성쉬프이다.

증명

임의의 닫힌집합 $S \subset X$에 대하여, [보조정리 2.3.2]의 (2)에 의해 다음 열이 완전열이다.

$$0 \to A(S) \xrightarrow{g_S} B(S) \xrightarrow{h_S} C(S) \to 0$$

따라서 임의의 $t \in C(S)$에 대하여 $h_S(s) = t$를 만족하는 $s \in B(S)$가 존재한다. 한편, B가 연성쉬프이므로 $\tilde{s}|_S = s$를 만족하는 $\tilde{s} \in B(X)$가 존재한다. 이때, $\tilde{t} = h_X(\tilde{s})$라 하면 다음 등식이 성립한다.

$$\tilde{t}|_S = h_X(\tilde{s})|_S = h_S(s) = t$$

따라서 C가 연성쉬프이다.

[보조정리 2.3.7]을 이용하여 다음 정리를 쉽게 보일 수 있다.

정리 2.3.8

임의의 위상공간 X와 X 상에서 정의된 연성쉬프 $S_i, i \geq 0$에 대하여

$$0 \to S_0 \to S_1 \to S_2 \to \cdots$$

이 완전열일 때, 다음 열도 완전열이다.

$$0 \to S_0(X) \to S_1(X) \to S_2(X) \to \cdots$$

증명

증명을 위해, 임의의 $i \geq 0$에 대하여

$$K_i = \ker(S_i \to S_{i+1})$$

이라 하자. 그러면 다음과 같은 짧은 완전열을 얻을 수 있다([그림 2.3.1]).

$$0 \to K_i \to S_i \to K_{i+1} \to 0, \quad i \geq 0$$

여기서 $K_0 = 0$이다. 한편 $K_1 = S_0$이고 S_0와 S_1은 연성쉬프이므로 [보조정리 2.3.7]에 의해 K_2도 연성쉬프이다.

$$\begin{array}{ccccccccccc}
 & 0 & \to & S_0 & \to & S_1 & \to & S_2 & \to & \cdots & \\
 & & \nearrow & & \searrow \nearrow & & \searrow \nearrow & & \searrow \nearrow & & \\
 & K_0 & & & K_1 & & K_2 & & K_3 & & \cdots \\
 & \nearrow & \searrow & & \nearrow \searrow & & \nearrow \searrow & & \nearrow \searrow & & \\
0 & & & 0 & & 0 & & 0 & & & \cdots
\end{array}$$

[그림 2.3.1]

비슷한 방법으로, 임의의 $i \geq 3$에 대하여 K_i가 연성쉬프임을 보일 수 있다. 따라서 [보조정리 2.3.2]에 의해

$$0 \to K_i(X) \to S_i(X) \to K_{i+1}(X) \to 0$$

가 짧은 완전열이다([그림 2.3.2]).

$$\begin{array}{ccccccccccc}
 & & 0 \to & S_0(X) & \to & S_1(X) & \to & S_2(X) & \to & & \cdots \\
 & & \nearrow & & \searrow \ \nearrow & & \searrow \ \nearrow & & \searrow \ \nearrow & & \\
 & K_0(X) & & K_1(X) & & K_2(X) & & K_3(X) & & & \cdots \\
 \nearrow & & \searrow \ \nearrow & & \searrow \ \nearrow & & \searrow \ \nearrow & & \searrow & & \\
0 & & 0 & & 0 & & 0 & & & & \cdots
\end{array}$$

[그림 2.3.2]

따라서 다음이 성립한다.

$$\ker(S_i(X) \to S_{i+1}(X)) = K_i(X) = \mathrm{Im}(S_{i-1}(X) \to S_i(X)), \ \ i \geq 0$$

즉

$$0 \to S_0(X) \to S_1(X) \to S_2(X) \to \cdots$$

이 완전열이다.

일반적으로 다음 정리가 성립한다. 정리의 아주 자세한 증명은 생략한다([13, p. 54]).

정리 2.3.9

임의의 위상공간 X와 X 상에서 정의된 쉬프 S에 대하여, $C^i(S)$, $i \geq 0$가 모두 연성쉬프인 S의 **표준분해열**(canonical resolution of sheaf S)이 다음과 같이 존재한다.

$$0 \to S \to C^0(S) \to C^1(S) \to \cdots \quad \text{또는 } 0 \to S \to C^*(S)$$

증명

연성쉬프로 이루어진 S의 표준분해열을 얻기 위해, 먼저 S의 에탈공간 $\pi : \tilde{S} \to X$를 택하자. 그런 다음, 다음과 같이 정의된 프리쉬프 $C^0(S)$를 구성한다.

$$U \mapsto C^0(S)(U) = \{ f : U \to \tilde{S} \mid \pi \circ f = I_U \}, \text{ 열린집합 } U \subset X$$

그러면 프리쉬프 $C^0(S)$는 사실 X 상에서 정의된 쉬프가 된다. 따라서 다음과 같은 단사사상이 존재한다.

$$0 \to S \to C^0(S)$$

이제 $F^1(S) = C^0(S)/S$이고 $C^1(S) = C^0(F^1(S))$라 하자. 그런 다음, 임의의 $i \geq 2$에 대하여 $F^i(S)$를 다음과 같이 귀납적으로 정의한다.

$$F^i(S) = C^{i-1}(S)/F^{i-1}(S)$$

그러면 다음과 같은 짧은 완전열을 얻을 수 있다.

$$0 \to S \to C^0(S) \to F^1(S) \to 0,$$

$$0 \to F^i(S) \to C^i(S) \to F^{i+1}(S) \to 0, \quad i \geq 1$$

마지막으로, 위의 두 짧은 완전열을 이용하여 다음과 같은 완전열을 만든다.

$$0 \to S \to C^0(S) \to C^1(S) \to \cdots \text{ 또는 } 0 \to S \to C^*(S)$$

이때, 임의의 쉬프 S와 $i \geq 0$에 대하여 $C^i(S)$는 절편들의 모임이므로 항상 연성쉬프이다. 따라서 위의 표준분해열

$$0 \to S \to C^*(S)$$

를 S의 **표준연성분해열**(canonical soft resolution)이라고도 부른다.

임의의 위상공간 X와 임의의 아벨군의 쉬프 S에 대하여, S의 표준분해열을 이용하여 S를 계수로 갖는 X의 쉬프코호몰로지를 정의할 수 있다. 실제로, [정리 2.3.9]에 의해 다음과 같은 표준연성분해열이 존재한다.

$$0 \to S \to C^0(S) \to C^1(S) \to \cdots$$

이로부터 다음과 같은 일반적으로 완전열은 아닌 열인 **쌍대사슬복합체**(cochain complex)를 얻을 수 있다.

$$0 \to S(X) = \Gamma(X, S) \xrightarrow{\delta_{-1}} C^0(S)(X) = \Gamma(X, C^0(S)) \xrightarrow{\delta_0}$$
$$C^1(S)(X) = \Gamma(X, C^1(S)) \xrightarrow{\delta_1} \cdots$$

여기서 쌍대사슬복합체란 $\delta_i \circ \delta_{i-1} = 0,\ i \geq 0$를 만족하는 열을 의미한다.

만약 S가 연성쉬프이면 $C^i(S),\ i \geq 0$는 모두 연성쉬프이므로 [정리 2.3.8]에 의해 위의 쌍대사슬복합체

$$0 \to S(X) = \Gamma(X, S) \xrightarrow{\delta_{-1}} C^0(S)(X) = \Gamma(X, C^0(S)) \xrightarrow{\delta_0} C^1(S)(X) = \Gamma(X, C^1(S)) \xrightarrow{\delta_1} \cdots$$

이 완전열이 된다. 즉, 임의의 $i \geq 0$에 대하여 다음이 성립한다.

$$\ker(\delta_i) = \mathrm{Im}(\delta_{i-1}),\quad \ker(\delta_{-1}) = \Gamma(X, S)$$

기호를 간단히 하기 위해, $C^*(X, S) = \Gamma(X, C^*(S))$라 하자. 그러면 위의 쌍대사슬복합체를 다음과 같이 간단히 나타낼 수 있다.

$$0 \to \Gamma(X, S) \to C^*(X, S)$$

다음 정의가 성립한다.

정의 2.3.10

임의의 위상공간 X와 X 상에서 정의된 아벨군의 쉬프 S에 대하여, 다음 정의가 성립한다.

(1) 임의의 $q \geq 0$에 대하여,

$$H^q(X, S) = H^q(C^*(X, S)) = \frac{\ker(C^q(X, S) \to C^{q+1}(X, S))}{\mathrm{Im}(C^{q-1}(X, S) \to C^q(X, S))},\quad C^{-1}(X, S) = 0$$

로 정의한다.

(2) 이때, 아벨군 $H^q(X, S)$를 **계수가 S이고 차수가 q인 X의 쉬프코호몰로지**(sheaf cohomology of X of degree q with coefficients in S)라 한다.

위의 쉬프코호몰로지에 대한 정의는 상당히 추상적이므로 실제 계산에는 유용하지 않다. 하지만 쉬프코호몰로지에 대한 일반적인 성질을 증명하는 데 유용하게 사용될 수 있다는 장점을 가지고 있다.

다음 정리가 성립한다.

정리 2.3.11

임의의 패러컴팩트 T_2-공간 X와 X 상에서 정의된 아벨군의 쉬프

$$S, A, B, C, A', B', C'$$

에 대하여, 다음이 성립한다.

(1) $H^0(X, S) = \Gamma(X, S)$

(2) 만약 S가 연성쉬프이면, 임의의 $q \geq 1$에 대하여 $H^q(X, S) = 0$이다.

(3) 임의의 쉬프사상

$$h : A \to B$$

와 임의의 $q \geq 0$에 대하여, 다음 성질을 만족하는 군준동형사상

$$h_q : H^q(X, A) \to H^q(X, B)$$

가 존재한다.

(i) $h_0 : A(X) \to B(X)$

(ii) 임의의 $q \geq 0$에 대하여, 만약 h가 항등사상이면 h_q도 항등사상이다.

(iii) 임의의 쉬프사상 $g : B \to C$와 임의의 $q \geq 0$에 대하여, $g_q \circ h_q = (g \circ h)_q$이다.

(4) 임의의 짧은 완전열

$$0 \to A \to B \to C \to 0$$

와 임의의 $q \geq 0$에 대하여, 다음 조건을 만족하는 군준동형사상

$$\delta^q : H^q(X, C) \to H^{q+1}(X, A)$$

가 존재한다.

(i) 다음 열이 완전열이다.

$$0 \to H^0(X, A) \to H^0(X, B) \to H^0(X, C) \xrightarrow{\delta^0} H^1(X, A)$$
$$\to H^1(X, B) \to H^1(X, C) \xrightarrow{\delta^1} H^2(X, A) \to \cdots$$

(ii) 또 다른 짧은 완전열

$$0 \to A' \to B' \to C' \to 0$$

에 대하여 다음 다이어그램

$$\begin{array}{ccccccccc} 0 & \to & A & \to & B & \to & C & \to & 0 \\ & & \downarrow & & \downarrow & & \downarrow & & \\ 0 & \to & A' & \to & B' & \to & C' & \to & 0 \end{array}$$

가 순환할 때, 쉬프코호몰로지에 관해 순환하는 다음 다이어그램이 존재한다.

$$\begin{array}{ccccccccccc} 0 & \to & H^0(X, A) & \to & H^0(X, B) & \to & H^0(X, C) & \to & H^1(X, A) & \to & \cdots \\ & & \downarrow & & \downarrow & & \downarrow & & \downarrow & & \\ 0 & \to & H^0(X, A') & \to & H^0(X, B') & \to & H^0(X, C') & \to & H^1(X, A') & \to & \cdots \end{array}$$

증명

(1) [정리 2.3.9]에 의해, $C^i(S)$, $i \geq 0$가 모두 연성쉬프인 S의 표준분해열이 다음과 같이 존재한다.

$$0 \to S \to C^0(S) \to C^1(S) \to \cdots$$

한편, 다음 열이 $S(X)$와 $C^0(X, S)$에서 항상 완전하다.

$$0 \to S(X) = \Gamma(X, S) \xrightarrow{\delta_{-1}} C^0(S)(X)$$
$$= \Gamma(X, C^0(S)) \xrightarrow{\delta_0} C^1(S)(X) = \Gamma(X, C^1(S)) \xrightarrow{\delta_1} \cdots$$

따라서 $H^0(X, S) = \Gamma(X, S)$이다.

(2) 가정에 의해, S가 연성쉬프이므로 [정리 2.3.8]에 의해 다음 열이 완전열이다.

$$0 \to S(X) = \Gamma(X, S) \xrightarrow{\delta_{-1}} C^0(S)(X)$$
$$= \Gamma(X, C^0(S)) \xrightarrow{\delta_0} C^1(S)(X) = \Gamma(X, C^1(S)) \xrightarrow{\delta_1} \cdots$$

따라서, 임의의 $q \geq 1$에 대하여 $H^q(X, S) = 0$이다.

(3) 기호를 간단히 하기 위해, $C^*(A) = C^*(X, A)$이고 $C^*(B) = C^*(X, B)$라 하자. 증명을 위해, 먼저 쌍대사슬사상

$$h^* : C^*(A) \to C^*(B)$$

가 존재함을 보인다. 실제로, 임의의 $x \in X$와 임의의 $s \in C^0(A)$에 대하여

$$h^0 : C^0(A) \to C^0(B)$$

를 $h^0(s_x) = (h \circ s)_x$로 정의한다. 그런 다음, h^0를 이용하여 다음과 같은 상사상 $\widetilde{h^0}$를 정의할 수 있다.

$$\widetilde{h^0}: F^1(A) = C^0(A)/A \to C^0(B)/B = F^1(B)$$

이제, $F^1(A)$와 $F^1(B)$, 그리고 $\widetilde{h^0}$를 이용하여 앞에서와 같이

$$h^1 : C^1(A) = C^0(F^1(A)) \to C^0(F^1(B)) = C^1(B)$$

를 정의하자. 마지막으로, 임의의 $q \geq 2$에 대하여 위의 과정을 반복하여 적용하자. 그러면 다음과 같은 쌍대사슬사상

$$h^q : C^q(A) \to C^q(B)$$

를 얻을 수 있고, 이와 같은 h^q가 (3)의 (i)-(iii)의 성질을 만족하는 군준동형사상 h_q를 유도한다. 자세한 증명은 연습문제로 남긴다.

(4) 임의의 짧은 완전열

$$0 \to A \to B \to C \to 0$$

에 대하여, 위의 (3)에서 얻은 쌍대사슬사상을 이용하여 다음과 같은 짧은 완전열을 얻을 수 있다.

$$0 \to C^*(A) \to C^*(B) \to C^*(C) \to 0$$

여기서 $C^*(A)$, $C^*(B)$, $C^*(C)$가 모두 연성쉬프이고, 위의 열은 아벨군으로 이루어진 쌍때사슬의 짧은 완전열이다. 따라서 호몰로지 대수학의 기본적인 성질에 의해 다음과 같은 **긴 완전열**(long exact sequence)이 존재한다.

$$\cdots \to H^q(C^*(A)) \to H^q(C^*(B)) \to H^q(C^*(C)) \xrightarrow{\delta^q} H^{q+1}(C^*(A))$$
$$\to H^{q+1}(C^*(B)) \to H^{q+1}(C^*(C)) \xrightarrow{\delta^{q+1}} H^{q+2}(C^*(A)) \to \cdots$$

여기서 δ^q는 다음과 같은 **다어그램의 추적**(diagram chasing)을 통해 정의되며 보통 **연**

결 작용소(connecting operator) 또는 **복스타인 작용소**(Bockstein operator)라 불린다.

$$\begin{array}{ccccccccc} 0 & \to & C^q(A) & \to & C^q(B) & \to & C^q(C) & \to & 0 \\ & & \downarrow \alpha & & \downarrow \beta & & \downarrow \gamma & & \\ 0 & \to & C^{q+1}(A) & \to & C^{q+1}(B) & \to & C^{q+1}(C) & \to & 0 \end{array}$$

증명의 마지막 단계인 (4)의 (i)과 (ii)의 성질을 만족함을 보이는 것은 호몰로지 대수학의 기본적인 과정이므로 연습문제로 남긴다.

이제, 위와 같이 추상적으로 정의된 쉬프코호몰로지를 기하학적으로 구체적인 상황에서 계산하는 데 유용한 몇 가지 정리를 소개한다.

다음 정의가 성립한다.

정의 2.3.12

임의의 위상공간 X, X 상에서 정의된 아벨군의 쉬프 S, 그리고 S의 분해열

$$0 \to S \to A^*$$

에 대하여

$$H^q(X, A^p) = 0, \quad q > 0, \; p \geq 0$$

일 때, 위의 분해열을 **비순환적 분해열**(acyclic resolution)이라 한다. 여기서 $H^q(X, A^p)$는 각각의 $p \geq 0$에 대하여 다음과 같은 A^p의 완전열을 이용하여 정의된 쉬프코호몰로지를 나타낸다.

$$\begin{array}{ccccccccc} & & 0 & & 0 & & 0 & & \\ & & \downarrow & & \downarrow & & \downarrow & & \\ 0 & \to & S & \to & A^0 & \to & A^1 & \to & \cdots \\ & & \downarrow & & \downarrow & & \downarrow & & \\ 0 & \to & C^0(S) & \to & C^0(A^0) & \to & C^0(A^1) & \to & \cdots \\ & & \downarrow & & \downarrow & & \downarrow & & \end{array}$$

주어진 쉬프의 연성 분해열이나 세밀 분해열은 [정리 2.3.11]의 (2)에 의해 항상 비순환적 분해열이다.

따름정리 2.3.13

임의의 위상공간 X, X 상에서 정의된 아벨군의 쉬프 S, 그리고 S의 연성 또는 세밀 분해열(즉, 각각의 $p \geq 0$에 대하여 A^p가 세밀쉬프이거나 또는 연성쉬프)

$$0 \to S \to A^*$$

에 대하여, 다음이 성립한다.

$$H^q(X, A^p) = 0, \quad q > 0, p \geq 0$$

즉 위의 분해열은 비순환적 분해열이다.

다음 정리가 성립한다.

정리 2.3.14

임의의 위상공간 X, X 상에서 정의된 아벨군의 쉬프 S, 그리고 S의 임의의 분해열

$$0 \to S \to A^*$$

에 대하여, 다음이 성립한다.

(1) 다음과 같은 단사인 군준동형사상 γ^p가 존재한다.

$$\gamma^p : H^p(\Gamma(X, A^*)) \to H^p(X, S), \quad p \geq 0$$

여기서 $H^p(\Gamma(X, A^*))$는 쌍대사슬복합체 $\Gamma(X, A^*)$를 이용하여 정의된 코호몰로지를 나타낸다. 또한 임의의 두 분해열

$$0 \to S \to A^* \text{와 } 0 \to T \to B^*$$

에 대하여 다음 다이어그램

$$\begin{array}{ccccc} 0 & \to & S & \to & A^* \\ & & \downarrow f & & \downarrow g \\ 0 & \to & T & \to & B^* \end{array}$$

가 순환할 때, 쉬프코호몰로지 사에에서 정의된 다음 다이어그램도 순환한다.

$$\begin{array}{ccc} H^p(\Gamma(X, A^*)) & \overset{\gamma^p}{\rightarrow} & H^p(X, S) \\ \downarrow g_p & & \downarrow f_p \\ H^p(\Gamma(X, B^*)) & \overset{\gamma^p}{\rightarrow} & H^p(X, T) \end{array}$$

위와 같이, 임의의 두 분해열에 대하여 그에 해당하는 쉬프코호몰로지 사이에서 정의된 다이어그램이 순환할 때 단사인 군동형사상 γ^p를 **자연스러운 사상**(natural homomorphism)이라 말한다.

(2) S의 분해열

$$0 \rightarrow S \rightarrow A^*$$

이 비순환적일 때, γ^p가 군동형사상이다.

증명

증명을 위해, 먼저

$$K^p = \ker(A^p \rightarrow A^{p+1}) = \operatorname{Im}(A^{p-1} \rightarrow A^p), \ \ p \geq 0$$

라 하자. 그러면 다음과 같은 짧은 완전열이 존재한다.

$$0 \rightarrow K^{p-1} \rightarrow A^{p-1} \rightarrow K^p \rightarrow 0, \ \ p \geq 1$$

이로부터 [정리 2.3.11]에 의해 다음과 같은 긴 완전열을 얻을 수 있다.

$$\begin{aligned} 0 &\rightarrow \Gamma(X, K^{p-1}) \rightarrow \Gamma(X, A^{p-1}) \xrightarrow{\psi} \Gamma(X, K^p) \xrightarrow{\delta^0} H^1(X, K^{p-1}) \\ &\rightarrow H^1(X, A^{p-1}) \rightarrow H^1(X, K^p) \xrightarrow{\delta^1} H^2(X, K^{p-1}) \rightarrow \cdots \end{aligned}$$

한편, 대수학의 제1동형정리에 의해

$$\begin{aligned} H^p(\Gamma(X, A^*)) &= \ker(\Gamma(X, A^p) \rightarrow \Gamma(X, A^{p+1}))/\operatorname{Im}(\Gamma(X, A^{p-1}) \rightarrow \Gamma(X, A^p)) \\ &= \Gamma(X, K^p)/\operatorname{Im}(\psi) \\ &= \Gamma(X, K^p)/\ker(\delta^0) \xrightarrow{\gamma_1^p} H^1(X, K^{p-1}), \ \ p \geq 0 \end{aligned}$$

이 단사사상이다. 따라서 만약 분해열

$$0 \to S \to A^*$$

가 비순환적이라면

$$H^1(X, A^{p-1}) = 0, \quad p \geq 1$$

이므로 γ_1^p는 군동형사상이 된다.

이제, 임의의 $2 \leq r \leq p$에 대하여 다음과 같은 짧은 완전열을 고려하자.

$$0 \to K^{p-r} \to A^{p-r} \to K^{p-r+1} \to 0, \quad p \geq 0$$

위와 비슷한 방법으로 단사인 군준동형사상

$$\gamma_r^p : H^{r-1}(X, K^{p-r+1}) \to H^r(X, K^{p-r})$$

을 얻을 수 있다. 또한 만약 분해열

$$0 \to S \to A^*$$

가 비순환적이라면

$$H^r(X, A^{p-r}) = 0, \quad 2 \leq r \leq p$$

이므로 γ_r^p는 군동형사상이 된다. 따라서

$$\gamma_p = \gamma_p^p \circ \gamma_{p-1}^p \circ \cdots \circ \gamma_1^p : H^p(\Gamma(X, A^*)) \to H^p(X, K^0) = H^p(X, S)$$

가 단사인 군준동형사상이다. 또한 만약 분해열

$$0 \to S \to A^*$$

가 비순환적이라면 γ^p가 군동형사상이 된다. 마지막으로 γ^p가 자연스러운 사상임을 보이는 것은 그리 어렵지 않으므로 연습문제로 남긴다.

[정리 2.3.14]를 이용하여 다음 보조정리를 쉽게 증명할 수 있다.

따름정리 2.3.15

임의의 위상공간 X와 X 상에서 정의된 임의의 두 분해열

$$0 \to S \to A^* \text{와 } 0 \to T \to B^*$$

에 대하여 다음 다이어그램

$$
\begin{array}{ccccc}
0 & \to & S & \to & A^* \\
 & & \downarrow f & & \downarrow g \\
0 & \to & T & \to & B^*
\end{array}
$$

가 순환한다고 가정하자. 만약 f가 동형사상이고 위의 두 분해열이 비순환적이라면

$$g_p : H^p(\Gamma(X, A^*)) \to H^p(\Gamma(X, B^*))$$

가 군동형사상이 된다.

증명

[정리 2.3.14]에 의해, 다음과 같은 순환하는 다이어그램이 존재한다.

$$
\begin{array}{ccc}
H^p(\Gamma(X, A^*)) & \overset{\gamma^p}{\to} & H^p(X, S) \\
\downarrow g_p & & \downarrow f_p \\
H^p(\Gamma(X, B^*)) & \overset{\gamma^p}{\to} & H^p(X, T)
\end{array}
$$

한편, f_p가 군동형사상이고 주어진 두 분해열이 순환적이므로 γ^p도 군동형사상이다. 따라서 g_p도 군동형사상이 되어야 한다.

[따름정리 2.3.15]의 결과로 드람정리(de Rham's theorem)가 성립함을 보일 수 있다. 이를 위해, 먼저 다음 보조정리를 증명한다.

보조정리 2.3.16

임의의 환으로 이루어진 연성쉬프 R과 임의의 R-모듈의 쉬프 M에 대하여, M은 항상 연성쉬프이다.

증명

X의 임의의 닫힌집합 K와 임의의 $s \in \Gamma(K, M)$에 대하여, s를 X 전체로 확장할 수 있음을 보이면 증명이 완료된다. 이를 위해, K의 적당한 열린근방 U를 택하여 다음과 같은 사상 $\rho \in \Gamma(K \cup (X-U),\ R)$을 정의한다.

$$\rho(x) = \begin{cases} 1, & x \in K, \\ 0, & x \in X-U \end{cases}$$

가정에 의해, R이 연성쉬프이므로 $\eta|_{K\cup(X-U)}=\rho$를 만족하는 $\eta\in\Gamma(X,R)$이 존재한다. 마지막으로 $t=\eta\cdot s$라 하면 $t\in\Gamma(X,M)$이고, 정의에 의해 $t|_K=s$이다.

정리 2.3.17 드람정리, de Rham's theorem

임의의 미분다양체 X와 임의의 정수 $p\geq 0$에 대하여, 다음과 같은 군동형사상이 존재한다.

$$I: H^p(S^*(X))\to H^p(S^*_\infty(X,\mathbb{R}))$$

증명

[예제 2.2.14]에 의해, X 상에서 정의된 상수쉬프 $\mathbb{R}$에 관해 다음과 같이 두 개의 분해열이 존재한다.

$$0\to\mathbb{R}\to S^*_X,\ \ 0\to\mathbb{R}\to S^*_\infty(X,\mathbb{R})$$

이때, 위의 두 분해열 사이에 자연스러운 준동형사상 $I: S^*_X\to S^*_\infty(X,\mathbb{R})$을 C^∞-사슬 상에서의 적분으로 다음과 같이 정의할 수 있다.

$$\begin{array}{ccccc} 0 & \to & \mathbb{R} & \to & S^*_X \\ & & \downarrow \mathrm{Id} & & \downarrow I \\ 0 & \to & \mathbb{R} & \to & S^*_\infty(X,\mathbb{R}) \end{array}$$

실제로, 임의의 열린집합 $U\subset X$에 대하여

$$I_U: S^*_X(U)\to S^*_\infty(U,\mathbb{R}),\ \ \varphi\mapsto I_U(\varphi)(c)=\int_c\varphi$$

로 정의된다. 여기서 c는 U 상에서 정의된 실수 계수를 갖는 C^∞-사슬을 나타낸다. 그러면 스토크스 정리(Stokes' theorem)에 의해 위의 다이어그램이 순환한다. 즉 $I\circ d=\delta\circ I$가 성립한다.

한편, [예제 2.3.4]에 의해 S^*가 세밀쉬프이므로 연성쉬프이다. 또한 S^*_∞도 연성쉬프이다. 실제로, S^p_∞는 열린집합 상에서 정의된 합곱(cup product)에 관해 $S^0_\infty(=C^0(X,\mathbb{R}))$-모듈이고 S^0_∞는 항상 연성쉬프이다. 따라서 [보조정리 2.3.16]에 의해 S^p_∞가 연성쉬프가 되어야 한다. 마지막으로 [정리 2.3.15]에 의해 정리의 결론이 성립한다.

복소다양체에 대하여 다음과 같은 돌보정리(Dolbeault theorem)가 성립한다.

정리 2.3.18 돌보정리 I, Dolbeault theorem I

임의의 복소다양체 X에 대하여, 다음과 같은 군동형사상이 존재한다.

$$H^q(X, \Omega^p) \cong \ker(S^{p,q}(X) \xrightarrow{\bar{\partial}} S^{p,q+1}(X))/\mathrm{Im}(S^{p,q-1}(X) \xrightarrow{\bar{\partial}} S^{p,q}(X))$$

증명

[예제 2.2.12]의 (2)에 의해, 다음과 같은 Ω^p의 연성인 분해열이 존재한다.

$$0 \to \Omega^p \xrightarrow{i} S_X^{p,0} \xrightarrow{\bar{\partial}} S_X^{p,1} \xrightarrow{\bar{\partial}} \cdots \xrightarrow{\bar{\partial}} S_X^{p,n} \to 0$$

따라서 [정리 2.3.14]에 의해 정리의 결론이 성립한다.

[정리 2.3.18]보다 좀 더 일반적인 형태의 돌보정리를 보이기 위해 먼저 다음 정의가 필요하다.

정의 2.3.19

임의의 위상공간 X와 임의의 가환환 R에 대하여, R-모듈로 이루어진 쉬프 M, N을 고려하자. 이때, 다음과 같이 정의된 프리쉬프로 생성된 쉬프를 $M\otimes_R N$으로 나타내고, M과 N의 **텐서곱**(tensor product)이라 한다.

$$U \mapsto M(U)\otimes_{R(U)}N(U), \text{ 열린집합 } U\subset X$$

일반적으로 프리쉬프 $U \mapsto M(U)\otimes_{R(U)}N(U)$는 쉬프가 되지 않는다. 따라서 위의 [정의 2.3.19]에서와 같이 텐서곱을 정의하기 위해 프리쉬프 생성된 쉬프의 개념이 반드시 필요하다. 예를 들어, $E \to X$가 대역적인 절편이 없는 복소해석적 벡터번들일 때, $O(E)(X)\otimes_{O(X)}S(X)=0$이지만 임의의 국소자명화 $E_U \cong U\times\mathbb{R}^n$에 대하여

$$O(E)(U)\otimes_{O(U)}S(U) \cong S(E)(U) \neq 0$$

이다. 따라서 프리쉬프 $U \mapsto O(E)(U)\otimes_{O(U)}S(U)$는 쉬프의 두 번째 조건을 만족하지 못한다.

[정의 2.3.19]에 의해, 임의의 $x \in X$에 대하여 다음 등식이 성립한다.

$$(M \otimes_R N)_x = M_x \otimes_{R_x} N_x$$

다음 보조정리가 성립한다.

보조정리 2.3.20

임의의 위상공간 X와 임의의 가환환 R에 대하여, R-모듈로 이루어진 쉬프 A', A, A''과 R-모듈로 이루어진 국소적 자유쉬프(locally free sheaf) I를 고려하자. 이때, 만약

$$0 \to A' \to A \to A'' \to 0$$

가 R-모듈의 짧은 완전열이면 다음 열도 짧은 완전열이다.

$$0 \to A' \otimes_R I \to A \otimes_R I \to A'' \otimes_R I \to 0$$

증명

가정의 의해, 임의의 $x \in X$에 대하여 다음 열이 짧은 완전열이다.

$$0 \to A'_x \to A_x \to A''_x \to 0$$

한편, I가 국소적 자유쉬프이므로 적당한 자연수 p가 존재하여

$$I_x = R_x \oplus R_x \oplus \cdots \oplus R_x \ (p \text{ 번})$$

이다. 따라서 다음이 성립한다.

$$0 \to (A' \otimes_R I)_x = \oplus^p A'_x \to (A \otimes I)_x = \oplus^p A_x \to (A'' \otimes I)_x = \oplus^p A''_x \to 0$$

즉 $0 \to A' \otimes_R I \to A \otimes_R I \to A'' \otimes_R I \to 0$가 짧은 완전열이다.

◇

임의의 n-차원 복소다양체 X와 임의의 음이 아닌 정수 p, q에 대하여, $S_X^{p,q}$를 차수가 (p,q)인 복소미분형식들의 쉬프라 하자. 그러면 [예제 2.2.12]에 의해, 임의의 $p \geq 0$에 대하여 다음과 같은 쉬프 Ω^p의 O_X-모듈로 이루어진 분해열이 존재한다.

$$0 \to \Omega^p \xrightarrow{i} S_X^{p,0} \xrightarrow{\bar{\partial}} S_X^{p,1} \xrightarrow{\bar{\partial}} \cdots \xrightarrow{\bar{\partial}} S_X^{p,n} \to 0 \ \text{ 또는 } 0 \to \Omega^p \to S_X^{p,*}$$

$E \to X$를 X 상에서 정의된 복소벡터번들이라 할 때, $O(E)$는 $E \to X$의 절편으로 이루어진 O_X-모듈의 국소적 자유쉬프이다. [보조정리 2.3.20]에 의해, 다음과 같은 $\Omega^p \otimes_{O_X} O(E)$의 분해열이 존재한다.

$$0 \to \Omega^p \otimes_O O(E) \xrightarrow{i} S_X^{p,0} \otimes_{O_X} O(E) \xrightarrow{\bar{\partial}_E} S_X^{p,1} \otimes_{O_X} O(E)$$
$$\xrightarrow{\bar{\partial}_E} \cdots \xrightarrow{\bar{\partial}_E} S_X^{p,n} \otimes_{O_X} O(E) \to 0$$

여기서, $\bar{\partial}_E = \bar{\partial} \otimes 1$을 의미한다. 한편 $S(E)$가 미분벡터번들 $E \to X$의 미분가능인 절편으로 이루어진 쉬프라 할 때,

$$S(E) \cong O(E) \otimes_{O_X} S_X$$

이므로 다음 등식이 성립한다.

$$\Omega^p \otimes_{O_X} O(E) \cong O(\wedge^p T^*(X) \otimes_{\mathbb{C}} E),$$

$$S_X^{p,q} \otimes_{O_X} O(E) \cong S_X^{p,q} \otimes_{S_X} S(E) \cong S(\wedge^{p,q} T^*(X) \otimes_{\mathbb{C}} E)$$

정의 2.3.21

임의의 복소다양체 X와 복소벡터번들 $E \to X$에 대하여, 다음이 성립한다.

(1) $O(X, \wedge^p T^*(X) \otimes_{\mathbb{C}} E)$를 **계수가 E인 X 상에서 정의된 복소해석적 p-형식의 쉬프** (sheaf of holomorphic p-forms with coefficients in E)라 말하고 간단히 $\Omega^p(X, E)$ 또는 $\Omega^p(E)$로 나타낸다.

(2) 비슷한 방법으로,

$$S^{p,q}(X, E) = S(X, \wedge^{p,q} T^*(X) \otimes_{\mathbb{C}} E)$$

는 **계수가 E인 X 상에서 정의된 미분 (p, q)-형식의 쉬프**(sheaf of differential (p, q)-forms with coefficients in E)라 한다. $S^{p,q}(X, E)$를 말하고 간단히 $S^{p,q}(E)$로 나타내기도 한다.

돌보정리인 [정리 2.3.18]을 다음과 같이 일반화할 수 있다.

정의 2.3.22 돌보정리 II, Dolbeault theorem II

임의의 복소다양체 X와 복소벡터번들 $E \to X$에 대하여, 다음과 같은 군동형사상이 존재한다.

$$H^q(X, \Omega^p(E)) \cong \ker(S^{p,q}(X, E) \xrightarrow{\bar{\partial}_E} S^{p,q+1}(X, E))/\mathrm{Im}(S^{p,q-1}(X, E) \xrightarrow{\bar{\partial}_E} S^{p,q}(X, E))$$

증명

[정의 2.3.21]의 기호를 이용하여, 다음과 같은 $\Omega^p(E)$의 세밀 분해열을 얻을 수 있다.

$$\begin{aligned}
0 &\to \Omega^p(E) = \Omega^p \otimes_{O_X} O(E) \xrightarrow{i} S^{p,0}(E) = S_X^{p,0} \otimes_{O_X} O(E) \\
&\xrightarrow{\bar{\partial}_E} S^{p,1}(E) = S_X^{p,1} \otimes_{O_X} O(E) \xrightarrow{\bar{\partial}_E} \cdots \\
&\xrightarrow{\bar{\partial}_E} S^{p,n}(E) = S_X^{p,n} \otimes_{O_X} O(E) \to 0
\end{aligned}$$

[정리 2.3.14]에 의해 정리의 결론이 성립한다.

2.4 체흐코호몰로지 이론

이 절에서는 체흐코호몰로지에 대한 정의와 그와 관련된 여러 가지 중요한 성질을 정리한다. 체흐코호몰로지에 관한 좀 더 자세한 성질과 증명은 참고문헌을 찾아 보기 바란다.

정의 2.4.1

임의의 위상공간 X와 X 상에서 정의된 아벨군의 쉬프 S에 대하여, X의 열린집합으로 구성된 X의 국소적 유한 덮개 $\mathscr{U} = \{U_\alpha\}$를 고려하자. 이때, 다음이 성립한다.

(1) 임의의 $q \geq 0$에 대하여, $\cap_{i=0}^{q} U_{\alpha_i} \neq \varnothing$을 만족하는 $(q+1)$ 개의 원소 $U_i \in \mathscr{U}$의 순서가 주어진 집합

$$\sigma = (U_{\alpha_0}, U_{\alpha_1}, \cdots, U_{\alpha_q})$$

를 **q-단체**(q-simplex)라 한다. 이때, $\cap_{i=0}^{q} U_{\alpha_i}$를 σ의 **지지집합**(support of σ)이라 하고 $|\sigma|$로 나타낸다.

(2) 각각의 q-단체 σ에 대하여 $f(\sigma)\in S(|\sigma|)$를 만족하는 사상 f를 **S에서 계수를 갖는 $\mathcal{U}$의 q-쌍대사슬**(q-cochian of $\mathcal{U}$ with coeeficients in S)이라 한다. 여기서 사상 f의 정의역은 모든 q-단체들의 모임이다.

(3) 모든 q-쌍대사슬들의 모임을 $C^q(\mathcal{U},S)$로 나타낸다. 즉

$$C^q(\mathcal{U},S)=\coprod_{\sigma=(U_{\alpha_0},U_{\alpha_1},\ldots,U_{\alpha_q})} S(U_{\alpha_0}\cap U_{\alpha_1}\cap\cdots\cap U_{\alpha_q})$$

이때, $C^q(\mathcal{U},S)$는 점별 덧셈이라는 연산에 관해 아벨군이 된다,

(4) 다음과 같이 정의된 사상

$$\delta:\ C^q(\mathcal{U},S)\ \to\ C^{q+1}(\mathcal{U},S)$$

를 **쌍대경계작용소**(co-boundary operator)라 한다. 즉 임의의 $f\in C^q(\mathcal{U},S)$와 $\sigma=(U_{\alpha_0},U_{\alpha_1},\ldots,U_{\alpha_{q+1}})$에 대하여,

$$(\delta f)(\sigma)=\sum_{i=0}^{q+1}(-1)^i r_{|\sigma|}^{|\sigma_i|}(f(\sigma_i)),\ \ \sigma_i=(U_{\alpha_0},U_{\alpha_1},\ldots,\widehat{U}_{\alpha_i},\ldots,U_{\alpha_{q+1}})$$

여기서, $\widehat{U}_{\alpha_i}$은 $(i+1)$ 번째 자리에 있는 U_{α_i}가 생략되었다는 의미이다. 또한 $r_{|\sigma|}^{|\sigma_i|}$는 쉬프 S의 축소사상을 나타낸다.

예제 2.4.2

(1) 임의의 $f\in C^0(\mathcal{U},S)$와 임의의 1-단체 $\sigma=(U,V)$에 대하여,

$$(\delta f)(\sigma)=f(V)|_{U\cap V}-f(U)|_{U\cap V}\ \text{또는 간단히}\ (\delta f)(\sigma)=f(V)-f(U)$$

로 주어진다.

(2) 비슷하게, 임의의 $f\in C^0(\mathcal{U},S)$와 임의의 2-단체 $\tau=(U,V,W)$에 대하여,

$$\begin{aligned}(\delta^2 f)(\tau)&=(\delta f)(U,V)-(\delta f)(U,W)+(\delta f)(V,W)\\&=(f(V)-f(U))-(f(W)-f(U))+(f(W)-f(V))\\&=0\end{aligned}$$

로 주어진다.

일반적으로 다음 보조정리가 성립한다. 보조정리의 증명은 어렵지 않으므로 연습 문제로 남긴다.

보조정리 2.4.3

임의의 위상공간 X와 X 상에서 정의된 아벨군의 쉬프 S에 대하여, X의 열린집합으로 구성된 X의 국소적 유한 덮개 $\mathscr{U}=\{U_\alpha\}$를 고려하자. 이때, 다음이 성립한다.

(1) 쌍대경계작용소 $\delta: C^q(\mathscr{U}, S) \to C^{q+1}(\mathscr{U}, S)$가 군준동형사상이고 $\delta^2=0$이다.

(2) 따라서 다음과 같은 쌍대복합체가 존재한다.

$$C^*(\mathscr{U}, S): C^0(\mathscr{U}, S) \xrightarrow{\delta} C^1(\mathscr{U}, S) \xrightarrow{\delta} C^2(\mathscr{U}, S) \xrightarrow{\delta} \cdots$$

[보조정리 2.4.3]을 이용하여 다음 정의를 할 수 있다.

정의 2.4.4

임의의 위상공간 X와 X 상에서 정의된 아벨군의 쉬프 S에 대하여, X의 열린집합으로 구성된 X의 국소적 유한 덮개 $\mathscr{U}=\{U_\alpha\}$를 고려하자. 그런 다음,

$$\check{Z}^q(\mathscr{U}, S) = \ker(C^q(\mathscr{U}, S) \xrightarrow{\delta} C^{q+1}(\mathscr{U}, S)),$$

$$\check{B}^q(\mathscr{U}, S) = \mathrm{Im}(C^{q-1}(\mathscr{U}, S) \xrightarrow{\delta} C^q(\mathscr{U}, S))$$

이고

$$\check{H}^q(\mathscr{U}, S) = H^q(C^*(\mathscr{U}, S)) = \check{Z}^q(\mathscr{U}, S)/\check{B}^q(\mathscr{U}, S)$$

라 하자. 이때, $\check{H}^*(\mathscr{U}, S)$를 **$S$를 계수로 갖는 $\mathscr{U}$의 체흐코호몰로지**(Čech cohomology of $\mathscr{U}$ with coefficients in S)라 한다.

체흐코호몰로지에 대하여 다음 성질이 성립한다. 자세한 증명은 생략한다.

정리 2.4.5

임의의 위상공간 X와 X 상에서 정의된 아벨군의 쉬프 S에 대하여, X의 열린집합으로 구성된 X의 국소적 유한 덮개 $\mathscr{U}=\{U_\alpha\}$를 고려하자. 이때, 다음이 성립한다.

(1) $\mathscr{B}$를 $\mathscr{U}$의 세분(refinement)이라 할 때, 다음과 같은 군준동형사상이 존재한다.

$$\mu : H^q(\mathscr{U},\ S) \to H^q(\mathscr{B},\ S)$$

(2) $\varinjlim_{\{U_\alpha\}} H^q(\{U_\alpha\}, S) \cong H^q(X, S)$

(3) 임의의 $q \geq 1$과 임의의 q-단체 σ에 대하여 $H^q(|\sigma|, S) = 0$일 때, 다음이 성립한다.

$$H^q(X, S) \cong H^q(\mathscr{U}, S),\quad q \geq 0$$

여기서 위의 성질을 만족하는 열린덮개 $\mathscr{U} = \{U_\alpha\}$를 **르레덮개**(Leray cover)라 한다.

(4) X가 패러컴팩트이고 S가 세밀쉬프일 때, 다음이 성립한다.

$$H^q(\mathscr{U}, S) = 0,\quad q > 0$$

예제 2.4.6

복소 1-차원 사영공간 $\mathbb{P}^1$의 르레덮개를 이용하여 $\mathbb{P}^1$의 체흐코호몰로지군이 다음과 같이 주어짐을 보일 수 있다.

$$H^p(\mathbb{P}^1, \Omega^q) = \begin{cases} \mathbb{C}, & p = q \leq 1, \\ 0, & p \neq q \text{ 또는 } p = q \geq 2 \end{cases}$$

따라서

$$h^{q,p} = \dim_{\mathbb{C}} H^p(\mathbb{P}^1, \Omega^q) = \begin{cases} 1, & p = q \leq 1, \\ 0, & p \neq q \text{ 또는 } p = q \geq 2 \end{cases}$$

이고 $h^{q,p}$를 $\mathbb{P}^1$의 **호지수**(Hodge number)라 한다.
논의를 간단히 하기 위해, 여기서는 다음 등식이 성립함을 자세히 보인다.

$$H^p(\mathbb{P}^1, O) = \begin{cases} \mathbb{C}, & p = 0, \\ 0, & p \neq 0 \end{cases}$$

실제로

$$U_0 = \{[u, v] \in \mathbb{P}^1 \mid v \neq 0\},\ U_1 = \{[u, v] \in \mathbb{P}^1 \mid u \neq 0\}$$

라 할 때, $U_0 \cong U_1 \cong \mathbb{C}$이고 $U_0 \cap U_0 \cong \mathbb{C}^* = \mathbb{C} - \{0\}$가 성립한다. 따라서

$$H^q(U_0 \cap U_1, O) = 0,\quad q \geq 1$$

이 성립한다([1, p. 25]). 따라서 $\{U_0, U_1\}$가 $\mathbb{P}^1$의 르레덮개이고, [정리 2.4.5]에 의해 다음이 성립한다.

$$\check{H}^q(\{U_0, U_1\}, S) \cong H^q(\mathbb{P}^1, S),\quad q \geq 0$$

한편

$$C^0(\{U_0, U_1\}, O) = \{(f, g) \mid f \in O(U_0),\ g \in O(U_1)\},$$

$$C^1(\{U_0, U_1\}, O) = \{h \mid h \in O(U_0 \cap U_1)\}$$

이다. 따라서 임의의 $(f, g) \in C^0(\{U_0, U_1\}, S)$에 대하여, f와 g를 $U_0 \cap U_1 = \mathbb{C}^*$ 상에서 다음과 같이 나타낼 수 있다.

$$f(z) = \sum_{n=0}^{\infty} a_n z^n,\ \ g(z) = \sum_{n=0}^{\infty} b_n \bar{z}^{-n},\quad z \in \mathbb{C}^*$$

(ⅰ) 만약 $(f, g) \in \check{Z}^0(\{U_0, U_1\}, S)$라면

$$\delta(f, g)(\tau) = (g - f)|_{U_0 \cap U_1} = 0$$

이므로

$$a_n = b_n = 0,\ \ n \geq 1,\ \ a_0 = b_0$$

가 성립한다. 그러므로 $H^0(\mathbb{P}^1, O) = \mathbb{C}$이다.

(ⅱ) 이제, 임의의

$$h = \sum_{n=-\infty}^{\infty} a_n z^n = \sum_{n=-\infty}^{\infty} a_n w^{-n} \in \check{Z}^1(\{U_0, U_1\}, O),\ \ w = \frac{1}{z}$$

에 대하여 $\delta(f, g) = h$를 만족하는 $(f, g) \in C^0(\{U_0, U_1\}, S)$가 존재함을 보인다. 실제로,

$$f(z) = -\sum_{n=0}^{\infty} a_n z^n,\ \ g(z) = \sum_{n=1}^{\infty} a_{-n} w^n,\ \ z \in \mathbb{C}^*,\ w = \frac{1}{z}$$

이라 하자. 그러면 $(f, g) \in C^0(\{U_0, U_1\}, S)$이고 다음 등식이 성립한다.

$$\begin{aligned}\delta(f, g) = g - f &= \sum_{n=0}^{\infty} a_n z^n + \sum_{n=1}^{\infty} a_{-n} w^n = \sum_{n=0}^{\infty} a_n z^n + \sum_{n=1}^{\infty} a_{-n} z^{-n} \\ &= \sum_{n=0}^{\infty} a_n z^n + \sum_{n=-1}^{-\infty} a_n z^n = \sum_{n=-\infty}^{\infty} a_n z^n \\ &= h\end{aligned}$$

따라서 $H^1(\mathbb{P}^1, O) = 0$이다.

제 3 장

에르미트 복소기하학

제 3 장

에르미트 복소기하학

3.1 복소벡터번들의 접속과 곡률

이 절에서는 에르미트(또는 허미션) 미분기하학(Hermitian differential geometry)의 중요한 개념인 복소벡터번들의 접속(connection)과 곡률(curvature)의 정의를 알아보고 그와 관련된 여러 가지 성질을 정리한다.

정의 3.1.1

임의의 미분다양체 X와 차수가 r이고 파이버가 복소벡터공간인 미분벡터번들 $E \to X$를 고려하자. X의 열린 부분집합 U 상에서 정의된 집합

$$f = \{e_1, e_2, \ldots, e_r\} \text{ 또는 } f = (e_1, e_2, \ldots, e_r)$$

이 다음 조건을 만족할 때, f를 U 상에서 정의된 **틀** 또는 **프레임**(frame)이라 한다.

(1) 모든 $x \in U$에 대하여, $e_1(x), e_2(x), \ldots, e_r(x)$가 모두 E의 미분가능인 절편이다. 즉 모든 $e_i \in S(U, E)$이다.

(2) 각각의 $x \in U$에 대하여, $\{e_1(x), e_2(x), \ldots, e_r(x)\}$가 일차독립이다.

이때, f의 정의역 U의 의존성을 강조하기 위해 f를 f_U로 나타내기도 한다.

다음 보조정리가 성립한다. 선형대수학의 기본 성질을 이용하여 쉽게 증명할 수 있으므로 자세한 증명은 연습문제로 남긴다.

보조정리 3.1.2

임의의 미분다양체 X와 차수가 r이고 파이버가 복소벡터공간인 미분벡터번들 $E \to X$에 대하여, X의 열린집합 U와 U 상에서 정의된 틀

$$f = \{e_1, e_2, \ldots, e_r\}$$

을 고려하자.

(1) 미분가능인 사상 $g : U \to GL(r, \mathbb{C})$에 대하여, U 상에서 정의된 사상

$$x \mapsto f'(x) := f(x) \cdot g(x) = \left(\sum_{i=1}^{r} g_{i1}(x) e_i(x),\ \sum_{i=1}^{r} g_{i2}(x) e_i(x),\ \ldots,\ \sum_{i=1}^{r} g_{ir}(x) e_i(x)\right)$$

는 U 상에서 E의 새로운 틀을 정의한다. 여기서 $GL(r, \mathbb{C})$는 복소수를 성분으로 갖는 일반선형군(general linear group)을 나타낸다.

(2) 반대로, f'이 U 상에서 정의된 E의 또 다른 틀이라 할 때, $f' = f \cdot g$를 만족하는 $g : U \to GL(r, \mathbb{C})$가 존재한다. 이때, $g : U \to GL(r, \mathbb{C})$를 **틀변환사상**(change of frame)이라 부른다.

[보조정리 3.1.2]에 의해, 미분벡터번들 $E \to X$에 대응하는 주파이버번들(principal fiber bundle)인 **틀번들**(frame bundle) $P(E) \to X$를 만들 수 있다. 이때, $P(E) \to X$의 파이버 $P(E)_x$와 구조군(structure group)은 각각 x 상에서 정의된 모든 틀의 모임과 일반선형군 $GL(r, \mathbb{C})$이다([7] 참고).

보조정리 3.1.3

임의의 미분다양체 X와 차수가 r이고 파이버가 복소벡터공간인 미분벡터번들 $E \to X$에 대하여, X의 열린집합 U와 U 상에서 정의된 틀

$$f = \{e_1, e_2, \ldots, e_r\}$$

을 고려하자.

(1) 임의의 절편 $\xi \in \Gamma(U, E) = S(U, E)$에 대하여 ξ를

$$\xi(x) = \sum_{i=1}^{r} \xi^i(f) e_i(x),\quad \xi^i(f) \in S(U),\ x \in U$$

로 나타낼 때, 다음과 같은 사상이 존재한다.

$$\Gamma(U, E) \to E(U)^r \cong E(U, U \times \mathbb{C}^n),\quad \xi \to \xi(f) = \begin{bmatrix} \xi^1(f) \\ \xi^2(f) \\ \vdots \\ \xi^r(f) \end{bmatrix}_{r \times 1}$$

(2) 미분가능인 사상 $g : U \to GL(r, \mathbb{C})$에 대하여, 다음 등식이 성립한다.

$$\xi(f) = g \cdot \xi(f \cdot g) \quad \text{즉, } \xi(f \cdot g) = g^{-1} \cdot \xi(f)$$

증명

(1)은 정의에 의해 자명하므로 (2)만 증명하면 된다. 실제로,

$$f \cdot g = \{e_1{}', e_2{}', \dots, e_r{}'\}$$

이라 할 때, 다음 등식이 성립한다.

$$\begin{aligned}\xi &= \sum_{i}^{r} \xi^i(f \cdot g) e_i{}' = \sum_{i=1}^{r} \xi^i(f \cdot g)\left(\sum_{j=1}^{r} g_{ji} e_j\right) \\ &= \sum_{j=1}^{r}\left(\sum_{i=1}^{r} \xi^i(f \cdot g) g_{ji}\right) e_j = \sum_{j=1}^{r} \xi^j(f) e_j\end{aligned}$$

따라서, 각각의 $1 \leq j \leq r$에 대하여 $\xi^j(f) = \sum_{i=1}^{r} \xi^i(f \cdot g) g_{ji}$이다. 즉

$$\begin{aligned}\xi(f) &= [\xi^1(f)\ \xi^2(f)\ \cdots\ \xi^r(f)]^T \\ &= \left[\sum_{i=1}^{r} g_{1i}\xi^i(f \cdot g)\ \sum_{i=1}^{r} g_{2i}\xi^i(f \cdot g)\ \cdots\ \sum_{i=1}^{r} g_{ri}\xi^i(f \cdot g)\right]^T \\ &= g \cdot [\xi^1(f \cdot g)\ \xi^2(f \cdot g)\ \cdots\ \xi^r(f \cdot g)]^T = g \cdot \xi(f \cdot g)\end{aligned}$$

이다.

임의의 복소다양체 X와 차수가 r이고 파이버가 복소벡터공간인 복소벡터번들 $E \to X$에 대하여, X의 열린집합 U와 U 상에서 정의된 복소해석적 틀

$$f = \{e_1, e_2, \dots, e_r\}$$

을 고려할 수 있다. 즉, 각각의 $1 \leq i \leq r$에 대하여 $e_i \in O(U, E)$이고

$$e_1(x) \wedge e_2(x) \wedge \cdots \wedge e_r(x) \neq 0, \quad x \in U$$

가 성립한다. 미분벡터번들의 경우에서와 같이, 복소해석적 틀변환사상

$$g : U \to GL(r, \mathbb{C})$$

가 존재하고

$$O(U, E) \to O(U)^r \cong O(U, U \times \mathbb{C}^r), \quad f \mapsto \xi(f)$$

가 $\xi(f) = g \cdot \xi(f \cdot g)$를 만족한다.

정의 3.1.4

임의의 미분다양체 X와 차수가 r이고 파이버가 복소벡터공간인 미분벡터번들 $E \to X$에 대하여, 다음이 성립한다.

(1) 다음 조건을 만족하는 h를 E상에서 정의된 **에르미트 거리함수**(Hermitian metric)라 한다.

(i) 각각의 $x \in X$에 대하여

$$h_x : E_x \times E_x \to \mathbb{C}$$

가 에르미트 거리함수일 때, $h(x) = h_x$로 정의한다. 여기서 E_x는 x 상에서 E의 파이버를 나타낸다.

(ii) X의 임의의 열린집합 U와 임의의 $s, t \in S(U, E)$에 대하여, 다음과 같이 정의된 함수 φ가 U 상에서 무한 번 미분가능이다.

$$\varphi : U \to \mathbb{C}, \quad x \mapsto \varphi(x) = h(x)(s(x), t(x)) = h_x(s(x), t(x))$$

(2) $(E \to X, h)$를 **에르미트 벡터번들**(Hermitian vector bundle)이라 한다. 기호를 간단히 하기 위해, h와 $h(x)$를 각각 $\langle \cdot , \cdot \rangle$와 $\langle \cdot , \cdot \rangle_x$로 나타내기도 한다.

(3) X의 열린집합 U와 U 상에서 정의된 틀

$$f = \{e_1, e_2, \ldots, e_r\}$$

에 대하여, $h(f)$를 U 상에서 다음과 같이 정의하자.

$$U \to GL(r, \mathbb{C}), \quad x \mapsto h(f)(x) = (h_{ji}(f)(x))_{r \times r} = (h(x)(e_i(x), e_j(x)))_{r \times r}$$

다음 보조정리가 성립한다.

보조정리 3.1.5

임의의 미분다양체 X와 차수가 r이고 파이버가 복소벡터공간인 미분벡터번들 $E \to X$를 고려하자. X의 열린집합 U와 U 상에서 정의된 틀

$$f = \{e_1, e_2, \ldots, e_r\}$$

과 미분가능인 사상 $g : U \to GL(r, \mathbb{C})$에 대하여, 다음 등식이 성립한다.

$$h(f \cdot g) = \overline{g}^T \cdot h(f) \cdot g$$

증명

임의의 $\xi, \eta \in S(U, E)$에 대하여,

$$\xi(x) = \sum_{i=1}^{r} \xi^i(f) e_i(x), \quad \xi^i(f) \in S(U), \ x \in U,$$

$$\eta(x) = \sum_{i=1}^{r} \eta^i(f) e_i(x), \quad \eta^i(f) \in S(U), \ x \in U$$

라 하자. 그러면 다음이 성립한다.

$$\langle \xi, \eta \rangle = \left\langle \sum_{i=1}^{r} \xi^i(f) e_i, \sum_{j=1}^{r} \eta^j(f) e_j \right\rangle = \sum_{i,j=1}^{r} \overline{\eta^j(f)} h_{ji}(f) \xi^i(f) = \overline{\eta(f)}^T h(f) \xi(f)$$

비슷한 방법으로 다음을 보일 수 있다.

$$\begin{aligned}
\langle \xi, \eta \rangle &= \overline{\eta(f \cdot g)}^T \cdot h(f \cdot g) \cdot \xi(f \cdot g) = \overline{g^{-1} \cdot \eta(f)}^T h(f \cdot g) \cdot (g^{-1} \cdot \xi(f)) \\
&= \overline{\eta(f)}^T \cdot \overline{g^{-1}}^T \cdot h(f \cdot g) \cdot g^{-1} \cdot \xi(f) \\
&= \overline{\eta(f)}^T \cdot (\overline{g^{-1}}^T \cdot h(f \cdot g) \cdot g^{-1}) \cdot \xi(f)
\end{aligned}$$

따라서

$$h(f \cdot g) = \bar{g}^T \cdot h(f) \cdot g$$

가 성립한다.

[보조정리 3.1.3]의 (2)와 [보조정리 3.1.5]에 의해, 임의의 두 원소 $\xi, \eta \in S(U, E)$에 대하여 다음 등식이 성립한다.

$$\begin{aligned}
h(f_\alpha \cdot g)(\xi(f_\alpha \cdot g), \eta(f_\alpha \cdot g)) &= \overline{\eta(f_\alpha \cdot g)}^T \cdot h(f_\alpha \cdot g) \cdot \eta(f_\alpha \cdot g) \\
&= \overline{\eta(f_\alpha)}^T \cdot \overline{g^{-1}}^T \cdot \bar{g}^T \cdot h(f_\alpha) \cdot g \cdot g^{-1} \cdot \eta(f_\alpha) \\
&= \overline{\eta(f_\alpha)}^T \cdot h(f_\alpha) \cdot \eta(f_\alpha) \\
&= \overline{\eta(f_\alpha)}^T \cdot h(f_\alpha) \cdot \eta(f_\alpha) = h(f_\alpha)(\xi(f_\alpha), \eta(f_\alpha))
\end{aligned}$$

따라서 에르미트 거리함수 h의 값은 벡터번들 $E \to X$ 상의 틀의 선택에 의존하지 않음을 알 수 있다.

정리 3.1.6

임의의 미분다양체 X와 차수가 r이고 파이버가 복소벡터공간인 미분벡터번들 $E \to X$에 대하여, E 상에 에르미트 거리함수가 항상 존재한다.

증명

증명을 위해, 먼저 국소적으로 유한인 X의 열린덮개 $\{U_\alpha\}$를 택하자. 이때, U_α 상에서 정의된 틀 f_α가 존재한다고 가정해도 된다. 그런 다음, 각각의 U_α 상에서 에르미트 거리함수 h^α를 다음과 같이 정의하자.

$$h^\alpha(x) = \overline{\eta(f_\alpha)}^T(x) \cdot \xi(f_\alpha)(x) \in \mathbb{C}, \quad x \in U_\alpha, \xi, \eta \in S(U_\alpha, E)$$

이제, 열린덮개 $\{U_\alpha\}$에 의존하는 단위분할 $\{\psi_\alpha\}$를 택하여 X 상에 에르미트 거리함수 h를 다음과 같이 정의하자.

$$h(x)(\xi(x), \eta(x)) = \sum_\alpha \psi_\alpha(x) h^\alpha(x), \quad x \in U, \xi, \eta \in S(U, E)$$

여기서 U는 X의 임의의 열린집합을 나타낸다. 그러면

$$\varphi : U \to \mathbb{C}, \quad x \mapsto \varphi(x) = h(x)(\xi(x), \eta(x))$$

가 U 상에서 무한 번 미분가능하고 또한 h가 X 상에서 에르미트 거리함수가 된다.

에르미트 기하학에서 중요한 접속과 곡률을 정리하기 위해, 먼저 벡터번들을 계수로 갖는 미분형식의 미분에 대해 알아본다.

정의 3.1.7

임의의 미분다양체 X와 차수가 r이고 파이버가 복소벡터공간인 미분벡터번들 $E \to X$에 대하여, X 상에서 정의된 **계수가 E인 미분 p-형식의 모임**(set of differential froms of degree p with coefficients in E) $S^p(X, E)$를 다음과 같이 정의한다.

$$S^p(X, E) = S(X, \wedge^p T^*(X)_\mathbb{C} \otimes_\mathbb{C} E) = S(X, \wedge^p T^*(X)_\mathbb{C} \otimes_{S_X} S(E))$$

여기서 S_X는 X에서 정의된 미분가능한 함수의 쉬프이고 $S(E)$는 미분벡터번들 E의 미분가능인 절편들로 이루어진 쉬프를 나타낸다.

다음이 성립한다.

보조정리 3.1.8

임의의 미분다양체 X와 차수가 r이고 파이버가 복소벡터공간인 미분벡터번들 $E \to X$와 $E' \to X$에 대하여, 다음이 성립한다.

(1) 다음과 같은 동형사상 τ가 존재한다.

$$\tau : S(E) \otimes_{S_X} S(E') \cong S(E \otimes E')$$

(2) 특히, 다음이 성립한다.

$$S_X^p \otimes_{S_X} S(E) \cong S_X^p(E)$$

따라서 U 상에서 정의된 E의 틀 $f = (e_1, e_2, \ldots, e_r)$과 $\xi \in S^p(U, E)$에 대하여

$$\xi = \sum_{i=1}^{r} \xi^i(f) \otimes e_i,\ \ \xi^i(f) \in S_X^p(U),\ \ 1 \le i \le r$$

로 나타낼 수 있다. 이때, 다음과 같은 일대일 대응이 존재한다.

$$S^p(U, E) \to (S_X^p(U))^r,\ \ \xi \mapsto \begin{bmatrix} \xi^1(f) \\ \xi^2(f) \\ \vdots \\ \xi^r(f) \end{bmatrix}_{r \times 1}$$

(3) 또한 U 상에서 정의된 $\wedge^p T^*(X) \otimes \mathbb{C}$의 틀을 $(\omega_1, \omega_2, \ldots, \omega_s)$라 할 때,

$$\xi^i(f) = \sum_{k=1}^{s} \varphi_{ki}(x) \omega_k(x),\ \ 1 \le i \le r,\ \ \varphi_{ki} \in S_X(U)$$

로 나타낼 수 있다. 그러므로

$$\xi(x) = \sum_{i=1}^{r} \xi^i(f)(x) \otimes e_i(x) = \sum_{k,i} \varphi_{ki}(x) \omega_k(x) \otimes e_i(x)$$

이다.

(4) 마지막으로, 미분가능인 사상 $g : U \to GL(r, \mathbb{C})$에 대하여 다음 등식이 성립한다.

$$\xi(f) = g \cdot \xi(f \cdot g) \ \ 즉, \xi(f \cdot g) = g^{-1} \cdot \xi(f)$$

증명

(2), (3), 그리고 (4)의 증명은 (1)과 [보조정리 3.1.3]에 의해 자명하므로 (1)만 증명한다.

실제로, 증명을 위해 먼저 X 상에서 정의된 쉬프 $S(E)\otimes_{S_X}S(E')$와 $S(E\otimes E')$을 생성하는 프리쉬프 사이에서 사상 τ를 다음과 같이 정의한다.

$$\tau_U : S(U, E)\otimes_{S_X(U)}S(U, E') \to S(E\otimes E')(U)$$

$$x \mapsto \tau_U(\xi\otimes\eta)(x) = \xi(x)\otimes\eta(x) \in E_x\otimes E'_x, \quad x\in U$$

한편 $f = (e_1, e_2, \dots, e_r)$과 $f' = (e_1', e_2', \dots, e_r')$이 각각 U 상에서 정의된 E와 E'의 틀이라 할 때, 임의의 $\gamma\in S(U, E\otimes E')$을 다음과 같이 나타낼 수 있다.

$$\gamma(x) = \sum_{i,j=1}^{r}\gamma_{ij}(x)e_i(x)\otimes e_j'(x), \quad \gamma_{ij}\in S_X(U), \quad x\in U$$

따라서 $\gamma\in S(U, E)\otimes_{S_X(U)}S(U, E')$임을 알 수 있다. 그리고 이 사실을 이용하여 τ_U가 $S(E)\otimes_{S_X}S(E')$와 $S(E\otimes E')$ 사이의 동형사상을 유도함을 쉽게 보일 수 있다.

정의 3.1.9

임의의 미분다양체 X와 차수가 r이고 파이버가 복소벡터공간인 미분벡터번들 $E\to X$에 대하여, $E\to X$ 상에서 정의된 **접속**(connection)

$$D: S^0(X, E) \to S^1(X, E)$$

는 다음 조건을 만족하는 복소수 상에서 선형적인 사상이다.

$$D(\varphi\xi) = d\varphi\otimes\xi + \varphi\cdot D\xi, \quad \varphi\in S_X, \xi\in S^0(X, E)$$

또한, X의 열린집합 U와 U 상에서 정의된 틀

$$f = \{e_1, e_2, \dots, e_r\}$$

에 대하여 다음이 성립한다.

$$De_i = \sum_{j=1}^{r}\theta_{ji}(D, f)\otimes e_j, \quad \theta_{ji}(D, f)\in S^1(U), \quad 1\le i\le r$$

이때, $r\times r$-행렬 $(\theta_{ji}(D, f))_{r\times r}$을 **$D$와 f에 관한 접속행렬**(connection matrix)이라 한다. 기호를 간단히 하기 위해, 종종 $\theta_{ji}(D, f)$를 $\theta_{ji}(f)$로 나타내기도 한다.

접속행렬에 대해 다음과 같은 접속의 표현이 성립하고 종종 유용하게 이용된다.

보조정리 3.1.10

임의의 미분다양체 X와 차수가 r이고 파이버가 복소벡터공간인 미분벡터번들 $E \to X$를 고려하자. X의 열린집합 U, U 상에서 정의된 틀

$$f = \{e_1, e_2, \dots, e_r\}.$$

$\xi = \sum_{j=1}^{r} \xi^j(f) e_j \in S(U, E)$, 그리고 접속 D에 대하여, 다음이 성립한다.

$$D\xi(f) = d\xi(f) + \theta(f)\xi(f) \text{ 또는 간단히 } D = d + \theta(f)$$

여기서 $d\xi(f)$와 $\theta(f)\xi(f)$는 다음과 같다.

$$d\xi(f) = (d\xi^1(f), d\xi^2(f), \dots, d\xi^r(f)),$$

$$\theta(f)\xi(f) = \left(\sum_{j-1}^{r} \xi^j(f)\theta_{1j}(f), \sum_{j=1}^{r} \xi^j(f)\theta_{2j}(f), \dots, \sum_{j=1}^{r} \xi^j(f)\theta_{rj}(f)\right)$$

증명

[정의 3.1.9]에 의해, 다음이 성립한다.

$$\begin{aligned}
D\xi &= D\left(\sum_{j=1}^{r} \xi^j(f) e_j\right) = \sum_{j=1}^{r} \left(d\xi^j(f) \otimes e_j + \xi^j(f) De_j\right) \\
&= \sum_{j=1}^{r} \left(d\xi^j(f) \otimes e_j + \xi^j(f) \sum_{i=1}^{r} \theta_{ij}(f) \otimes e_i\right) \\
&= \sum_{i=1}^{r} \left(d\xi^i(f) + \sum_{j=1}^{r} \xi^j(f)\theta_{ij}(f)\right) \otimes e_i \\
&= \sum_{i=1}^{r} (d\xi(f) + \theta(f)\xi(f)) \otimes e_i
\end{aligned}$$

따라서 U 상에서 정의된 틀 f에 관해

$$D\xi(f) = d\xi(f) + \theta(f)\xi(f)$$

로 나타낼 수 있다.

◇

모든 벡터번들에는 항상 접속이 존재한다. 또한, 접속의 정의 [정의 3.1.9]를 이용하여 $E = TX$ 상에 **아핀접속**(affine connection)을 정의할 수 있다. 특히, U 상에서 정의된 $\wedge^1 T^*(X) = T^*(X)$의 틀을 $(\omega_1, \omega_2, \dots, \omega_n)$이라 할 때,

$$\theta_{ji} = \sum_{k=1}^{n} \Gamma_{ik}^{j}\omega_k, \quad \Gamma_{ik}^{j} \in S(U), \ 1 \leq i, j \leq n$$

로 주어진다. 이때, Γ_{ik}^{j}를 보통 **크리토펠 기호**(Christoffel symbol)라 부른다.

정의 3.1.11

임의의 미분다양체 X와 임의의 미분벡터번들 $E \to X$에 대하여, $\mathrm{Hom}(E, E)$는 각각의 $x \in X$에서 파이버가 $\mathrm{Hom}(E_x, E_x)$인 X 상의 벡터번들을 나타낸다.

X의 임의의 열린집합 U에 대하여 $M_r(U)$가 계수가 $S(U)$인 $r \times r$-행렬들의 $S(U)$-모듈을 나타낼 때, 다음 등식이 성립한다.

$$S^p(U, \mathrm{Hom}(E, E)) \cong S^p(U) \otimes_{S(U)} S(U, \mathrm{Hom}(E, E)) \cong M_r(U) \otimes_{S(U)} S^p(U)$$

여기서, 마지막 동형사상은 U 상에서 정의된 틀 f를 이용하여 얻었다. 따라서, 임의의 $\chi \in S^p(U, \mathrm{Hom}(E, E))$와 U 상에서 정의된 틀 f에 대하여 $\chi(f)$가 다음과 같이 주어진다.

$$\chi(f) = (\chi(f)_{ji})_{r \times r}, \quad \chi(f) \in S^p(U)$$

한편 U 상에서 정의된 틀 f를 이용하면

$$S(U, E) \cong S(U)^r, \ S^p(U, E) \cong (S^p(U))^r$$

이다. 따라서 임의의 $\xi(f) = (\xi^1(f), \xi^2(f), \ldots, \xi^r(f)) \in S(U, E)$에 대하여

$$\eta(f) = (\eta^1(f), \eta^2(f), \ldots, \eta^r(f)) = \chi(f) \cdot \xi(f)$$

라 할 때,

$$\eta^i(f) = \sum_{j=1}^{r} \chi(f)_{ij}\xi^j(f)$$

로 주어진다. 결과적으로 다음과 같은 사상 Φ를 얻을 수 있다.

$$\Phi : S(U, E) \to S^p(U, E), \ \xi(f) \mapsto \Phi(\xi(f)) = \eta(f) = \chi(f) \cdot \xi(f)$$

보조정리 3.1.12

임의의 미분다양체 X와 차수가 r이고 파이버가 복소벡터공간인 미분벡터번들 $E \to X$에 대하여, 다음이 성립한다.

(1) X의 열린집합 U와 U 상에서 정의된 틀

$$f=\{e_1, e_2, \ldots, e_r\}$$

과 미분가능인 사상 $g: U \to GL(r, \mathbb{C})$에 대하여, 다음 등식이 성립한다.

$$\chi(f \cdot g)=g^{-1} \cdot \chi(f) \cdot g$$

(2) $\{U_\alpha\}$가 다음 두 조건을 만족하는 X의 열린덮개라 하자.

(i) 각각의 U_α 상에서 미분벡터번들 $E \to X$의 틀 f_α가 존재한다.

(ii) 각각의 틀변환사상 $g_{\alpha\beta}: U_\alpha \cap U_\beta \to GL(r, \mathbb{C})$에 대하여 다음 등식이 성립한다.

$$\chi(f_\beta)=g_{\alpha\beta}^{-1} \cdot \chi(f_\alpha) \cdot g_{\alpha\beta}$$

이때, $\{\chi(f_\alpha)\}$가 $S^p(X, \mathrm{Hom}(E, E))$의 원소 χ를 유일하게 정의한다.

증명

(1) [보조정리 3.1.8]에 의해, 다음 등식이 성립한다.

$$\eta(f \cdot g)=\chi(f \cdot g)\xi(f \cdot g)=\chi(f \cdot g)g^{-1} \cdot \xi(f),$$

$$\eta(f \cdot g)=g^{-1} \cdot \eta(f)=g^{-1} \cdot \chi(f) \cdot \xi(f)$$

따라서 $\chi(f \cdot g)=g^{-1} \cdot \chi(f) \cdot g$이다.

(2) $\chi \in S^p(X, \mathrm{Hom}(E, E))$를 정의하기 위해, 먼저 $\chi|_{U_\alpha}$를 각각의 U_α 상에서 정의된 틀 f_α를 이용하여 다음과 같이 유일하게 정의하자.

$$S^p(U_\alpha, \mathrm{Hom}(E, E)) \ni \chi|_{U_\alpha} \xleftrightarrow{(U_\alpha, f_\alpha)} \chi(f_\alpha) \in M_r(U) \otimes_{S(U)} S^p(U)$$

그러면 다음과 같은 다이어그램이 성립한다.

$$\begin{array}{ccc} S^p(U_\alpha, \mathrm{Hom}(E, E)) \ni \chi|_{U_\alpha} & \xleftrightarrow{(U_\alpha, f_\alpha)} & \chi(f_\alpha) \in M_r(U_\alpha) \otimes_{S(U_\alpha)} S^p(U_\alpha) \\ \downarrow & & \downarrow \\ S^p(U_\beta, \mathrm{Hom}(E, E)) \ni \chi|_{U_\beta} & \xleftrightarrow{(U_\beta, f_\beta)} & \chi(f_\beta) \in M_r(U_\beta) \otimes_{S(U_\beta)} S^p(U_\beta) \end{array}$$

또한

$$\begin{array}{ccc} (S^p(U_\alpha))^r & \xrightarrow{\chi(f_\alpha)} & (S^p(U_\alpha))^r \\ \uparrow g_{\alpha\beta} & & \uparrow g_{\alpha\beta} \\ (S^p(U_\beta))^r & \xrightarrow{\chi(f_\beta)} & (S^p(U_\beta))^r \end{array}$$

이고, $U_\alpha \cap U_\beta$ 상에서 다음 관계식

$$\chi(f_\beta) = g_{\alpha\beta}^{-1} \cdot \chi(f_\alpha) \cdot g_{\alpha\beta}$$

가 성립하므로 위의 다이어그램이 순환한다. 따라서

$$(\chi|_{U_\alpha})|_{U_\alpha \cap U_\beta} = (\chi|_{U_\beta})|_{U_\alpha \cap U_\beta}$$

가 성립한다. 다시 말해서, $\{\chi|_{U_\alpha}\}$는 X 전체에서 잘 정의된 원소

$$\chi \in S^p(X, \mathrm{Hom}(E, E))$$

를 정의한다.

[보조정리 3.1.12]를 이용하여 다음 정의를 할 수 있다.

정의 3.1.13

임의의 미분다양체 X와 차수가 r인 파이버가 복소벡터공간인 미분벡터번들 $E \to X$에 대하여, $E \to X$ 상에서 정의된 접속 D와 접속행렬 $\theta(f) = \theta(D, f)$를 고려하자. 이때, $\Theta(D, f)$를 다음과 같이 정의하자.

$$\Theta(D, f) = d\theta(f) + \theta(f) \wedge \theta(f)$$

그러면 $\Theta(D, f)$는 2차의 미분형식을 성분으로 갖는 $r \times r$-행렬이고, 성분을 이용하여 나타내면 다음 등식이 성립한다.

$$\Theta_{ij} = d\theta_{ij} + \sum_{k=1}^{r} \theta_{ik} \wedge \theta_{kj}, \quad 1 \le i, j \le r$$

여기서 $\Theta(D, f)$를 접속행렬 $\theta(f)$에 해당하는 **곡률행렬**(curvature matrix)이라 한다.

다음 보조정리가 성립한다.

보조정리 3.1.14

임의의 미분다양체 X와 차수가 r인 파이버가 복소벡터공간인 미분벡터번들 $E \to X$에 대하여, $E \to X$ 상에서 정의된 접속 D와 접속행렬 $\theta(f) = \theta(D, f)$를 고려하자. 틀변환사상 $g : U \to GL(r, \mathbb{C})$에 대하여, 다음이 성립한다.

(1) $g^{-1} \cdot dg + g^{-1} \cdot \theta(f) \cdot g = \theta(f \cdot g)$

(2) $\Theta(f \cdot g) = g^{-1} \cdot \Theta(f) \cdot g$

(3) $(d + \theta(f)) \circ (d + \theta(f))(\xi(f)) = \Theta(D, f)\xi(f)$

(4) 위의 (2)와 [보조정리 3.1.12]의 (2)에 의해, $\{\Theta(D, f_\alpha)\}$가 $S^2(X, \mathrm{Hom}(E, E))$의 원소를 유일하게 결정하고, 이 원소를 간단히 $\Theta_E(D)$ 또는 Θ로 나타낸다. 그리고 $\Theta_E(D)$를 $E \to X$ 상에서 정의된 **접속 D의 곡률**(curvature)이라 부른다. 또한 위의 (3)에 의해, Θ는 다음과 같은 복소수 상에서 선형적인 사상이다.

$$\Theta : S(X, E) \to S^2(X, E)$$

증명

(1) U 상에서 정의된 틀

$$f = \{e_1, e_2, \ldots, e_r\}$$

과 미분가능인 사상 $g : U \to GL(r, \mathbb{C})$에 대하여, [보조정리 3.1.2]에 의해 다음이 성립한다.

$$f' = f \cdot g = \left(\sum_{i=1}^{r} g_{i1} e_i, \sum_{i=1}^{r} g_{i2} e_i, \ldots, \sum_{i=1}^{r} g_{ir} e_i \right) = (e_1', e_2', \ldots, e_r')$$

한편

$$D(e_i') = \sum_{j=1}^{r} \theta_{ji}(f') e_j' = \sum_{j=1}^{r} \sum_{k=1}^{r} \theta_{ji}(f') g_{kj} e_k = \sum_{k=1}^{r} \left(\sum_{j=1}^{r} \theta_{ji}(f') g_{kj} \right) e_k$$

이고

$$\begin{aligned} D(e_i') = D\left(\sum_{j=1}^{r} g_{ji} e_j \right) &= \sum_{j=1}^{r} \left(dg_{ji} \otimes e_j + \sum_{k=1}^{r} g_{ji} \theta_{kj}(f) e_k \right) \\ &= \sum_{k=1}^{r} \left(dg_{ki} + \sum_{j=1}^{r} g_{ji} \theta_{kj}(f) \right) e_k \end{aligned}$$

이므로 다음 등식이 성립한다.

$$g \cdot \theta(f') = dg + \theta(f) \cdot g \text{ 또는 } g^{-1} \cdot dg + g^{-1} \cdot \theta(f) \cdot g = \theta(f \cdot g)$$

(2) 위의 (1)로부터 외미분(exterior derivative)을 통해 다음을 얻을 수 있다.

$$d\theta(f) \cdot g - \theta(f) \wedge dg = dg \wedge \theta(f \cdot g) + g \cdot d\theta(f \cdot g)$$

따라서

$$\begin{aligned} g \cdot d\theta(f \cdot g) &= d\theta(f) \cdot g - \theta(f) \wedge dg - dg \wedge \theta(f \cdot g) \\ &= d\theta(f) \cdot g - \theta(f) \wedge dg - dg \wedge (g^{-1} \cdot dg + g^{-1} \cdot \theta(f) \cdot g) \\ &= d\theta(f) \cdot g - \theta(f) \wedge dg - dg \wedge g^{-1} dg - dg \wedge g^{-1} \cdot \theta(f) \cdot g \end{aligned}$$

가 성립한다. 그런 다음,

$$\theta(f \cdot g) = g^{-1} \cdot dg + g^{-1} \cdot \theta(f) \cdot g$$

와 위의 식을 이용하여 다음이 성립함을 쉽게 보일 수 있다.

$$g \cdot (d\theta(f \cdot g) + \theta(f \cdot g) \wedge \theta(f \cdot g)) = (d\theta(f) + \theta(f) \wedge \theta(f)) \cdot g$$

즉,

$$g \cdot \Theta(f \cdot g) = \Theta(f) \cdot g$$

가 성립한다.

(3) 다음이 성립한다.

$$\begin{aligned} &(d + \theta(f)) \circ (d + \theta(f))(\xi(f)) = (d + \theta(f))(d\xi(f) + \theta(f) \cdot \xi(f)) \\ &= d^2\xi(f) + d\theta(f) \cdot \xi(f) - \theta(f) \wedge d\xi(f) + \theta(f) \wedge d\xi(f) + \theta(f) \wedge \theta(f) \cdot \xi(f) \\ &= (d\theta(f) + \theta(f) \wedge \theta(f))(\xi(f)) \\ &= \Theta(f)(\xi(f)) \end{aligned}$$

(4) 위의 (2)와 [보조정리 3.1.12]의 (2)에 의해 자명하다.

3.2 공변미분과 접속의 존재성

이 절에서는 파이버가 복소벡터공간인 미분벡터번들 $E \to X$ 상에 존재하는 접속을 이용하여 E 값을 갖는 미분형식의 쉬프에서 정의되는 공변미분에 대해 알아본다. 그런 다음, 공변미분과 곡률의 관계 및 그와 관련된 여러 가지 성질을 정리한다. 이 절의 마지막 부분에서는 임의의 에르미트 복소벡터번들 상에서 정의된 접속의 존재성에 관한 결과를 정확하게 서술하고 증명한다.

먼저, 임의의 미분벡터번들에 대하여 공변미분의 정의는 다음과 같다.

정의 3.2.1

임의의 미분다양체 X와 차수가 r인 파이버가 복소벡터공간인 미분벡터번들 $E \to X$에 대하여, $E \to X$ 상에서 정의된 접속 D와 접속행렬 $\theta(f) = \theta(D, f)$를 고려하자. 이때, **공변미분**(covariant derivative)

$$D : S^p(X, E) \to S^{p+1}(X, E), \quad p \geq 0$$

를 다음 등식을 만족하는 작용소로 정의한다.

$$D\xi(f) = d\xi(f) + \theta(f) \wedge \xi(f), \quad \xi \in S^p(X, E)$$

여기서 f는 X의 열린집합에서 정의된 $E \to X$의 한 틀을 나타낸다.

[정의 3.2.1]에서 작용소 D를 얻기 위해, X의 열린집합에서 정의된 $E \to X$의 한 틀을 선택하여 정의했다. 따라서 위의 작용소 D가 잘 정의되었음을 보이기 위해, 선택된 틀에 의존하지 않음을 확인할 필요가 있다. 실제로, 틀변환사상 $g : U \to GL(r, \mathbb{C})$에 대하여 다음이 성립한다.

$$\begin{aligned} g \cdot D\xi(f \cdot g) &= g \cdot (d\xi(f \cdot g) + \theta(f \cdot g) \wedge \xi(f \cdot g)) \\ &= g\big(d(g^{-1} \cdot \xi(f)) + (g^{-1} \cdot dg + g^{-1} \cdot \theta(f) \cdot g) \wedge g^{-1} \cdot \xi(f)\big) \\ &= g \cdot dg^{-1} \wedge \xi(f) + d\xi(f) + dg \wedge g^{-1} \cdot \xi(f) + \theta(f) \wedge \xi(f) \\ &= (g \cdot dg^{-1} + dg \cdot g^{-1}) \wedge \xi(f) + d\xi(f) + \theta(f) \wedge \xi(f) \\ &= d\xi(f) + \theta(f) \wedge \xi(f) \\ &= D\xi(f) \end{aligned}$$

따라서 $g \cdot D\xi(f \cdot g) = D\xi(f)$가 성립한다. 다시 말해서, $\{D\xi(f)\}$가 $S^p(X, E)$의 원소를 잘 정의해 준다. 임의의 미분벡터번들 $E \to X$에 대하여, 공변미분도 기본적으로 접속 D의 접속행렬 $\theta(D, f)$를 이용하여 정의되므로 공변미분과 접속을 나타내기 위해 같은 기호를 사용한다. 하지만, 공변미분과 접속을 나타내기 위해 같은 기호 D를 이용하므로 문맥에 따라 D의 기호의 의미를 정확하게 파악할 필요가 있다.

다음 보조정리가 성립한다.

보조정리 3.2.2

임의의 미분다양체 X와 차수가 r인 파이버가 복소벡터공간인 미분벡터번들 $E \to X$를 고려하자. 이때, $E \to X$ 상에서 정의된 공변미분

$$D: S^p(X, E) \to S^{p+1}(X, E), \ \ p \geq 0$$

에 대하여

$$D^2 = D \circ D: S^p(X, E) \to S^{p+2}(X, E), \ \ p \geq 0$$

일 때, 다음이 성립한다.

(1)
$$D^2 = \Theta$$

여기서 Θ는 $E \to X$ 상에서 정의된 접속 D의 곡률을 나타낸다.

(2) 만약 $E \to X$ 상에서 정의된 접속 D의 곡률 $\Theta = 0$라면 다음 열이 **복합열**(complex sequence)이 된다. 즉 $D^2 = 0$이다.

$$S^0(X, E) \xrightarrow{D} S^1(X, E) \xrightarrow{D} S^2(X, E) \xrightarrow{D} \cdots$$

증명

(1) [보조정리 3.1.14]의 (3)에 의해 보조정리의 결과가 성립한다.

(2) 가정에 의해 자명하다.

정의 3.2.3

임의의 미분다양체 X와 차수가 r인 파이버가 복소벡터공간인 미분벡터번들 $E \to X$에 대하여, 다음이 성립한다.

(1)
$$S^*(X, \mathrm{Hom}(E, E)) = \sum_{p \geq 0} S^p(X, \mathrm{Hom}(E, E))$$

(2) 임의의 $\chi \in S^p(X, \mathrm{Hom}(E, E))$, $\psi \in S^q(X, \mathrm{Hom}(E, E))$와 X의 열린집합 U 상에서 정의된 $E \to X$의 틀 f에 대하여, $[\chi(f), \psi(f)]$를 다음과 같이 정의하자.

$$[\chi(f), \psi(f)] = \chi(f) \wedge \psi(f) - (-1)^{pq} \psi(f) \wedge \chi(f)$$

여기서, 예를 들어, $\chi(f) \wedge \psi(f)$는 $\chi(f)$와 $\psi(f)$가 모두 $M_r(U) \otimes_{\mathbb{C}} S^p(U)$의 원소이므로 행렬곱을 나타낸다.

다음 보조정리가 성립한다.

보조정리 3.2.4

임의의 미분다양체 X와 차수가 r인 파이버가 복소벡터공간인 미분벡터번들 $E \to X$를 고려하자. 임의의 $\chi \in S^p(X, \mathrm{Hom}(E, E))$, $\psi \in S^q(X, \mathrm{Hom}(E, E))$와 X의 열린집합 U 상에서 정의된 $E \to X$의 틀 f에 대하여, 다음이 성립한다.

$$[\chi(f \cdot g), \psi(f \cdot g)] = g^{-1} \cdot [\chi(f), \psi(f)] \cdot g$$

여기서 g는 틀변환사상 $g : U \to GL(r, \mathbb{C})$를 나타낸다. 따라서 $S^*(X, \mathrm{Hom}(E, E))$ 상에 잘 정의된 **리연산**(Lie bracket 또는 Lie product) $[\chi, \psi]$가 존재하고 이 연산에 관해 $S^*(X, \mathrm{Hom}(E, E))$가 리대수(Lie algebra)가 된다.

증명

다음 등식이 성립한다.

$$\chi(f \cdot g) = g^{-1} \cdot \chi(f) \cdot g, \quad \psi(f \cdot g) = g^{-1} \cdot \psi(f) \cdot g$$

따라서

$$\begin{aligned} &[\chi(f \cdot g), \psi(f \cdot g)] \\ &= g^{-1} \cdot \chi(f) \cdot g \wedge g^{-1} \cdot \psi(f) \cdot g - (-1)^{pq} g^{-1} \cdot \psi(f) \cdot g \wedge g^{-1} \cdot \chi(f) \cdot g \\ &= g^{-1} \cdot [\chi(f), \psi(f)] \cdot g \end{aligned}$$

이고, 이것은 $S^*(X, \mathrm{Hom}(E, E))$ 상에 잘 정의된 연산이 존재한다는 것을 의미한다. 이 연산이 실제로 야코비 항등식(Jacobi idenity)을 만족한다는 사실은 참고문헌을 찾아보기 바란다([4] 참고).

미분벡터번들의 곡률에 관해 다음과 같은 잘 알려진 비앙키 항등식이 성립한다.

정리 3.2.5 Bianchi identity, 비앙키 항등식

임의의 미분다양체 X와 파이버가 복소벡터공간인 미분벡터번들 $E \to X$에 대하여, $E \to X$ 상에서 정의된 접속 D와 접속행렬 $\theta(f) = \theta(D, f)$를 고려하자. Θ가 $E \to X$ 상에서 정의된 접속 D의 곡률을 나타낼 때, 다음 등식이 성립한다.

$$d\Theta(f) = [\Theta(f), \theta(f)]$$

여기서 f는 X의 열린집합에서 정의된 $E \to X$의 한 틀을 나타낸다.

증명

증명을 간단히 하기 위해, $\theta=\theta(f)$이고 $\Theta=\Theta(f)$라 하자. 그러면

$$\Theta=d\theta+\theta\wedge\theta,\quad d\Theta=d\theta\wedge\theta-\theta\wedge d\theta$$

이므로 다음 등식이 성립한다.

$$\begin{aligned}[\Theta,\theta]&=[d\theta+\theta\wedge\theta,\theta]=d\theta\wedge\theta+\theta\wedge\theta\wedge\theta-(-1)^{1\cdot 2}(\theta\wedge d\theta+\theta\wedge\theta\wedge\theta)\\&=d\theta\wedge\theta-\theta\wedge d\theta=d\Theta\end{aligned}$$

에르미트 미분벡터번들 $E\to X$ 상에 접속이 항상 존재한다. 이를 보이기 위해, 먼저 다음 논의가 필요하다. $h=\langle\cdot,\cdot\rangle$가 $E\to X$ 상에서 정의된 에르미트 거리함수일 때, $h=\langle\cdot,\cdot\rangle$을 E 값을 갖는 미분형식까지 자연스럽게 확장할 수 있다. 실제로, 임의의 $x\in X$와 임의의 $\omega\in\wedge^p T_x^*(X)$, $\tau\in\wedge^q T_x^*(X)$, 그리고 $\xi,\eta\in E_x$에 대하여

$$\langle\omega\otimes\xi,\tau\otimes\eta\rangle_x=\langle\xi,\eta\rangle_x\,\omega\wedge\bar{\tau}$$

로 정의한다. 위의 정의를 이용하여, 다음과 같은 사상 h를 정의할 수 있다.

$$h=\langle\cdot,\cdot\rangle:S^p(X,E)\otimes S^q(X,E)\to S^{p+q}(X,E)$$

이때, 다음 정의가 성립한다.

정의 3.2.6

임의의 미분다양체 X와 에르미트 거리함수 $h=\langle\cdot,\cdot\rangle$을 갖는 에르미트 복소벡터번들 $E\to X$에 대하여, $E\to X$ 상에서 정의된 접속 D를 고려하자. 접속 D가 다음 등식을 만족할 때, D가 h와 서로 **양립한다**(compatible)고 말한다.

$$d\langle\xi,\eta\rangle=\langle D\xi,\eta\rangle+\langle\xi,D\eta\rangle,\quad \xi\in S^p(X,E),\ \eta\in S^q(X,E)$$

다음 보조정리가 성립한다.

보조정리 3.2.7

임의의 미분다양체 X와 에르미트 거리함수 $h=\langle\cdot,\cdot\rangle$을 갖는 차수가 r인 에르미트 미분벡터번들 $E\to X$에 대하여, 다음이 성립한다.

(1) E 상에서 정의된 접속 D와 h와 서로 양립한다고 가정하자. X의 열린집합 U 상에서 정의된 틀 $f=(e_1,e_2,\ldots,e_r)$과 D의 접속행렬 $\theta(f)=\theta(D,f)$에 대하여

$$h=(h_{ij})_{r\times r},\quad h_{ji}=\langle e_i, e_j\rangle,\ 1\le i,j\le r$$

일 때, 다음 등식이 성립한다.

$$dh=h\cdot\theta(f)+\overline{\theta(f)}^T\cdot h$$

(2) 반대로, E 상에서 정의된 임의의 틀

$$f=(e_1, e_2, \ldots, e_r)$$

과 D의 접속행렬 $\theta(f)=\theta(D, f)$에 대하여

$$dh=h\cdot\theta(f)+\overline{\theta(f)}^T\cdot h$$

가 성립한다고 가정하자. 그러면 접속 D와 h가 서로 항상 양립한다.

증명

(1) 정의에 의해, 다음 등식이 성립한다.

$$\begin{aligned}dh_{ji}&=d\langle e_i, e_j\rangle=\langle De_i, e_j\rangle+\langle e_i, De_j\rangle=\left\langle\sum_{k=1}^{r}\theta_{ki}e_k, e_j\right\rangle+\left\langle e_i, \sum_{k=1}^{r}\theta_{kj}e_k\right\rangle\\&=\sum_{k=1}^{r}\theta_{ki}h_{jk}+\sum_{k=1}^{r}\overline{\theta_{kj}}h_{ki}\\&=(h\cdot\theta)_{ji}+(\overline{\theta}^T\cdot h)_{ji}\end{aligned}$$

(2) 임의의 $\xi\in S^p(X,E)$, $\eta\in S^q(X,E)$에 대하여, 기호를 간단히 하기 위해 $\xi=\xi(f)$이고 $\eta=\eta(f)$라 하자. 그러면 다음 등식이 성립한다.

$$\begin{aligned}d\langle\xi(f),\eta(f)\rangle&=d(\overline{\eta}^T\cdot h\cdot\xi)=(d\overline{\eta})^T\cdot h\cdot\xi+\overline{\eta}^T\cdot dh\cdot\xi+\overline{\eta}^T\cdot h\cdot d\xi\\&=(d\overline{\eta})^T\cdot h\cdot\xi+\overline{\eta}^T\cdot(h\cdot\theta+\overline{\theta}^T\cdot h)\cdot\xi+\overline{\eta}^T\cdot h\cdot d\xi\\&=(d\overline{\eta}+\overline{\theta}\cdot\overline{\eta})^T\cdot h\cdot\xi+\overline{\eta}^T\cdot h\cdot(d\xi+\theta\cdot\xi)\\&=\langle\xi(f), D\eta(f)\rangle+\langle D\xi(f),\eta(f)\rangle\end{aligned}$$

마지막으로 에르미트 미분벡터번들 상에 주어진 에르미트 거리함수와 양립하는 접속이 항상 존재한다는 다음 정리를 서술하고 증명하면서 이 절을 마무리한다. [정리 3.2.8]에서 h와 양립하는 접속은 특별한 조건이 추가로 주어지지 않는다면 일반적으로 유일하지는 않다.

정리 3.2.8 접속의 존재성

임의의 미분다양체 X와 차수가 r인 에르미트 거리함수 h를 갖는 에르미트 미분벡터 번들 $E \to X$에 대하여, h와 양립하는 접속 D가 E 상에 항상 존재한다.

증명

다음 단계에 통해 증명을 완성한다.

(i) 임의의 $x_0 \in X$에 대하여, 그램-슈미트 직교화과정(Gram-Schmidt orthogonalization procedure)을 통해 다음 조건을 만족하는 x_0의 열린근방 U_{x_0}와

$$s_1, s_2, \dots, s_r \in \Gamma(U, E)$$

가 존재한다.

$$h_x(s_i(x), s_j(x)) = \delta_{ij} = \begin{cases} 1, & i = j, \\ 0, & i \neq j \end{cases}, \quad x \in U_{x_0}$$

특히, 이 단계를 통해 X의 열린덮개 $\{U_\alpha\}$와

$$h_x(s_i^\alpha(x), s_j^\alpha(x)) = \delta_{ij} = \begin{cases} 1, & i = j, \\ 0, & i \neq j \end{cases}, \quad x \in U_\alpha$$

를 만족하는 U_α 상에서 정의된 유니터리 틀(unitary frame)

$$f_\alpha = (s_1^\alpha, s_2^\alpha, \dots, s_r^\alpha)$$

를 얻을 수 있다. 따라서 각각의 α에 대하여 $h(f_\alpha) = I_{r \times r}$이 성립한다. 여기서 $I_{r \times r}$은 $r \times r$-항등행렬을 나타낸다. 또한 [보조정리 3.2.7]의 (1)의 등식은 다음과 같이 간단해진다.

$$0 = \theta(f_\alpha) + \overline{\theta(f_\alpha)}^T \text{ 즉 } \theta(f_\alpha) = -\overline{\theta(f_\alpha)}^T$$

(ii) 이제, 각각의 U_α 상에서 $\theta(f_\alpha) = 0$를 만족하는 접속과 그에 대응하는 접속행렬 $\theta(f_\alpha)$를 택하자. 그러면 $\theta(f_\alpha) = 0$이므로 자명하게 $\theta(f_\alpha) = -\overline{\theta(f_\alpha)}^T$를 만족한다. 그리고 임의의 틀변환사상 $g: U \to GL(r, \mathbb{C})$에 대하여, [보조정리 3.1.14]에 의해 다음 등식이 성립해야 한다.

$$\theta(f_\alpha \cdot g) = g^{-1} \cdot dg + g^{-1} \cdot \theta(f_\alpha) \cdot g = g^{-1} dg + g^{-1} \cdot 0 \cdot g = g^{-1} \cdot dg$$

따라서, 임의의 틀변환사상 $g: U \to GL(r, \mathbb{C})$에 대하여

$$\theta(f_\alpha \cdot g) = g^{-1} \cdot dg$$

로 정의하자. 그러면 $h(f_\alpha \cdot g) = \overline{g}^T \cdot h(f_\alpha) \cdot g = \overline{g}^T \cdot g$이므로 다음 등식이 성립한다.

$$\begin{aligned} dh(f_\alpha \cdot g) &= d(\overline{g}^T \cdot g) = d\overline{g}^T \cdot g + \overline{g}^T \cdot dg \\ &= \left(d\overline{g}^T \cdot (\overline{g}^T)^{-1}\right) \cdot \left(\overline{g}^T \cdot g\right) + \left(\overline{g}^T \cdot g\right) \cdot \left(g^{-1} \cdot dg\right) \\ &= \overline{\theta(f_\alpha \cdot g)}^T \cdot h(f_\alpha \cdot g) + h(f_\alpha \cdot g) \cdot \theta(f_\alpha \cdot g) \end{aligned}$$

따라서 각각의 U_α 상에서 위와 같이 정의된 접속행렬 $\theta(f_\alpha \cdot g)$와 $h(f_\alpha \cdot g)$가 서로 양립한다.

(iii) 증명의 마지막 단계로, 먼저 위의 열린덮개 $\{U_\alpha\}$에 의존하는 단위분할 $\{\varphi_\alpha\}$를 택하자. 그리고 각각의 $E|_{U_\alpha}$ 상에서 접속 D_α를 다음과 같이 정의하자.

$$(D_\alpha \xi)(f_\alpha) = d\xi(f_\alpha), \quad \xi \in S(X, E)$$

따라서 틀 f_α에 관해 D_α의 접속행렬 $\theta(f_\alpha) = 0$로 주어지고, 다른 틀 $f_\alpha \cdot g$에 관해 D_α의 접속행렬 $\theta(f_\alpha \cdot g) = g^{-1} \cdot dg$로 주어진다. 또한, 위의 논의에 의해 $E|_{U_\alpha}$ 상에서 D_α와 $h|_{E|_{U_\alpha}}$는 서로 양립한다.

이제, E 상에서 D를 다음과 같이 정의하자.

$$D = \sum_\alpha \varphi_\alpha D_\alpha$$

그러면 $D: S(X, E) \to S^1(X, E)$는 잘 정의된 작용소이고, E 상에서 D와 h와 서로 양립한다. 실제로, 임의의 $\xi, \eta \in S(X, E)$에 대하여 다음 등식이 성립한다.

$$\begin{aligned} &\langle (D\xi)(f_\alpha), \eta(f_\alpha) \rangle + \langle \xi(f_\alpha), (D\eta)(f_\alpha) \rangle \\ &\quad = \sum_\alpha \varphi_\alpha \left(\langle D_\alpha \xi(f_\alpha), \eta(f_\alpha) \rangle + \langle \xi(f_\alpha), D_\alpha \eta(f_\alpha) \rangle \right) \\ &\quad = \sum_\alpha \varphi_\alpha d \langle \xi(f_\alpha), \eta(f_\alpha) \rangle = \sum_\alpha \varphi_\alpha dh_\alpha = \sum_\alpha \varphi_\alpha dh_\alpha + \sum_\alpha d\varphi_\alpha h_\alpha \\ &\quad = \sum_\alpha d(\varphi_\alpha h_\alpha) = d\left(\sum_\alpha \varphi_\alpha h_\alpha \right) \\ &\quad = d \langle \xi(f_\alpha), \eta(f_\alpha) \rangle \end{aligned}$$

여기서 $h_\alpha = \langle \xi(f_\alpha), \eta(f_\alpha) \rangle$를 나타낸다. 또한 위에서 네 번째 등식을 얻기 위

해 $\sum_{\alpha} d\varphi_\alpha = 0$임을 이용했다. 결론적으로, 위의 국소적 계산을 통해 다음이 성립함을 알 수 있다.

$$\langle D\xi, \eta\rangle + \langle \xi, D\eta\rangle = d\langle \xi, \eta\rangle$$

3.3 에르미트 복소해석적 벡터번들의 접속과 곡률

이 절에서는 에르미트 복소해석적 벡터번들(Hermitian holomorphic vector bundle)의 표준접속(canonical connection)과 곡률(curvature)의 정의를 알아보고 그와 관련된 여러 가지 성질을 정리한다.

정의 3.3.1

임의의 복소다양체 X와 복소해석적 벡터번들 $E \to X$에 대하여, 미분벡터번들 E 상에 에르미트 거리함수 h가 주어져 있다고 가정하자. 이때, $(E \to X, h)$ 또는 간단히 $E \to X$를 **에르미트 복소해석적 벡터번들**(Hermitian holomorphic vector bundle)이라 한다.

복소다양체 X와 복소해석적 벡터번들 $E \to X$에 대하여, 다음이 성립한다.

$$S^*(E) = \sum_{r \geq 0} S^r(E) = \sum_{r \geq 0} \sum_{p+q=r} S^{p,q}(E) = \sum_{r \geq 0} \sum_{p+q=r} S_X^{p,q} \otimes_{S_X} S(E)$$

특히, D가 E 상에 접속일 때,

$$D: S(X, E) \to S^1(X, E) = S^{1,0}(X, E) \oplus S^{0,1}(X, E)$$

이므로 D가 다음과 같이 $D = D^{1,0} + D^{0,1}$으로 분리된다.

$$D^{1,0}: S(X, E) \to S^{1,0}(X, E), \quad D^{0,1}: S(X, E) \to S^{0,1}(X, E)$$

여기서 $D^{1,0}$와 $D^{0,1}$을 각각 D의 **복소해석적 부분**(holomorphic part)과 **반복소해석적 부분**(anti-holomoprhic part)이라 부른다.

다음 정리가 성립한다.

정리 3.3.2 표준접속의 존재성

임의의 복소다양체 X와 에르비트 복소해석적 벡터번들 $(E \to X, h)$에 대하여, E 상에 다음 조건을 만족하는 **표준접속**(canonical connection) 또는 **천접속**(Chern connection)

$D(h)$가 유일하게 존재한다.

(1) X의 임의의 열린집합 W와 $\xi, \eta \in S(W, E)$에 대하여,

$$d\langle \xi, \eta \rangle = \langle D\xi, \eta \rangle + \langle \xi, D\eta \rangle$$

즉 D와 h가 서로 양립한다.

(2) X의 임의의 열린집합 W와 $\xi \in O(W, E)$에 대하여, $D^{0,1}(\xi) = 0$이다. 즉 W 상에서 정의된 E의 임의의 복소해석적 절편 ξ에 대하여, $D^{0,1}(\xi) = 0$이다.

증명

복소해석적 벡터번들 $E \to X$의 차수가 r이라 할 때, 다음 단계를 통해 증명을 완료한다.

(i) 증명을 위해, 먼저 위의 두 조건 (1)과 (2)를 만족하는 접속 $D(h)$가 존재한다고 가정하자. X의 열린집합 U와 U 상에서 정의된 복소해석적 틀(holomorphic frame)

$$f = (e_1, e_2, \ldots, e_r)$$

에 대하여, 접속 $D(h)$에 해당하는 접속행렬을 $\theta(f)$라 하자. 그러면, 임의의 $\xi \in O(U, E)$에 대하여 다음 등식이 성립한다.

$$\begin{aligned} D\xi(f) &= (d + \theta(f))\xi(f) = (\partial + \theta^{1,0}(f))\xi(f) + (\bar{\partial} + \theta^{0,1}(f))\xi(f) \\ &= D^{1,0}\xi(f) + D^{0,1}\xi(f) \\ &= D^{1,0}\xi(f) \end{aligned}$$

한편, 임의의 $\xi \in O(U, E)$에 대하여 $\bar{\partial}\xi(f) = 0$이므로 $\theta^{0,1}(f) = 0$이다. 즉 접속행렬 $\theta(f)$는 항상 $(1, 0)$-형식이다. 또한 조건 (1)에 의해 $D(h)$와 h가 서로 양립하므로

$$(\partial + \bar{\partial})h(f) = dh(f) = h(f) \cdot \theta(f) + \overline{\theta(f)}^T \cdot h(f)$$

이다. 위 등식에서 양변의 형식(type)을 조사하여 다음이 성립함을 알 수 있다.

$$\partial h(f) = h(f) \cdot \theta(f), \quad \bar{\partial} h(f) = \overline{\theta(f)}^T \cdot h(f)$$

따라서 $\theta(f) = h(f)^{-1} \cdot \partial h(f)$이다.

(ii) 위의 (i)에 의해, X의 열린집합 U와 U 상에서 정의된 복소해석적 틀(holomorphic frame)

$$f = (e_1, e_2, \ldots, e_r)$$

에 대하여, 접속 $D(h)$에 해당하는 접속행렬을 $\theta(f)$를 다음과 같이 정의하자.

$$\theta(f) = h(f)^{-1} \cdot \partial h(f)$$

그러면 정의에 의해, $\theta(f)$가 U 상에서 조건 (1)과 (2)를 만족한다. 한편, 복소해석적 틀변환사상 $g : U \to GL(r, \mathbb{C})$에 대하여 다음이 성립한다.

$$\begin{aligned} g \cdot \theta(f \cdot g) &= g \cdot (h(f \cdot g)^{-1} \cdot \partial h(f \cdot g)) \\ &= g \cdot (g^{-1} \cdot h(f)^{-1} \cdot (\overline{g}^T)^{-1}) \cdot \partial(\overline{g}^T \cdot h(f) \cdot g) \\ &= h(f)^{-1} \cdot \partial h(f) \cdot g + dg \\ &= \theta(f) \cdot g + dg \end{aligned}$$

위의 두 번째와 세 번째 등식에서 $h(f \cdot g) = \overline{g}^T \cdot h(f) \cdot g$이고 $\overline{\partial} g = 0$(즉, $dg = \partial g$)이라 사실을 각각 이용했다. 결론적으로, [보조정리 3.1.14]에 의해 $\{\theta(f)\}$가 X 전체에서 E 상에 접속 $D(h)$를 정의한다.

(iii) 위의 (ii)에 의해, 조건 (1)과 (2)를 만족하는 접속은 주어진 에르미트 거리함수 h에만 의존하고 또한 h에 의해 유일하게 결정된다.

다음 보조정리가 성립한다.

보조정리 3.3.3

임의의 복소다양체 X와 에르비트 복소해석적 벡터번들 $(E \to X, h)$에 대하여, E 상에서 정의되는 표준접속과 그에 대응하는 곡률을 각각 D와 Θ라 하자. X의 열린집합 U 상에서 정의되는 복소해석적 틀 f에 대하여, 다음이 성립한다.

(1) $\partial\theta(f) = -\theta(f) \wedge \theta(f)$

(2) $\Theta(f) = \overline{\partial}\theta(f)$이고 따라서 $\Theta(f)$는 $(1, 1)$-형식이다.

(3) $\overline{\partial}\Theta(f) = 0$이고 $\partial\Theta(f) = [\Theta(f), \theta(f)]$이다.

증명

증명을 간단히 하기 위해, $h = h(f)$, $\theta = \theta(f)$, 그리고 $\Theta = \Theta(f)$라 하자.

(1)

$$\partial h^{-1} = -h^{-1} \cdot \partial h \cdot h^{-1}, \ \partial^2 = 0$$

임을 이용하여 다음 등식이 성립한다는 사실을 쉽게 보일 수 있다.

$$\partial\theta = \partial(h^{-1} \cdot \partial h) = \partial h^{-1} \wedge \partial h + h^{-1} \cdot \partial^2 h = -h^{-1} \cdot \partial h \wedge h^{-1} \cdot \partial h = -\theta \wedge \theta$$

(2) 위의 (1)에 의해, 다음 등식이 성립한다.

$$\Theta = d\theta + \theta \wedge \theta = (\partial + \overline{\partial})\theta + \theta \wedge \theta = \overline{\partial}\theta$$

(3) 위의 (2)와 비앙키 항등식 [정리 3.2.5]에 의해 다음이 성립한다.

$$\partial\Theta = \partial\Theta + \overline{\partial}\,\overline{\partial}\theta = (\partial + \overline{\partial})\Theta = d\Theta = [\Theta, \theta]$$

예제 3.3.4

$K = \mathbb{C}$일 때, 그라스만다양체 $Gr_{r,n}(K)$와 $Gr_{r,n}(K)$ 상에서 정의된 보편번들

$$\pi : U_{r,n}(K) \to Gr_{r,n}(K)$$

에 대하여 $U_{r,n}(K)$ 상에서 표준접속을 구체적으로 구해보자.

(i) 이를 위해 $Gr_{r,n}(K)$의 열린집합 U에서 정의된 $U_{r,n}(K) \to Gr_{r,n}(K)$의 복소해석적 틀

$$f = (e_1, e_2, \ldots, e_r), \quad e_1 \wedge e_2 \wedge \cdots \wedge e_r \neq 0$$

를 택하자. 이때, f를 각각의 열이 e_i이고 차수가 r인 $n \times r$-행렬로 보자. 그런 다음 $U_{r,n}(K)$ 상에 에르미트 거리함수를 각각의 틀 f에 대하여

$$h(f) = \overline{f}^T \cdot f$$

로 정의하자. 그러면

$$\begin{aligned}\overline{z}^T \cdot h(f) \cdot z &= \overline{z}^T \cdot (\overline{f}^T \cdot f) \cdot z \\ &= \overline{f \cdot z}^T \cdot (f \cdot z) = |f \cdot z|^2 > 0, \ z(\neq 0) \in \mathbb{C}^r\end{aligned}$$

이므로 $h(f)$는 양의 정부호를 갖는 거리함수이다. 또한 g가 틀변환사상을 나타낼 때, 다음 등식이 성립한다.

$$h(f \cdot g) = (\overline{f \cdot g})^T \cdot (f \cdot g) = \overline{g}^T \cdot (\overline{f}^T \cdot f) \cdot g = \overline{g}^T \cdot h(f) \cdot g$$

따라서 $\{h(f)\}$가 $U_{r,n}(K) \to Gr_{r,n}(K)$ 상에 에르미트 거리함수를 정의한다.

(ii) [정리 3.3.2]와 [보조정리 3.3.3]에 의해, $U_{r,n}(K)$ 상에 표준접속과 곡률은 다음과 같이 주어진다.

$$\theta(f) = h(f)^{-1}\partial h(f), \quad \Theta(f) = \overline{\partial}(h(f)^{-1}\partial h(f))$$

기호를 간단히 하기 위해, $h = h(f)$, $\theta = \theta(f)$, 그리고 $\Theta = \Theta(f)$라 할 때 다음

이 성립한다.

$$
\begin{aligned}
\Theta &= \bar{\partial}(h^{-1}\cdot \partial h) = \bar{\partial}(h^{-1}\cdot \partial(\overline{f}^T\cdot f)) = \bar{\partial}(h^{-1}\cdot (\partial\overline{f}^T\cdot f + \overline{f}^T\cdot \partial f)) \\
&= \bar{\partial}(h^{-1}\cdot \overline{f}^T\cdot \partial f) \\
&= \bar{\partial}h^{-1}\wedge \overline{f}^T\cdot \partial f + h^{-1}\cdot \bar{\partial}\overline{f}^T\wedge \partial f \\
&= -h^{-1}\cdot \bar{\partial}h\cdot h^{-1}\wedge \overline{f}^T\cdot \partial f + h^{-1}\cdot \bar{\partial}\overline{f}^T\wedge \partial f \\
&= -h^{-1}\cdot (\bar{\partial}\overline{f}^T\cdot f)\cdot h^{-1}\wedge \overline{f}^T\cdot \partial f + h^{-1}\cdot \bar{\partial}\overline{f}^T\wedge \partial f \\
&= -h^{-1}\cdot d\overline{f}^T\cdot f\cdot h^{-1}\wedge \overline{f}^T\cdot df + h^{-1}\cdot d\overline{f}^T\wedge df
\end{aligned}
$$

여기서

$$\bar{\partial}h^{-1} = -h^{-1}\cdot \bar{\partial}h\cdot h^{-1},\ d = \partial + \bar{\partial},\ \bar{\partial}f = 0,\ \text{그리고}\ \partial\bar{\partial} = -\bar{\partial}\partial$$

이라는 사실을 이용했다.

(iii) 특히, $r=1$일 때 $Gr_{1,n}(K) = \mathbb{P}^{n-1}$이고

$$f = (e_1) = \begin{bmatrix} \xi_1 \\ \xi_2 \\ \vdots \\ \xi_n \end{bmatrix}$$

이다. 또한

$$
\begin{aligned}
\Theta(f) &= -\frac{\langle f, f\rangle\langle df, df\rangle - \langle df, f\rangle\wedge\langle f, df\rangle}{\langle f, f\rangle^2} \\
&= -\frac{|f|^2\sum_{i=1}^{n} d\xi_i\wedge d\overline{\xi_i} - \sum_{i,j=1}^{n}\overline{\xi_i}\xi_j d\xi_i\wedge d\overline{\xi_j}}{|f|^4}
\end{aligned}
$$

로 주어진다. 여기서 $|f|^2 = \langle f, f\rangle = \overline{f}^T\cdot f$를 나타낸다.

임의의 n-차원 복소다양체 X와 차수가 r인 에르비트 복소해석적 벡터번들 $(E\to X, h)$를 고려하자. 임의의 점 $p\in X$와 $\varphi(0)=p$를 만족하는 p 근방의 복소해석적 좌표계

$$\varphi : (V, (z_1, z_2, \ldots, z_n)) \to X,\ \ 0\in V\subset \mathbb{C}^n$$

에 대하여, $U(\subset \varphi(V))$ 상에서 정의된 $E\to X$의 복소해석적 틀

$$f = (e_1, e_2, \ldots, e_r),$$

에르미트 거리함수 h, 접속 θ, 그리고 곡률 Θ 등을 다음과 같이 나타내자.

$$f(z)=f(\varphi(z)),\ h(z)=h(\varphi(z)),\ \theta(z)=\theta(\varphi(z)),\quad \Theta(z)=\Theta(\varphi(z)),\ z\in V$$

다음 보조정리는 특정한 점에서 복소해석적 벡터번들의 곡률을 계산할 때 유용하게 이용된다.

보조정리 3.3.5

다음 두 조건을 만족하는 복소해석적 틀 f가 p의 적당한 열린근방 $W(\subset\varphi(V))$ 상에 존재한다.

(1) $h(z)=I_{r\times r}+O(|z|^2),\ \ z\in W$

(2) $\Theta(0)=\bar{\partial}\partial h(0)$

증명

(i) 먼저 위의 조건 (1)을 만족하는 복소해석적 틀 f가 존재한다고 가정하자. 그러면 다음 등식이 성립한다.

$$h^{-1}(z)=I_{r\times r}+O(|z|^2),\ \ z\in\varphi^{-1}(W)\subset V\subset\mathbb{C}^n$$

따라서

$$\Theta(z)=\bar{\partial}\theta(z)=\bar{\partial}(h^{-1}(z)\cdot\partial h(z))=\bar{\partial}\partial h(z)+O(|z|^2)$$

이고, $\Theta(0)=\bar{\partial}\partial h(0)$가 성립한다.

(ii) 이제 조건 (1)을 만족하는 복소해석적 틀 f가 존재함을 보인다. 실제로, 임의로 고정된 틀 f_1에 대하여 $h(0)$는 양의 정부호를 갖는 에르미트 행렬(Hermitian matrix)이므로

$$\overline{g_0}^T\cdot h(0)\cdot g_0=I_{r\times r}$$

을 만족하는 행렬 $g_0\in GL(r,\mathbb{C})$가 존재한다. 따라서 g_0를 이용하여 $g_1(0)=g_0$를 만족하는 p의 적당한 열린근방 W 상에서 틀변환사상 $g_1:W\to GL(r,\mathbb{C})$를 얻을 수 있다. 그런 다음, $\tilde{f}=f_1\cdot g_1$라 할 때 테일러 정리에 의해 다음 등식이 성립한다.

$$\begin{aligned}\tilde{h}(z)&=h(\tilde{f}(z))=h(f_1(z)\cdot g_1(z))=\overline{g_1(z)}^T\cdot h(f_1(z))\cdot g_1(z)\\&=I_{r\times r}+O(|z|),\ \ z\in W\end{aligned}$$

(iii) 위의 (ii)에 의해, 다음 등식을 만족하는 에르미트 거리함수 h와 복소해석적 틀 f_2가 p의 열린근방 $W\subset\varphi(V)$상에 존재한다고 가정해도 된다.

$$h(z)=I_{r\times r}+O(|z|),\ \ z\in W$$

이제, 조건 (1)을 만족하는 에르미트 거리함수를 얻기 위해 다음과 같은 특별한 형태의 틀변환사상 g_2를 고려하자.

$$g_2(z) = I_{r\times r} + A(z) = I_{r\times r} + \left(\sum_{k=1}^{n} A_{ij}^{k} z_k\right)_{r\times r}$$

여기서 A_{ij}^{k}는 복소수 값을 갖는 상수를 나타낸다. 그러면 $A(0)=0$이므로

$$h(f_2(z)\cdot g_2(z)) = \overline{g_2(z)}^T \cdot h(f_2(z)) \cdot g_2(z) = I_{r\times r} + O(|z|),\ \ z\in W$$

이다.

(iv) 마지막으로, $h(z)=I_{r\times r}+O(|z|^2)$라는 조건을 얻기 위해 A_{ij}^{k}를 더 세심하게 선택할 필요가 있다. 이를 위해, 만약 g_2가

$$\tilde{h}(z) = h(f_2(z)\cdot g_2(z)) = \overline{g_2(z)}^T \cdot h(f_2(z)) \cdot g_2(z) = I_{r\times r} + O(|z|^2),\ \ z\in W$$

를 만족한다고 가정하면 $d\tilde{h}(0)=0$가 되어야 한다. 한편 $A^*(z)=\overline{A(z)}^T$라 할 때,

$$\begin{aligned} d\tilde{h}(z) &= d\big((I+A^*(z))\cdot h(z)\cdot (I+A(z))\big) \\ &= d(h(z)+h(z)\cdot A(z)+A^*(z)\cdot h(z)+A^*\cdot h(z)\cdot A(z)) \\ &= dh(z)+d(h(z)\cdot A(z))+d(A^*(z)\cdot h(z))+O(|z|) \end{aligned}$$

이고 $A(0)=0$이며 $h(0)=I_{r\times r}$이므로

$$\begin{aligned} 0 = d\tilde{h}(0) &= \partial h(0)+\bar{\partial} h(0)+dA(0)+dA^*(0) \\ &= \partial h(0)+\bar{\partial} h(0)+\partial A(0)+\bar{\partial} A^*(0) \end{aligned}$$

이다. 따라서

$$A_{ij}^{k} = -\frac{\partial h_{ij}(0)}{\partial z_k},\ \ 1\le i,j\le r,\ 1\le k\le n$$

이라 정의하면, $\partial A(0)=-\partial h(0)$이고 $\bar{\partial} A^*(0)=-\bar{\partial} h(0)$이므로 위의 조건 (1)을 만족하는 복소해석적 틀 $f=f_2\cdot g_2$를 W 상에서 얻을 수 있다.

[보조정리 3.3.5]의 조건 (1)과 (2)를 만족하는 구체적인 예를 그라스만다양체 $Gr_{r,n}(K)$ 상에서 정의된 보편번들 $U_{r,n}(K)$의 표준접속과 곡률에서 찾아볼 수 있다 ([13, p. 84]).

3.4 미분벡터번들의 천류

이 절에서는 미분벡터번들의 위상적 및 기하학적 성질을 파악하는 데 유용하게 이용되는 천류(Chern class)의 미분기하학적인 정의를 알아보고 그와 관련된 여러 가지 성질을 정리한다.

이를 위해, 먼저 다음 정의부터 시작한다.

정의 3.4.1

임의의 자연수 $r \geq 1$에 대하여, 다음 정의가 성립한다.

(1) $M_r(\mathbb{C})$ 또는 간단히 M_r을 복소수를 성분으로 갖는 모든 $r \times r$-행렬의 모임이라 하자.

(2) 다음 조건을 만족하는 k-다중선형사상(k-linear form)

$$\widetilde{\varphi}_k : \underbrace{M_r \times M_r \times \cdots \times M_r}_{(k\text{번})} \to \mathbb{C}$$

를 ***GL*(r,$\mathbb{C}$)-불변적**(invariant) 또는 간단히 **불변적**이라 말한다.

$$\widetilde{\varphi}_k(gA_1g^{-1}, gA_2g^{-1}, \ldots, gA_kg^{-1}) = \widetilde{\varphi}_k(A_1, A_2, \ldots, A_k)$$

여기서 $g \in GL(r, \mathbb{C})$, $A_i \in M_r$, $1 \leq i \leq k$이다.

(3) $\widetilde{I}_k(M_r)$은 M_r 상에서 정의된 k-다중선형사상 $\widetilde{\varphi}_k$로 이루어진 복소벡터공간을 나타낸다.

다음 보조정리가 성립한다.

보조정리 3.4.2

임의의 자연수 $r \geq 1$과 $\widetilde{\varphi}_k \in \widetilde{I}_k(M_r)$에 대하여, 다음이 성립한다.

(1) 다음과 같이 정의된 함수

$$\varphi : M_r \to \mathbb{C}, \ \ \varphi(A) = \widetilde{\varphi}_k(A, A, \ldots, A), \ \ A \in M_r$$

이 A의 성분에 관해 차수가 k인 동차다항식(homogeneous polynomial of degree k in the entries of A)이다.

(2) 임의의 $A \in M_r$과 $g \in GL(r, \mathbb{C})$에 대하여, 다음 등식이 성립한다.

$$\varphi(gAg^{-1}) = \varphi(A)$$

즉 φ가 $GL(r,\mathbb{C})$-불변적이다.

(3) $I_k(M_r)$을 M_r 상에서 정의된 차수가 k인 $GL(r,\mathbb{C})$-불변적 동차다항식의 모임이라 하자. 임의의 $\varphi \in I_k(M_r)$에 대하여, 다음 조건 (i)과 (ii)를 만족하는 $GL(r,\mathbb{C})$-불변적 사상

$$\widetilde{\varphi}_k : \underbrace{M_r \times M_r \times \cdots \times M_r}_{(k\text{번})} \to \mathbb{C}$$

가 존재한다.

(i) 임의의 $A \in M_r$에 대하여, $\widetilde{\varphi}_k(A, A, \ldots, A) = \varphi(A)$이다.

(ii) 임의의 $A_1, A_2, \ldots, A_k \in M_r$과 $1 \le i < j \le k$에 대하여, 다음 등식이 성립한다.

$$\widetilde{\varphi}_k(A_1, A_2, \ldots, A_i, \ldots, A_j, \ldots, A_k) = \widetilde{\varphi}_k(A_1, A_2, \ldots, A_j, \ldots, A_i, \ldots, A_k)$$

증명

(1) 임의의 상수 $c \in \mathbb{C}$와 $A \in M_r$에 대하여, 다음 등식이 성립한다.

$$\varphi(cA) = \widetilde{\varphi}_k(cA, cA, \ldots, cA) = c^k \widetilde{\varphi}_k(A, A, \ldots, A) = c^k \varphi(A)$$

따라서 φ는 A의 성분에 관해 차수가 k인 동차다항식이다.

(2) φ의 정의에 의해 자명하다.

(3) $k=2$인 경우만 증명하면 다음과 같다. 실제로,

$$\widetilde{\varphi}_2(A_1, A_2) = \frac{1}{2}(\varphi(A_1 + A_2) - \varphi(A_1) - \varphi(A_2)), \quad A_1, A_2 \in M_r$$

이라 정의하자. 그러면 $\widetilde{\varphi}_2$가 $GL(r,\mathbb{C})$-불변적이고

$$\widetilde{\varphi}_2(A_1, A_2) = \widetilde{\varphi}_2(A_2, A_1), \quad A_1, A_2 \in M_r$$

이다. 또한

$$\widetilde{\varphi}_2(A, A) = \varphi(A), \quad A \in M_r$$

이다. 일반적으로, $\widetilde{\varphi_k}$를 다음과 같은 **극성화**(polarization)를 통해 정의할 수 있다.

$$\widetilde{\varphi}_k(A_1, A_2, \ldots, A_k) = \frac{(-1)^k}{k!} \sum_{j=1}^{k} \sum_{i_1 < i_2 < \cdots < i_j} (-1)^j \varphi(A_{i_1} + A_{i_2} + \cdots + A_{i_j})$$

예제 3.4.3

행렬식

$$\det : M_r \to \mathbb{C},\ A \mapsto \det(A)$$

는 그 정의에 의해 $I_r(M_r)$의 원소이다. 또한, 임의의 $A \in M_r$과 항등행렬 $I_{r\times r}$에 대하여

$$\det(I_{r\times r} + tA) = \sum_{k=0}^{r} \Phi_k(A) t^k,\ \ \Phi_k \in I_k(M_r)$$

이다. 여기서 만약 $A \in M_r(\mathbb{R})$이면 $\Phi_k(A) \in \mathbb{R}$이고, $\Phi_k(A)$는 A의 성분에 관해 차수가 k인 $GL(r, \mathbb{C})$-불변적 동차다항식이다. 예를 들어,

$$\Phi_0(A) = 1,\ \Phi_1(A) = \mathrm{tr}(A),\ \Phi_r(A) = \det(A)$$

이다.

정의 3.4.4

임의의 미분다양체 X와 차수가 r인 복소벡터번들(즉, 파이버가 복소벡터공간인 미분벡터번들) $E \to X$를 고려하자. 임의의 자연수 $r \geq 1$과 $\varphi \in \tilde{I}_k(M_r)$에 대하여, 다음이 성립한다.

(1) X의 열린집합 U에 대하여, φ_U는

$$S^p(U, \mathrm{Hom}(E, E)) \cong M_r(U) \otimes_{S_X(U)} S^p(U)$$

상에서 다음과 같이 정의된 k-다중선형사상이다.

$$\begin{aligned}\varphi_U : M_r(U) \otimes_{S_X(U)} S^p(U) \times M_r(U) \otimes_{S_X(U)} S^p(U) \times \cdots \times M_r(U) \otimes_{S_X(U)} S^p(U) \\ \to S^{pk}(U), \\ \varphi_U(A_1 \otimes \omega_1, A_2 \otimes \omega_2, \ldots, A_k \otimes \omega_k) = \omega_1 \wedge \omega_2 \wedge \cdots \wedge \omega_k \varphi(A_1, A_2, \ldots, A_k)\end{aligned}$$

다시 말해서, f가 복소벡터번들 $E \to X$의 한 틀일 때 φ_U를 다음과 같이 정의한다.

$$\begin{aligned}\varphi_U(\xi_1, \xi_2, \ldots, \xi_k) = \varphi_U(\xi_1(f), \xi_2(f), \ldots, \xi_k(f)), \\ \xi_i \in S^p(U, \mathrm{Hom}(E, E)),\ 1 \leq i \leq k\end{aligned}$$

(2) 위의 (1)의 정의는 복소벡터번들 $E \to X$의 틀의 선택에 의존하지 않는다. 즉 f가 복소벡터번들 $E \to X$의 한 틀이고 g가 틀변환사상을 나타낼 때, 다음 등식이 성립한다.

$$\begin{aligned}&\varphi_U(\xi_1(f\cdot g),\xi_2(f\cdot g),\ \ldots,\xi_k(f\cdot g))\\&=\varphi_U(g^{-1}\cdot\xi_1(f)\cdot g,g^{-1}\cdot\xi_2(f)\cdot g,\ \ldots,g^{-1}\cdot\xi_k(f)\cdot g)\\&=\varphi_U(\xi_1(f),\xi_2(f),\ \ldots,\xi_k(f))\end{aligned}$$

(3) 위의 (2)에 의해, $\{\varphi_U\}$는 $S^p(X,\mathrm{Hom}(E,E))$의 원소

$$\tilde{\varphi}_X:\underbrace{S^p(X,\mathrm{Hom}(E,E))\times S^p(X,\mathrm{Hom}(E,E))\times\cdots\times S^p(X,\mathrm{Hom}(E,E))}_{(k\text{번})}\to S^{pk}(X)$$

를 정의한다.

(4) $\varphi\in\tilde{I}_k(M_r)$에 대응하는 $I_k(S^p(X,\mathrm{Hom}(E,E)))$의 원소

$$\varphi_X:S^p(X,\mathrm{Hom}(E,E))\to S^{pk}(X)$$

를 다음 등식을 이용하여 정의한다.

$$\varphi_X(\xi)=\tilde{\varphi}_X(\xi,\xi,\ \ldots,\xi),\ \ \xi\in S^p(X,\mathrm{Hom}(E,E))$$

다음과 같은 잘 알려진 정리가 성립한다. 자세한 증명은 참고문헌을 찾아 보기 바란다([13, p. 86]).

정리 3.4.5

임의의 미분다양체 X와 차수가 r인 복소벡터번들 $E\to X$에 대하여, $E\to X$ 상에 접속

$$D:S^0(X,E)\to S^1(X,E)$$

와 D의 곡률 $\Theta_E(D)$를 고려하자. 임의의 자연수 $r\geq 1$과 $\varphi\in\tilde{I}_k(M_r)$에 대하여, 다음이 성립한다.

(1) $\varphi_X(\Theta_E(D))$는 X 전체에서 정의된 닫힌 $2k$-형식이다.

(2) 드람코호몰로지 군 $H^{2k}(X,\mathbb{C})$의 원소 $[\varphi_X(\Theta_E(D))]$는 접속 D의 선택에 의존하지 않는다.

위의 논의와 [정리 3.4.5]를 이용하여 일반적인 복소벡터번들의 천형식(Chern form)과 천류(Cherm class)를 다음과 같이 정의한다.

정의 3.4.6

임의의 미분다양체 X와 차수가 r인 복소벡터번들 $E\to X$에 대하여, $E\to X$ 상에 접속

$$D: S^0(X, E) \to S^1(X, E)$$

와 D의 곡률 $\Theta_E(D)$를 고려하자. 이때, 다음이 성립한다.

(1) **접속 D에 관한 복소벡터번들 E의 k-번째 천형식**(k-th Chern form of E relative to D) $c_k(E, D)$를 다음과 같이 정의한다.

$$c_k(E, D) = (\Phi_k)_X\left(\frac{i}{2\pi}\Theta_E(D)\right) \in S^{2k}(X), \quad k = 0, 1, \ldots, r$$

여기서 Φ_k는 $\det(I_{r\times r} + tA) = \sum_{k=0}^{r} \Phi_k(A)t^k$를 만족하는 A의 성분에 관해 차수가 k인 $GL(r, \mathbb{C})$-불변적 동차다항식을 나타낸다.

(2) **복소벡터번들 E의 k-번째 천류**(k-th Chern class of E) $c_k(E)$를 다음과 같이 정의한다.

$$c_k(E) = [c_k(E, D)] \in H^{2k}(X, \mathbb{C})$$

(3) **접속 D에 관한 복소벡터번들 E의 천형식**(total Chern form of E relative to D) $c(E, D)$를 다음과 같이 정의한다.

$$c(E, D) = \sum_{k=0}^{r} c_k(E, D)$$

(4) **복소벡터번들 E의 천류**(total Chern class of E) $c(E)$를 다음과 같이 정의한다.

$$c(E) = \sum_{k=0}^{r} c_k(E) \in \oplus_{k=0}^{r} H^{2k}(X, \mathbb{C})$$

에르미트 복소벡터번들 상에 존재하는 에르미트 거리함수와 양립하는 접속의 경우에는 천류가 실수 계수를 갖는 드람코호몰로지 군의 원소가 된다. 실제로 다음 정리가 성립한다.

정리 3.4.7

임의의 미분다양체 X와 차수가 r인 에르미트 복소벡터번들 $(E \to X, h)$에 대하여, 에르미트 거리함수 h와 양립하는 접속을 $D(h)$라 하자. 이때, $D(h)$에 관한 E의 천형식 $c(E, D(h))$는 다음을 만족한다.

$$c(E) = [c(E, D(h))] \in H^*(X, \mathbb{R}) \subset H^*(X, \mathbb{C})$$

증명

(i) 먼저 [정리 3.4.5]의 (2)에 의해, $[c(E)]=[c(E, D(h)]$이다.

(ii) f가 $E \to X$의 한 틀이라 할 때,

$$dh = h \cdot \theta + \overline{\theta}^T \cdot h$$

이므로 다음 등식이 성립한다. 여기서 기호를 간단히 하기 위해 에르미트 거리함수 $h(f)$와 접속행렬 $\theta(f)$를 각각 h와 θ로 나타냈다. 접속의 곡률 $\Theta(f)$를 Θ로 나타낼 때,

$$\begin{aligned} 0 = d^2h &= dh \wedge \theta + h \cdot d\theta + d\overline{\theta}^T \cdot h - \overline{\theta}^T \wedge dh \\ &= h \cdot (\theta \wedge \theta + d\theta) + (d\overline{\theta}^T - \overline{\theta}^T \wedge \overline{\theta}^T) \cdot h \\ &= h \cdot \Theta + \overline{\Theta}^T \cdot h \end{aligned}$$

이다. 위에서 마지막 등식을 얻기 위해 $(\theta \wedge \theta)^T = -\overline{\theta}^T \wedge \overline{\theta}^T$라는 사실을 이용했다.

(iii) 이제, $h(f) = I_{r \times r}$을 만족하는 틀 f를 택하자. 그러면 위의 (ii)로부터 다음 등식이 성립함을 알 수 있다.

$$0 = \Theta + \overline{\Theta}^T$$

즉 $\Theta = \Theta(f)$는 2-형식을 성분으로 갖는 반에르미트 행렬(skew-Hermitian matrix)이다. 이를 이용하여,

$$\alpha := c(E, D, f) = \det\left(I_{r \times r} + \frac{i}{2\pi}\Theta(f)\right)$$

가 $\alpha = \overline{\alpha}$를 만족함을 보일 수 있다. 실제로,

$$\det\left(h(f) + \frac{i}{2\pi}\Theta(f) \cdot h(f)\right) = \det\left(I_{r \times r} + \frac{i}{2\pi}\Theta(f)\right) \cdot \det(h(f))$$

이고

$$\det\left(h(f) - \frac{i}{2\pi}\overline{\Theta(f)}^T \cdot h(f)\right) = \det\left(I_{r \times r} - \frac{i}{2\pi}\overline{\Theta(f)}^T\right) \cdot \det(h(f))$$

이므로 다음 등식이 성립한다.

$$\alpha = \det\left(I_{r \times r} + \frac{i}{2\pi}\Theta(f)\right) = \det\left(I_{r \times r} - \frac{i}{2\pi}\overline{\Theta(f)}^T\right) = \det\left(I_{r \times r} - \frac{i}{2\pi}\overline{\Theta(f)}\right) = \overline{\alpha}$$

마지막으로, g가 틀변환사상을 나타낼 때

$$\Theta(f \cdot g) = g^{-1} \cdot \Theta(f) \cdot g$$

이므로

$$\det\left(I + \frac{i}{2\pi}\Theta(f)\right) = \det\left(I + \frac{i}{2\pi}\Theta(f \cdot g)\right)$$

이다. 따라서 $c(E, D) = \overline{c(E, D)}$가 성립한다.

따름정리 3.4.8

임의의 미분다양체 X와 복소벡터번들 $E \to X$에 대하여, E 상의 천류 $c(E)$는 항상 $H^*(X, \mathbb{R})$의 원소이다.

증명

[정리 3.1.6]에 의해, E 상에 에르미트 거리함수 h가 존재한다. 또한 [정리 3.2.8]에 의해, h와 양립하는 접속 $D(h)$가 E 상에 존재한다. 한편 [정리 3.4.5]에 의해, 복소벡터번들 $E \to X$의 천류는 접속의 선택에 의존하지 않는다. 따라서 [정리 3.4.7]에 의해, E 상의 천류 $c(E)$는 다음을 만족한다.

$$c(E) = [c(E, D(h))] \in H^*(X, \mathbb{R})$$

복소벡터번들에서 정의된 천류는 다음과 같은 **함수적 성질**(functorial property)을 만족한다.

정리 3.4.9

임의의 미분다양체 X와 차수가 각각 r과 s인 복소벡터번들 $E \to X$와 $E' \to X$에 대하여, 다음이 성립한다.

(1) 미분다양체 Y와 미분가능 함수 $\varphi: Y \to X$에 대하여, 다음 등식이 성립한다.

$$c(\varphi^* E) = \varphi^* c(E)$$

(2) $c(E \oplus E') = c(E) \cdot c(E')$이다. 여기서 오른쪽 변의 곱은 드람코호몰로지 환 $H^*(X, \mathbb{R})$의 연산인 곱셈을 나타낸다.

(3) $E \to X$와 $E' \to X$가 벡터번들로서 서로 동형이면 $c(E) = c(E')$이다.

(4) $E^* \to X$가 $E \to X$의 쌍대벡터번들을 나타낼 때, 다음 등식이 성립한다.

$$c_k(E^*) = (-1)^k c_k(E),\ \ 0 \le k \le r$$

증명

(1) 증명을 위해, 먼저 E 상에 정의된 접속 D를 택하자. X의 열린집합 U와 U 상에서 정의된 E의 틀

$$f = (e_1, e_2, \ldots, e_r)$$

과 각각의 $1 \le j \le r$에 대하여, Y의 열린집합 $\varphi^{-1}(U)$ 상에서

$$e_j^* = e_j \circ \varphi$$

라 하자.

$$\begin{array}{ccc} \varphi^* E & \rightarrow & E \\ \downarrow & \nearrow e_j^* & \uparrow e_j \\ Y & \underset{\varphi}{\longrightarrow} & X \end{array}$$

그러면

$$f^* = (e_1^*, e_2^*, \ldots, e_r^*)$$

가 $\varphi^{-1}(U)$ 상에서 정의된 $\varphi^*(E)$의 한 틀이 된다. 한편 g가 E의 틀변환사상을 나타낼 때, $g^* = g \circ \varphi$가 $\varphi^*(E)$의 틀변환사상이 된다.

이제 복소벡터번들 $\varphi^*(E)$의 접속 D^*를 정의하기 위해, 먼저 $\varphi^*(E)$의 한 틀 f^*를 이용하여 $\theta^*(f^*)$를 다음과 같이 정의하자.

$$\theta^*(f^*) = \varphi^*(\theta(f))$$

그러면 다음 등식이 성립한다.

$$\theta^*(f^* \cdot g^*) = (g^*)^{-1} \cdot \theta^*(f^*) \cdot g^* + (g^*)^{-1} \cdot dg^*$$

실제로, $g \cdot \theta(f \cdot g) = \theta(f) \cdot g + dg$임을 이용하여 다음을 보일 수 있다.

$$\begin{aligned} g^* \cdot \theta^*(f^* \cdot g^*) &= \varphi^*(g) \cdot \varphi^*(\theta(f \cdot g)) = \varphi^*(g \cdot \theta(f \cdot g)) \\ &= \varphi^*(\theta(f) \cdot g + dg) \\ &= \theta^*(f^*) \cdot g^* + dg^* \end{aligned}$$

따라서 $\{\theta^*(f^*)\}$가 $\varphi^*(E)$ 상에서 접속 D^*를 정의한다. 이때, D^*의 곡률 Θ^*

가 다음을 만족한다.

$$\begin{aligned}\Theta_{\varphi^*(E)}(D^*, f^*) &= d\theta^*(f^*) + \theta^*(f^*) \wedge \theta^*(f^*) \\ &= d\varphi^*(\theta(f)) + \varphi^*(\theta(f)) \wedge \varphi^*(\theta(f)) \\ &= \varphi^*(d\theta(f) + \theta(f) \wedge \theta(f)) \\ &= \varphi^*(\Theta_E(D, f))\end{aligned}$$

따라서 다음이 성립한다.

$$\begin{aligned}c(\varphi^*(E), D^*) &= \det\left(I_{r\times r} + \frac{i}{2\pi}\Theta_{\varphi^*(E)}(D^*)\right) = \det\left(I_{r\times r} + \frac{i}{2\pi}\varphi^*(\Theta_E(D))\right) \\ &= \varphi^*\left(\det\left(I_{r\times r} + \frac{i}{2\pi}(\Theta_E(D)\right)\right) \\ &= \varphi^* c(E, D)\end{aligned}$$

즉 $c(\varphi^*(E)) = \varphi^* c(E)$이다.

(2) D와 D'을 각각 E와 E'의 접속이라 할 때, 다음 등식을 만족하는 $E \oplus E'$의 접속 $\widetilde{D}$를 찾아야 한다.

$$c(E \oplus E', \widetilde{D}) = c(E, D) \wedge c(E', D')$$

이를 위해, θ와 θ'을 각각 적당한 열린집합 U에서 정의된 D와 D'의 접속행렬이라 하자. 그러면

$$\widetilde{\theta} = \begin{bmatrix}\theta & 0 \\ 0 & \theta'\end{bmatrix}$$

은 $E \oplus E'$ 상에 접속 $\widetilde{D}$를 정의함을 쉽게 보일 수 있다. 이때, $\widetilde{D}$의 $E \oplus E'$ 상의 곡률

$$\widetilde{\Theta} = \begin{bmatrix}\Theta(E, D) & 0 \\ 0 & \Theta'(E', D')\end{bmatrix}$$

이고, 따라서 다음 등식이 성립한다.

$$\begin{aligned}c(E \oplus E', \widetilde{D}) &= \det\begin{bmatrix}I_{r\times r} + \frac{i}{2\pi}\Theta(D) & 0 \\ 0 & I_{s\times s} + \frac{i}{2\pi}\Theta(D')\end{bmatrix} \\ &= \det\left(I_{r\times r} + \frac{i}{2\pi}\Theta(D)\right) \cdot \det\left(I_{s\times s} + \frac{i}{2\pi}\Theta(D')\right) \\ &= c(E, D) \wedge c(E', D')\end{aligned}$$

(3) 가정에 의해, 벡터번들 동형사상 $\alpha : E \to E'$이 존재한다. X의 열린집합 U와 U 상에서 정의된 E의 한 틀 $f = (e_1, e_2, \ldots, e_r)$에 대하여,

$$f' = (\alpha(e_1), \alpha(e_2), \ldots, \alpha(e_r))$$

은 U 상에서 정의된 E'의 한 틀이 된다. 따라서 E'의 접속 D'을 다음 관계를 이용하여 정의할 수 있다.

$$\theta'(f') = \theta(f)$$

그러면

$$\Theta'(E', D')(f') = \Theta(E, D)(f)$$

가 성립한다. 따라서

$$c(E', D') = c(E, D) \text{이고 } c(E') = c(E)$$

이다.

(4) E 상에 정의된 접속 D, X의 열린집합 U, 그리고 U 상에서 정의된 E의 틀

$$f = (e_1, e_2, \ldots, e_r)$$

에 대하여, E^*의 한 틀 f^*를 U 상에서 다음과 같이 정의하자.

$$f^* = (e_1^*, e_2^*, \ldots, e_r^*)$$

여기서 $\{e_j^*\}_{j=1}^r$은 $\langle e_i, e_j^* \rangle = \delta_{ij}$를 만족하는 E^*의 쌍대틀을 나타낸다.

그런 다음, E^*의 접속 D^*를 다음 관계를 이용하여 정의하자.

$$\theta^*(f^*) = -\theta(f)^T$$

실제로, $\{\theta^*(f^*)\}$는 E^* 상에 잘 정의된 접속을 정의한다. 이를 보이기 위해, g를 E의 틀변환사상이라 하자. 그러면

$$\langle e_i \cdot g, e_j^* \cdot (g^{-1})^T \rangle = \delta_{ij}, \quad 1 \le i, j \le r$$

이므로 E의 틀 $f \cdot g$에 대응하는 E^*의 틀은 $f^* \cdot (g^{-1})^T$이다. 따라서 $g^* = (g^{-1})^T$라 할 때, 다음 등식이 성립한다.

$$\begin{aligned}
\theta^*(f^* \cdot g^*) &= -\theta(f \cdot g)^T = -(g^{-1} \cdot \theta(f) \cdot g + g^{-1} \cdot dg)^T \\
&= -(-dg^{-1} \cdot g + g^{-1} \cdot \theta(f) \cdot g)^T \\
&= g^T \cdot d(g^{-1})^T - g^T \cdot \theta(f)^T \cdot (g^{-1})^T \\
&= (g^*)^{-1} dg^* - (g^*)^{-1} \cdot \theta(f)^T \cdot g^* \\
&= (g^*)^{-1} dg^* + (g^*)^{-1} \cdot \theta^*(f) \cdot g^*
\end{aligned}$$

마지막으로,

$$\begin{aligned}\Theta^*(E^*, D^*)(f^*) &= d\theta^*(f^*) + \theta^*(f^*) \wedge \theta^*(f^*) = -d\theta(f)^T + \theta(f)^T \wedge \theta(f)^T \\ &= -(d\theta(f) + \theta(f) \wedge \theta(f))^T \\ &= -\Theta(E, D)(f)^T\end{aligned}$$

이므로 다음이 성립한다.

$$\begin{aligned}c_k(E^*, D^*) &= \Phi_k\left(-\frac{i}{2\pi}\Theta(D)^T\right) = \Phi_k\left(-\frac{i}{2\pi}\Theta(D)\right) = (-1)^k \Phi_k\left(\frac{i}{2\pi}\Theta(D)\right) \\ &= (-1)^k c_k(E, D)\end{aligned}$$

즉 $c_k(E^*) = (-1)^k c_k(E)$이다.

다음 정리가 성립한다.

정리 3.4.10

임의의 미분다양체 X와 차수가 r인 복소벡터번들 $E \to X$에 대하여, 다음이 성립한다.

(1) $c_0(E) = 1$

(2) $E \cong X \times \mathbb{C}^r$일 때, $c_j(E) = 0,\ 1 \le j \le r$이다. 즉 $c(E) = 1$이다.

(3) $E \cong E' \oplus (X \times \mathbb{C}^s)$일 때, 다음이 성립한다.

$$c_j(E) = 0, \quad r - s + 1 \le j \le r$$

증명

(1) $\Phi_0 = 1$이므로 천류의 정의에 의해 자명하다.

(2) $\theta(f) = 0$로 택할 수 있다. 그러면, 임의의 $\xi \in S^0(X, E)$에 대하여

$$D(f)\xi(f) = d\xi(f)$$

이다. 따라서 $\Theta(E, D)(f) = 0$이므로 $c(E, D) = 1$이다.

(3) [정리 3.4.9]의 (2)와 위의 (2)에 의해, 다음이 성립한다.

$$c(E) = c(E') \cdot c(X \times \mathbb{C}^s) = c(E')$$

한편 E'의 차수는 $r - s$이므로

$$c(E) = 1 + c_1(E) + \cdots + c_r(E) = 1 + c_1(E') + \cdots + c_{r-s}(E')$$

이다. 따라서 다음이 성립한다.

$$c_j(E) = 0, \quad r - s + 1 \le j \le r$$

예제 3.4.11

(1) 복소사영평면 $\mathbb{P}^1$의 천류 $c_1(\mathbb{P}^1) = c_1(T\mathbb{P}^1)$를 구해보자.

(i) 이를 위해, 먼저 $\mathbb{P}^1$의 복소해석적 접번들 $T\mathbb{P}^1$ 상에서 정의된 다음과 같은 에르미트 거리함수 h를 택하자. 실제로,

$$U_0 = \{[z_0, z_1] \in \mathbb{P}^1 \mid z_0 \neq 0\}$$

일 때, U_0 상에 다음과 같은 좌표계를 택하여 U_0를 복소평면 $\mathbb{C}$와 동일시 할 수 있다.

$$\varphi_0 : U_0 \to \mathbb{C}, \quad [z_0, z_1] \mapsto \frac{z_1}{z_0} = z$$

이때, U_0 상에서 다음과 같은 에르미트 거리함수 h를 정의하자.

$$h(z) = h\left(\frac{\partial}{\partial z}, \frac{\partial}{\partial z}\right) = \frac{1}{(1+|z|^2)^2}$$

비슷한 방법으로,

$$U_1 = \{[z_0, z_1] \in \mathbb{P}^1 \mid z_1 \neq 0\}$$

일 때, U_1 상에 다음과 같은 좌표계를 택하여 U_1를 복소평면 $\mathbb{C}$와 동일시 할 수 있다.

$$\varphi_1 : U_1 \to \mathbb{C}, \quad [z_0, z_1] \mapsto \frac{z_0}{z_1} = w$$

이때, U_1 상에서 다음과 같은 에르미트 거리함수 h를 정의하자.

$$h(w) = h\left(\frac{\partial}{\partial w}, \frac{\partial}{\partial w}\right) = \frac{1}{(1+|w|^2)^2}$$

한편 $U_0 \cap U_1$ 상에서 $z = 1/w$이므로 다음 관계식이 성립한다.

$$\frac{\partial}{\partial w} = \frac{\partial}{\partial z}\frac{\partial z}{\partial w} = \left(-\frac{1}{w^2}\right)\frac{\partial}{\partial z}$$

따라서 $U_0 \cap U_1$ 상에서 틀변환사상 g가 다음과 같이 주어진다.

$$g: U_0 \cap U_1 \to GL(1, \mathbb{C}) = \mathbb{C}^* = \mathbb{C} - \{0\},\ \ w \to -\frac{1}{w^2}$$

이때, $U_0 \cap U_1$ 상에서 다음이 성립한다.

$$\begin{aligned} h(w) &= h\left(\frac{\partial}{\partial w}, \frac{\partial}{\partial w}\right) = h\left(-\left(\frac{1}{w^2}\right)\frac{\partial}{\partial z}, -\left(\frac{1}{w^2}\right)\frac{\partial}{\partial z}\right) \\ &= \frac{1}{|w|^4} h\left(\frac{\partial}{\partial z}, \frac{\partial}{\partial z}\right) = \frac{1}{\overline{w}^2}\frac{1}{(1+|z|^2)^2}\frac{1}{w^2} \\ &= \overline{g}^T \cdot \frac{1}{(1+|z|^2)^2} \cdot g = \overline{g}^T \cdot h\left(\frac{\partial}{\partial z}, \frac{\partial}{\partial z}\right) \cdot g \\ &= \overline{g}^T \cdot h(z) \cdot g \end{aligned}$$

따라서 $\{h(z), h(w)\}$는 $\mathbb{P}^1$ 전체에서 정의된 $T\mathbb{P}^1$의 에르미트 거리함수 h를 정의한다.

(ii) 이제, h와 양립하는 $T\mathbb{P}^1$ 상의 표준접속 $D(h)$의 접속행렬

$$\theta(z) = h(z)^{-1}\partial h(z) = (1+|z|^2)^2 \partial\left(\frac{1}{(1+|z|^2)^2}\right) = -\frac{2\overline{z}}{(1+|z|^2)} dz$$

로 주어지므로 $D(h)$의 곡률

$$\Theta(h)(z) = \overline{\partial}\theta(z) = \frac{2}{(1+|z|^2)^2} dz \wedge d\overline{z}$$

이다. 따라서

$$\begin{aligned} c_1(T\mathbb{P}^1, D(h))(z) &= \frac{i}{2\pi}\Theta(h)(z) = \frac{i}{\pi}\frac{1}{(1+|z|^2)^2} dz \wedge d\overline{z} \\ &= \frac{2}{\pi}\frac{dx \wedge dy}{(1+x^2+y^2)^2},\quad z = x+iy \end{aligned}$$

이고,

$$\int_{\mathbb{P}^1} c_1(T\mathbb{P}^1, h)(z) = \frac{2}{\pi}\int_0^\infty \int_0^{2\pi} \frac{r dr d\theta}{(1+r^2)^2} = 2 = \chi(\mathbb{P}^1) = \chi(S^2)$$

이다. 여기서 $\chi(\mathbb{P}^1)$는 $\mathbb{P}^1$의 오일러 지표 또는 오일러 특성수(Euler characteristic)를 나타낸다. 사실, $\mathbb{P}^1$의 복소해석적 벡터번들 $T\mathbb{P}^1$과 단위구 S^2의 미분벡터번들 TS^2는 실수상에서 서로 동형이다.

(2) 일반적으로, 임의의 n-차원 컴팩트 복소다양체 X에 대하여 다음과 같은 **가우스-보네-천 항등식**(Gauss-Bonnet-Chern identity)이 성립한다.

$$\int_X c_n(TX) = \chi(X)$$

(3) Σ_g가 종수(genus)가 $g(\geq 0)$인 리만곡면이라 할 때, z와 $h(z)$를 각각 Σ_g 상의 국소 좌표계와 복소해석적 접번들 $T\Sigma_g$ 상의 에르미트 거리함수라 하자. 여기서 h는 실수의 값을 갖는 z와 $\bar{z}$의 미분가능한 함수이다. 이때, h와 양립하는 $T\Sigma_g$ 상의 표준 접속 $D(h)$의 접속행렬 $\theta(z)$와 곡률 $\Theta(z)$는 다음과 같이 주어진다.

$$\theta(z) = h^{-1}\partial h = \frac{\partial h}{h} = \partial \log h,$$

$$\Theta(z) = \bar{\partial}\partial h = \frac{\partial^2}{\partial z \partial \bar{z}} \log h \, d\bar{z} \wedge dz$$

한편,

$$\frac{\partial^2}{\partial z \partial \bar{z}} = \frac{1}{4}\left(\frac{\partial^2}{\partial x^2} + \frac{\partial^2}{\partial y^2}\right)$$

이므로

$$\begin{aligned}\sqrt{-1}\,\Theta(z) &= -\frac{1}{4}\Delta(\log h)(\sqrt{-1}\,dz \wedge d\bar{z}) = -\frac{1}{2}\frac{\Delta(\log h)}{h^2}\left(h^2\sqrt{-1}\,\frac{dz \wedge d\bar{z}}{2}\right)\\ &= \frac{1}{2}K \cdot \Phi\end{aligned}$$

여기서

$$K = -\frac{\Delta \log h}{h^2}$$

이고 리만 거리함수 $h(z, \bar{z})^2(dx^2 + dy^2)$의 **가우스 곡률**(Gaussian curvature)을 의미한다. 한편,

$$\Phi = h^2\sqrt{-1}\,\frac{dz \wedge d\bar{z}}{2} = h^2 dx \wedge dy$$

이고, 리만 거리함수 $h(z, \bar{z})^2(dx^2 + dy^2)$에 관한 **부피요소**(volume element)를 의미한다. 따라서 다음과 같이 **가우스-보네 정리**(Gauss-Bonnet theorem)가 성립한다.

$$\chi(\Sigma_g) = \int_{\Sigma g} \frac{\sqrt{-1}}{2\pi}\Theta(z) = \int_{\Sigma_g} \frac{K}{4\pi}\Phi = \frac{1}{4\pi}\int_{\Sigma_g} K\Phi \;\Leftrightarrow\; \int_{\Sigma_g} K\Phi = 4\pi\chi(\Sigma_g)$$

3.5 복소벡터선번들

이 절에서는 차수가 1인 복소벡터번들(complex line bundle)과 관련된 여러 가지 성질을 알아본다.

다음 두 정리가 성립한다. 자세한 증명은 생략한다([13, pp. 97-98]).

정리 3.5.1

임의의 (패러컴팩트) 미분다양체 X와 복소벡터번들 $E \to X$에 대하여, $E|_{U_i}$가 자명한 벡터번들이 되는 유한개로 이루어진 X의 열린덮개 $\{U_i\}_{i=1}^{N}$이 존재한다.

정리 3.5.2

임의의 미분다양체 X와 차수가 r인 복소벡터번들 $E \to X$에 대하여,

$$\Psi^*(U_{r,N}(\mathbb{C})) \cong E$$

를 만족하는 자연수 N과 미분가능 사상

$$\Psi : X \to Gr_{r,N}(\mathbb{C})$$

가 존재한다. 여기서 $U_{r,N}(\mathbb{C}) \to Gr_{r,N}(\mathbb{C})$는 그라스만다양체 $Gr_{r,N}(\mathbb{C})$ 상에서 정의된 보편번들을 나타낸다.

X 상에서 정의된 상수쉬프 $\mathbb{Z}$와 $\mathbb{R}$에 대하여, 포함함수 $j : \mathbb{Z} \to \mathbb{R}$에 의해 유도된 군 준동형사상을

$$j : H^2(X, \mathbb{Z}) \to H^2(X, \mathbb{R})$$

이라 하자. 이때, $\hat{H}^2(X, \mathbb{Z}) = j(H^2(X, \mathbb{Z}))(\subset H^2(X, \mathbb{R}))$는

$$H^2(X, \mathbb{Z}) / \{\text{토션 원소}\}$$

를 의미한다.

[정리 3.5.2]와 [정리 3.4.9]의 (1)에 의해, 다음 따름정리가 성립한다.

따름정리 3.5.3

임의의 미분다양체 X와 차수가 1인 복소벡터번들 $E \to X$에 대하여, 다음이 성립한다.

$$c_1(E) \in \hat{H}^2(X, \mathbb{Z}) \subset H^2(X, \mathbb{R})$$

증명

[정리 3.5.2]와 [정리 3.4.9]의 (1)에 의해, 다음이 성립한다.

$$c_1(E) = c_1(\Psi^* (U_{1,N}(\mathbb{C})) = \Psi^* (c_1(U_{1,N}(\mathbb{C}))$$

한편 $c_1(U_{1,N}(\mathbb{C})) \in H^2(\mathbb{P}^{N-1}, \mathbb{Z})$이고

$$\Psi^* : H^2(\mathbb{P}^{N-1}, \mathbb{Z}) \cong \mathbb{Z} \to H^2(X, \mathbb{Z})$$

임은 잘 알려진 사실이다([13, p. 100]). 따라서 [따름정리 3.4.8]에 의해 정리의 결론이 성립한다.

◇

복소다양체 X에 대하여, O_X가 X 상에서 정의된 복소해석적 함수의 쉬프(즉, 구조쉬프)이고 O_X^*가 X 상에서 정의되어 있고 X의 어느 곳에서도 영이 아닌 복소해석적 함수의 쉬프라 하자. 이때, 다음 정리가 성립한다.

정리 3.5.4

임의의 복소다양체 X에 대하여, $\mathcal{X}$를 X 상에서 정의된 복소해석적 벡터선번들의 동형에 관한 동치류들의 모임이라 하자. 그러면 $\mathcal{X}$와 쉬프코호몰로지군 $H^1(X, O_X^*)$ 사이에 일대일 대응이 존재한다.

증명

임의의 복소해석적 벡터선번들 $E \to X$에 대하여, 다음과 같은 쌍대순환조건(co-cycle condition)을 만족하는 X의 열린덮개 $\mathcal{U} = \{U_\alpha\}$와 복소해석적 함수

$$g_{\alpha\beta} : U_\alpha \cap U_\beta \to GL(1, \mathbb{C}) = \mathbb{C}^*$$

가 존재한다. 여기서 $g_{\alpha\beta}$는 $E \to X$의 전이함수를 나타낸다.

(i) $U_\alpha \cap U_\beta$ 상에서, $g_{\alpha\beta} \cdot g_{\beta\alpha} = 1$

(ii) $U_\alpha \cap U_\beta \cap U_\gamma$ 상에서, $g_{\alpha\beta} \cdot g_{\beta\gamma} = g_{\alpha\gamma}$

한편 $g = \{g_{\alpha\beta}\}$라 할 때, 위의 조건 (ii)에 의해

$$(\delta g)_{\alpha\beta\gamma} = g_{\beta\gamma} \cdot g_{\alpha\gamma}^{-1} \cdot g_{\alpha\beta} = 1$$

이므로 $g \in Z^1(\mathcal{U}, O_X^*)$이다. 따라서 $[g] \in H^1(X, O_X^*)$를 얻는다. 또한, 모든 복소해석적 벡터번들은 벡터번들의 동형에 관해 전이함수에 의해 유일하게 결정된다. 따라서 $\mathcal{X}$

가 정의역이고 $H^1(X, O_X^*)$가 공역인 잘 정의된 함수 φ가 존재한다.

반대로, 임의의 원소 $\xi \in H^1(X, O_X^*)$에 대하여 X의 르레덮개(Leray cover) $\{U_\alpha\}$와 ξ의 대표원

$$\{g_{\alpha\beta}\} \in Z^1(\{U_\alpha\}, O_X^*)$$

를 택할 수 있다. 한편 $\{g_{\alpha\beta}\} \in Z^1(\{U_\alpha\}, O_X^*)$이므로 $\{g_{\alpha\beta}\}$에 대응하는 복소해석적 벡터선번들이 유일하게 존재한다([정리 1.2.3] 참고). 따라서 위에서 정의한 함수

$$\varphi : \mathcal{X} \to H^1(X, O_X^*)$$

가 일대일 대응이 된다.

연결인 복소다양체 X에 대하여 O_X와 O_X^*가 각각 복소해석적 함수의 쉬프와 어느 곳에서도 영이 아닌 복소해석적 함수들의 쉬프를 나타낼 때, [예제 2.2.10]과 같이 다음과 같은 짧은 완전열이 존재한다.

$$0 \to \mathbb{Z} \xrightarrow{i} O_X \xrightarrow{\exp} O_X^* \to 0$$

여기서 i는 포함함수를 이용하여 정의된 쉬프사상이다. 또한 임의의 열린집합 $U \subset X$에 대하여, $\exp$는 다음과 같이 정의된다,

$$\exp|_U(f)(z) = e^{2\pi i f(z)}, \quad f \in O_X(U)$$

[정리 2.3.11]의 (4)에 의해, 위의 짧은 완전열로부터 다음과 같은 긴 완전열(long exact sequence)을 얻을 수 있다.

$$\cdots \to H^1(X, \mathbb{Z}) \to H^1(X, O_X) \to H^1(X, O_X^*) \xrightarrow{\delta^1} H^2(X, \mathbb{Z}) \to H^2(X, O_X) \to \cdots$$

다음 보조정리가 성립한다.

보조정리 3.5.5

임의의 복소다양체 X에 대하여, 드람코호몰로지군 $H^2(X, \mathbb{R})$의 원소를 체흐코호몰로지군 $\check{H}^2(X, \mathbb{R})$의 원소를 통해 유일하게 나타낼 수 있고, 그 역도 성립한다. 다시 말해서, 다음이 성립한다.

$$\check{H}^2(X, \mathbb{R}) \cong H^2(X, \mathbb{R})$$

증명

증명을 위해, 먼저 X의 국소적으로 유한인 **좋은 열린덮개**(good open cover) $\{U_\alpha\}$를 택하자. 여기서 좋은 열린덮개란 모든 유한개의 교집합

$$U_{\alpha_1} \cap U_{\alpha_2} \cap \cdots \cap U_{\alpha_k} (\neq \varnothing)$$

이 유클리드 공간 $\mathbb{R}^{\dim X}$와 미분동형일 때이다. 그런 다음, 임의의 원소

$$\xi = \{\xi_{\alpha\beta\gamma}\} \in Z^2(\{U_\alpha\}, \mathbb{R})$$

을 고려하자. S_X가 X 상에서 정의된 무한 번 미분가능한 함수의 쉬프라 할 때, S_X가 세밀한 쉬프이다. 한편,

$$Z^2(X, \mathbb{R}) \subset Z^2(X, S_X)$$

이므로 $\delta\tau = \xi$를 만족하는 $\tau = \{\tau_{\alpha\beta}\} \in C^1(\{U_\alpha\}, S_X)$가 존재한다. 또한

$$\xi \in C^2(\{U_\alpha\}, \mathbb{R})$$

이므로 $\xi_{\alpha\beta\gamma}$가 국소적으로 상수함수이고,

$$(\delta d\tau)_{\alpha\beta\gamma} = (d\delta\tau)_{\alpha\beta\gamma} = (d\xi)_{\alpha\beta\gamma} = 0$$

이므로 $d\tau = \{d\tau_{\alpha\beta}\} \in Z^1(\{U_\alpha\}, S_X^1)$이다. 하지만 S_X^1도 세밀한 쉬프이므로 $\delta\mu = d\tau$를 만족하는 $\mu \in C^0(\{U_\alpha\}, S_X^1)$이 존재한다. 따라서

$$\delta d\mu = d\delta\mu = d^2\tau = 0$$

이므로 $d\mu \in Z^0(\{U_\alpha\}, S_X^2) = S_X^2$이다. 즉 $d\mu$는 X 전체에서 자 정의된 닫힌 2-형식이다. 결론적으로 다음과 같은 잘 정의된 사상 φ가 존재한다.

$$\varphi : \check{H}^2(X, \mathbb{R}) \to H^2(X, \mathbb{R}), \quad \xi \mapsto \varphi(\xi) = -d\mu$$

여기서 천류의 쉬프 이론적 정의와 미분기하학적 정의를 서로 맞추기 위해 $d\mu$ 대신에 $-d\mu$를 이용하여 φ를 정의했다.

사실, 위의 사상 φ는 군동형사상이다. 실제로, 임의의 원소 $\eta \in H^2(X, \mathbb{R})$에 대하여, $d\eta = 0$이다. 따라서 푸앵카레 보조정리에 의해, 다음 등식을 만족하는 X의 르레덮개 $\{U_\alpha\}$와 $\mu = \{\mu_\alpha\} \in C^0(\{U_\alpha\}, S_X^1)$을 택할 수 있다.

$$\eta_\alpha = \eta|_{U_\alpha} = -d\mu_\alpha$$

한편 $\eta \in S_X^2 = Z^0(\{U_\alpha\}, S_X^2)$이므로

$$d\delta\mu = \delta d\mu = -\delta\eta = 0$$

이다. 따라서 $\delta\mu = d\tau$를 만족하는 $\tau \in C^1(\{U_\alpha\}, S_X^1)$이 존재한다. 이제

$$\xi = \delta\tau \in C^2(\{U_\alpha\}, S_X^1)$$

라 하자. 그러면 $\delta\xi = \delta^2\tau = 0$이므로 $\xi \in Z^2(\{U_\alpha\}, S_X^1)$이다. 또한

$$d\xi = d\delta\tau = \delta d\tau = \delta^2\mu = 0$$

이므로 $\xi \in Z^2(\{U_\alpha\}, \mathbb{R})$이다. 결론적으로 다음과 같은 잘 정의된 사상 ψ가 존재한다.

$$\psi : H^2(X, \mathbb{R}) \to \check{H}^2(X, \mathbb{R}), \quad \eta \mapsto \psi(\eta) = \xi$$

정의에 의해, $\psi \circ \varphi$와 $\varphi \circ \psi$가 모두 항등사상임을 알 수 있다. 따라서 φ가 군동형사상이다.

다음 보조정리는 복스타인 작용소 δ^1을 정의하는 방법을 구체적으로 말해준다.

보조정리 3.5.6

$\{U_\alpha\}$가 X의 좋은 열린덮개일 때, 복스타인 작용소

$$\delta^1 : H^1(X, O_X^*) \to H^2(X, \mathbb{Z})$$

는 다음과 같이 주어진다.

$$\delta^1(g) = \frac{1}{2\pi i}(\log g_{\beta\gamma} - \log g_{\alpha\gamma} + \log g_{\alpha\beta}), \quad g = \{g_{\alpha\beta}\} \in Z^1(\{U_\alpha\}, O_X^*)$$

증명

임의의 $g = \{g_{\alpha\beta}\} \in Z^1(\{U_\alpha\}, O_X^*)$에 대하여, $\sigma = \{\sigma_{\alpha\beta}\}$를 다음과 같이 정의하자.

$$\sigma_{\alpha\beta} = \frac{1}{2\pi i}\log g_{\alpha\beta}$$

그러면 $\delta\sigma \in C^2(\{U_\alpha\}, O_X)$이고 $\delta^2 = 0$이므로 사실 $\delta\sigma \in Z^2(\{U_\alpha\}, O_X)$이다. 한편, $\{U_\alpha\}$가 X의 좋은 열린덮개이므로 로그함수에 대한 적당한 분지(branch)를 택하여

$$(\delta\sigma)_{\alpha\beta\gamma} = \frac{1}{2\pi i}(\log g_{\beta\gamma} - \log g_{\alpha\gamma} + \log g_{\alpha\beta}) \in \mathbb{Z}$$

임을 알 수 있다. 따라서 $\delta\sigma \in Z^2(\{U_\alpha\}, \mathbb{Z})$이고 $\delta\sigma$가 $H^2(X,\mathbb{Z}) \cong \check{H}^2(X,\mathbb{Z})$ 상에 있는 $\delta^1(g)$의 대표원이다.

[보조정리 3.5.5]와 [보조정리 3.5.6]을 이용하여 다음 정리를 증명할 수 있다.

정리 3.5.7

임의의 복소다양체 X와 X 상에서 정의된 상수쉬프 $\mathbb{Z}$와 $\mathbb{R}$에 대하여 포함함수 $j : \mathbb{Z} \to \mathbb{R}$에 의해 유도된 군준동형사상을 $j : H^2(X,\mathbb{Z}) \to H^2(X,\mathbb{R})$이라 할 때, 다음이 성립한다.

$$\begin{array}{ccccccccccc} \cdots & \to H^1(X,\mathbb{Z}) \to & H^1(X, O_X) & \to & H^1(X, O_X^*) & \xrightarrow{\delta^1} & H^2(X,\mathbb{Z}) & \to & H^2(X, O_X) & \to & \cdots \\ & & & & & \searrow c_1 & \downarrow j & & & & \\ & & & & & & \hat{H}^2(X,\mathbb{Z}) \subset H^2(X,\mathbb{R}) & & & & \end{array}$$

(1) 위의 다이어그램이 순환한다. 즉 $c_1 = j \circ \delta^1$이 성립한다.

(2) $X = \mathbb{P}^1$일 때, δ^1과 j가 군동형사상이다. 즉

$$\delta^1 : H^1(\mathbb{P}^1, O_{\mathbb{P}^1}^*) \cong H^2(\mathbb{P}^1,\mathbb{Z}), \quad j : H^2(\mathbb{P}^1,\mathbb{Z}) \cong H^2(\mathbb{P}^1,\mathbb{R})$$

따라서 $\mathbb{P}^1$ 상에서 정의된 임의의 복소해석적 벡터선번들은 $H^2(\mathbb{P}^1,\mathbb{Z}) \cong \mathbb{Z}$ 상에 존재하는 차수가 1인 천류 c_1에 의해 완벽하게 결정된다.

증명

(2)는 (1)에 의해 자명하다.

(1) [정리 3.5.4]에 의해, $H^1(X, O_X^*)$의 각 원소에 대하여 복소해석적 벡터선번들 $E \to X$가 복소해석적 벡터번들의 동형에 관해 유일하게 대응된다. 이때, h를 E 상에서 정의된 에르미트 거리함수라 하자. 그리고 $E|_{U_\alpha} \cong U_\alpha \times \mathbb{C}$를 만족하는 X의 좋은 열린덮개 $\{U_\alpha\}$와 U_α 상에서 정의된 복소해석적 틀 f_α, 그리고 $E \to X$의 전이함수들의 모임 $\{g_{\alpha\beta}\}$를 택하자. 그러면 [정리 3.5.4]에 의해,

$$g = \{g_{\alpha\beta}\} \in Z^1(\{U_\alpha\}, O_X^*)$$

이다.

(i) $h_\alpha = h(f_\alpha)$라 할 때, h_α는 U_α 상에서 정의된 양수의 값을 갖는 무한 번 미분가능함수이다. 따라서 [정리 3.3.2]의 증명에 의해, 각각의 U_α 상에서

$$c_1(E, D(h)) = \frac{i}{2\pi}\bar{\partial}\left(h_\alpha^{-1}\partial h_\alpha\right) = \frac{i}{2\pi}\bar{\partial}\partial\log h_\alpha = \frac{i}{2\pi}\partial\bar{\partial}\log h_\alpha$$

로 주어진다. 또한 $U_\alpha \cap U_\beta$ 상에서 정의된 복소해석적 틀변환사상

$$g_{\alpha\beta} : U_\alpha \cap U_\beta \to GL(1, \mathbb{C}) = \mathbb{C}^*$$

에 대하여

$$f_\beta = f_\alpha \cdot g_{\alpha\beta}\text{이고 } h_\beta = \overline{g_{\alpha\beta}}^T \cdot h_\alpha \cdot g_{\alpha\beta} = |g_{\alpha\beta}|^2 h_\alpha$$

이다. 따라서 $\bar{\partial} g_{\alpha\beta} = 0$이므로 다음 등식이 성립한다.

$$\frac{i}{2\pi}\bar{\partial}\partial\log h_\alpha = \frac{i}{2\pi}\bar{\partial}\partial\log h_\beta$$

이제, $\sigma_{\alpha\beta} = \frac{1}{2\pi i}\log g_{\alpha\beta}$라 하자. 그러면 $\{U_\alpha\}$가 좋은 열린덮개이므로 로그함수에 관해 적당한 분지를 택하면

$$\sigma = \{\sigma_{\alpha\beta}\} \in C^1(\{U_\alpha\}, \mathbb{Z})$$

임을 알 수 있다. [보조정리 3.5.6]에 의해, 복스타인 작용소 δ^1의 $g = \{g_{\alpha\beta}\}$의 상 $\delta^1(g) = \delta\sigma \in Z^2(\{U_\alpha\}, \mathbb{Z})$이고

$$(\delta\sigma)_{\alpha\beta\gamma} = \frac{1}{2\pi i}\left(\log g_{\beta\gamma} - \log g_{\alpha\gamma} + \log g_{\alpha\beta}\right) \in \mathbb{Z}$$

이다.

(ii) 기호를 간단히 하기 위해, $\xi = \delta^1(g) = \delta\sigma \in H^2(X, \mathbb{Z})$라 하자. 한편

$$\mu_\alpha = \frac{1}{2\pi i}\partial\log h_\alpha$$

라 할 때,

$$\begin{aligned} d\sigma &= d\left(\frac{1}{2\pi i}\log g_{\alpha\beta}\right) = \frac{1}{2\pi i}\partial\log\left(g_{\alpha\beta}\cdot\overline{g_{\alpha\beta}}\right) \\ &= \frac{1}{2\pi i}\partial\log\left(\frac{h_\beta}{h_\alpha}\right) = \mu_\beta - \mu_\alpha = (\delta\mu)_{\alpha\beta} \end{aligned}$$

이다. 따라서 μ는 $\delta\mu = d\sigma$를 만족하는 $C^0(\{U_\alpha\}, S_X^1)$의 원소이다. [정리 3.5.5]의 증명에 의해,

$$\varphi(\xi) = -d\mu = \frac{i}{2\pi}d\partial\log h_\alpha = \frac{i}{2\pi}\partial\bar{\partial}\log h_\alpha = c_1(E, D(h))$$

이다. 결론적으로, 다음이 성립한다.

$$\begin{aligned} j\circ\delta^1(\{g_{\alpha\beta}\}) &= j\circ\delta^1(g) = j(\delta^1(g)) = j(\delta\sigma) = -d\mu \\ &= \varphi(\xi) = c_1(E, D(h)) \end{aligned}$$

즉 (1)의 다이어그램은 순환한다.

[정리 3.5.7]과 비슷한 방법으로 다음 정리가 성립함을 알 수 있다. 자세한 증명은 생략한다.

정리 3.5.8

임의의 미분다양체 X에 대하여, 다음과 같은 짧은 완전열을 고려하자.

$$0 \to \mathbb{Z} \xrightarrow{i} S_X \xrightarrow{\exp} S_X^* \to 0$$

여기서 S_X는 무한 번 미분가능한 함수의 쉬프를 나타내고, S_X^*는 X 상에서 어느 곳에서도 영이 아닌 무한 번 미분가능한 함수의 쉬프를 나타낸다.

$$\begin{aligned} &\cdots \to H^1(X,\mathbb{Z}) \to H^1(X, S_X) \\ &= 0 \to H^1(X, S_X^*) \xrightarrow{\delta^1} H^2(X,\mathbb{Z}) \to H^2(X, S_X) \\ &= 0 \to \cdots \end{aligned}$$

(1) S_X가 세밀쉬프이므로 모든 $q>0$에 대하여 $H^q(X, S_X) = 0$이다.

(2) 따라서 다음이 성립한다.

$$\delta^1 : H^1(X, S_X^*) \cong H^2(X,\mathbb{Z})$$

즉 X 상에서 정의된 임의의 미분 벡터선번들은 $H^2(X, \mathbb{Z})$ 상에 존재하는 차수가 1인 천류 c_1에 의해 완벽하게 결정된다. 여기서 $H^2(X, \mathbb{Z})$ 상에는 토션 원소(torsion element)가 존재할 수 있다.

일반적으로 $H^1(X, O_X)$와 $H^2(X, O_X)$는 영이 아니므로 [정리 3.5.8]과 같은 정리가 복소해석적 벡터선번들에 대해서는 성립하지 않는다.

다음 정리가 성립한다.

정리 3.5.9

임의의 복소다양체 X에 대하여, 다음 다이어그램을 고려하자.

$$\cdots \to H^1(X, \mathbb{Z}) \to H^1(X, O_X) \to H^1(X, O_X^*) \xrightarrow{\delta^1} H^2(X, \mathbb{Z}) \xrightarrow{f} H^2(X, O_X) \to \cdots$$
$$\searrow c_1 \quad \downarrow j$$
$$\widehat{H}^2(X, \mathbb{Z}) \subset H^2(X, \mathbb{R})$$

$\widetilde{H}^2_{1,1}(X, \mathbb{Z})$를 $\widehat{H}^2(X, \mathbb{Z})$의 $(1,1)$-부분 즉,

$$\widetilde{H}^2_{1,1}(X, \mathbb{Z}) = \{\alpha \in \widehat{H}^2(X, \mathbb{Z}) \subset H^2(X, \mathbb{R}) \mid \alpha\text{가 } (1,1)-\text{형식}\}$$

이라 할 때, 다음이 성립한다.

$$\widetilde{H}^2_{1,1}(X, \mathbb{Z}) = c_1(H^1(X, O_X^*))$$

증명

증명을 위해, $H^2_{1,1}(X, \mathbb{Z}) = j^{-1}(\widetilde{H}^2_{1,1}(X, \mathbb{Z}))$라 하자. [정리 3.5.7]에 의해, 다음을 증명하면 충분하다.

$$\delta^1(H^1(X, O_X^*)) = H^2_{1,1}(X, \mathbb{Z}) = \ker(f)$$

실제로, 먼저 X 상에서 정의된 상수쉬프 $\mathbb{Z}$와 $\mathbb{C}$에 대하여 포함함수 $k : \mathbb{Z} \to \mathbb{C}$에 의해 유도된 군준동형사상 $k : H^2(X, \mathbb{Z}) \to H^2(X, \mathbb{C})$와 다음과 같은 쉬프들의 분해열을 고려하자.

$$\begin{array}{ccccccccc} 0 & \to & \mathbb{C} & \xrightarrow{d} & S_X^0 & \xrightarrow{d} & S_X^1 & \xrightarrow{d} & S_X^2 & \xrightarrow{d} \cdots \\ & & \downarrow k & & \downarrow k & & \downarrow \pi_{0,1} & & \downarrow \pi_{0,2} & \\ 0 & \to & O_X & \to & S_X^{0,0} & \xrightarrow{\bar{\partial}} & S_X^{0,1} & \xrightarrow{\bar{\partial}} & S_X^{0,2} & \xrightarrow{\bar{\partial}} \cdots \end{array}$$

한편, S_X^* 와 $S_X^{0;\,*}$ 는 모두 세밀쉬프이므로

$$H^2(\Gamma(X, S_X^*)) = H^2(X, \mathbb{C}),\ H^2(\Gamma(X, S_X^{0;\,*})) = H^2(X, O_X)$$

이다. 따라서 다음과 같은 자연스러운 군준동형사상

$$l : H^2(X, \mathbb{C}) \to H^2(X, O_X)$$

가 존재한다. 여기서 l은 미분작용소 d에 관해 닫힌 2-형식 α를 미분작용소 $\bar{\partial}$에 관해 닫힌 (0, 2)-형식 $\pi_{0,2}(\alpha)$로 보내준다. 그러나 임의의 $\varphi \in H_{1,1}^2(X, \mathbb{Z})$에 대하여, $l \circ k(\varphi)$는 사실 (1, 1)-형식이다. 따라서 $f = (l \circ k)$이므로 다음이 성립한다.

$$f(H_{1,1}^2(X, \mathbb{Z})) = (l \circ k)(H_{1,1}^2(X, \mathbb{Z})) = 0 \subset H^2(X, O_X)$$

마지막으로, k와 l의 정의에 의해 $\ker(f) = H_{1,1}^2(X, \mathbb{Z})$임을 알 수 있다. 위의 긴 열이 완전열이므로 $\mathrm{Im}(\delta^1) = \ker(f)$이고 따라서 증명이 완료된다.

복소다양체 상에서 정의된 복소해석적 벡터선번들과 밀접한 관계가 있는 디바이서(divisor)라는 개념이 있다. 이 절의 마지막 주제로 디바이서에 대해 간단히 알아본다.

정의 3.5.10

임의의 복소다양체 X에 대하여, 다음이 성립한다.

(1) 임의의 점 x에서 정역 O_x의 몫체(또는 상체, quotient field) M_x에 대하여, M_x의 영이 아닌 원소로 이루어진 군을 M_x^*라 하자.

(2) M_X^*를 임의의 점 $x \in X$에서 스톡이 M_x^*인 쉬프라 하자. 이때, M_X^*를 **자명하지 않는 유리형함수(meromorphic function)의 쉬프**라 부른다.

(3) 다음과 같은 짧은 완전열이 존재한다.

$$0 \to O_X^* \xrightarrow{i} M_X^* \to M_X^* / O_X^* \to 0$$

이때, $\mathscr{D}=M_X^*/O_X^*$라 할 때 $\mathscr{D}$를 X 상에서 정의된 **디바이어서쉬프**(sheaf of divsiors)라 부르고 $\Gamma(X, \mathscr{D})$의 원소인 절편을 **디바이서**(divisor)라 한다.

다음 보조정리가 성립한다.

보조정리 3.5.11

임의의 복소다양체 X에 대하여, 나음이 성립한다.

(1) 임의의 $D \in H^0(X, \mathscr{D})$에 대하여, $D|_{U_\alpha} = [f_\alpha] \in M_X^*/O_X^*$를 만족하는 X의 열린 덮개 $\{U_\alpha\}$와 U_α 상에서 정의된 유리형함수 f_α가 존재한다.

(2) $U_\alpha \cap U_\beta$ 상에서 $g_{\alpha\beta} = f_\beta \cdot f_\alpha^{-1}$라 할 때, 다음이 성립한다.

$$(\delta f)_{\alpha\beta} = f_\beta \cdot f_\alpha^{-1} = g_{\alpha\beta}, \quad g_{\alpha\beta} \cdot g_{\beta\gamma} \cdot g_{\alpha\gamma}^{-1} = 1, \quad g_{\alpha\alpha} = 1$$

(3) (1)과 (2)에 의해, 다음과 같은 사상이 존재한다.

$$\Psi : H^0(X, \mathscr{D}) \to H^1(X, O_X^*), \quad D \mapsto [\{g_{\alpha\beta}\}]$$

여기서 $[\{g_{\alpha\beta}\}]$는 $\{g_{\alpha\beta}\}$에 의해 결정되는 복소해석적 벡터번들의 동형에 관한 복소해석적 벡터선번들의 동치류를 나타낸다.

(4) 짧은 완전열

$$0 \to O_X^* \xrightarrow{i} M_X^* \to M_X^*/O_X^* \to 0$$

로부터 유도된 다음과 같은 완전열을 고려하자.

$$H^0(X, M_X^*) \xrightarrow{\alpha} H^0(X, \mathscr{D}) \xrightarrow{\Psi} H^1(X, O_X^*) \xrightarrow{\delta^1} H^2(X, \mathbb{Z})$$

임의의 두 디바이서 D_1, D_2에 대하여 $\Psi(D_1) = \Psi(D_2)$일 때,

$$D_1 - D_2 = \alpha(f)$$

를 만족하는 $f \in H^0(X, M_X^*)$가 존재한다, 이때, D_1과 D_2가 서로 **선형적으로 동치**(linear equivalent)라 말하고 $D_1 \sim D_2$로 나타낸다.

(5) 결론적으로, 선형적으로 동치관계에 의해 $H^0(X, \mathscr{D})$가 X 상의 복소해석적 벡터선번들을 유일하게 결정하고, 그 역도 성립한다. 즉 다음이 성립한다.

$$H^0(X, \mathscr{D})/\sim = H^1(X, O_X^*)$$

증명

(1)과 (2)는 $H^0(X, \mathscr{D})$과 $g_{\alpha\beta}$의 정의에 의해 자명하다.

(3) 임의의 복소해석적 벡터선번들은 쌍대순환조건을 만족하는 전이함수에 의해 결정되므로 다음과 같은 사상이 존재한다.

$$\Psi : H^0(X, \mathscr{D}) \to H^1(X, O_X^*), \quad D \mapsto [\{g_{\alpha\beta}\}]$$

위 사상의 정의는 D의 대표원 $\{f_\alpha\}$의 선택에 의존하지 않음을 쉽게 확인할 수 있다. 따라서 임의의 $H^0(X, \mathscr{D})$의 원소는 $H^1(X, O_X^*)$의 원소를 유일하게 결정한다.

(4) 한편 임의의 두 원소 $D_1, D_2 \in H^0(X, \mathscr{D})$에 대하여 $\Psi(D_1) = \Psi(D_2)$라 할 때,

$$\Psi(D_1 - D_2) = \Psi(D_1) - \Psi(D_2) = 0$$

이므로 $D_1 - D_2 = \alpha(f)$를 만족하는 $f \in H^0(X, M_X^*)$가 존재한다. 즉 $D_1 \sim D_2$이다.

(5) 위의 (4)에 의해 Ψ가 전사함수임을 증명하면 된다. 실제로, 전이함수 $\{g_{\alpha\beta}\}$로 주어진 임의의 복소해석적 벡터선번들 $E \to X$에 대하여 다음 조건을 만족하는 U_α 상에서 영이 아닌 복소해석적 함수 f_α를 택할 수 있다.

$$g_{\alpha\beta}(z) = f_\beta(z) \cdot f_\alpha^{-1}(z), \quad z \in U_\alpha \cap U_\beta$$

이때, $f = \{f_\alpha\}$라 하면

$$(\delta f)_{\alpha\beta} = f_\beta \cdot f_\alpha^{-1} = g_{\alpha\beta} \in O_X^*(U_\alpha \cap U_\beta)$$

이므로 $f \in Z^0(\{U_\alpha\}, M_X^* / O_X^*)$이다. 따라서 D를

$$D = [f] \in H^0(X, M_X^* / O_X^*) = H^0(X, \mathscr{D})$$

로 정의할 수 있다. 또한, 위의 논의에 의해 $\Psi(D) = [\{g_{\alpha\beta}\}]$이므로 Ψ가 전사함수이다.

제 4 장

컴팩트 복소다양체

제 4 장

컴팩트 복소다양체

4.1 에르미트 외대수와 호지 ∗-작용소

이 절에서는 에르미트 벡터공간(Hermitian vector space) 상에서 정의된 에르미트 외대수(Hermitian exterior algebra) 및 에르미트 거리함수에 대응하는 호지 ∗-작용소(Hodge star-operator)와 관련된 여러 가지 성질을 알아본다.

이를 위해, 먼저 내적공간에 관한 다음 정의부터 시작한다.

정의 4.1.1

내적 $\langle \cdot, \cdot \rangle$를 가진 d-차원 실벡터공간 V에 대하여, 다음이 성립한다.

(1) $\wedge^p V$를 $(V, \langle \cdot, \cdot \rangle)$로부터 유도된 내적을 갖는 차수가 p인 외적공간(exterior product space)이라 하자. 그러면 $\{e_1, e_2, \ldots, e_d\}$가 V의 정규직교기저일 때,

$$\{e_{i_1} \wedge e_{i_2} \wedge \cdots \wedge e_{i_p} \mid 1 \le i_1 < i_{i_2} < \cdots < i_{i_p} \le d\}$$

가 $\wedge^p V$의 정규직교기저가 된다.

(2) 외대수(exterior algebra) $\wedge V$는 다음과 같이 정의된다.

$$\wedge V = \bigoplus_{p=0}^{d} \wedge^p V$$

(3) 순서가 주어진 V의 기저

$$\{e_1, e_2, \ldots, e_d\}$$

또는 d-형식

$$e_1 \wedge e_2 \wedge \cdots \wedge e_d$$

를 V 상에서 정의된 **방향성**(orientation)이라 한다. 여기서 $e_1 \wedge e_2 \wedge \cdots \wedge e_d$를 vol로 나타내고 **부피요소**(volume element)라 부른다.

[정의 4.1.1]의 기본 정의를 바탕으로 호지 $*$-작용소를 다음과 같이 정의한다.

정의 4.1.2

내적 $\langle \cdot, \cdot \rangle$를 가진 d-차원 실벡터공간 V와 V의 정규직교기저

$$\{e_1, e_2, \ldots, e_d\}$$

에 대하여, V의 한 방향성 $e_1 \wedge e_2 \wedge \cdots \wedge e_d$를 택하자.

(1) 먼저, 임의의 $e_{i_1} \wedge e_{i_2} \wedge \cdots \wedge e_{i_p}$에 대하여 호지 $*$-작용소를 다음과 같이 정의한다.

$$*: \wedge^p V \to \wedge^{d-p} V, \quad *(e_{i_1} \wedge e_{i_2} \wedge \cdots \wedge e_{i_p}) \mapsto (-1)^{\varepsilon}(e_{j_1} \wedge e_{j_2} \wedge \cdots \wedge e_{j_{d-p}})$$

여기서 집합

$$\{j_1, j_2, \ldots, j_{d-p}\}$$

는 집합 $[d] = \{1, 2, \ldots, d\}$에서 $\{i_1, i_2, \ldots, i_p\}$의 여집합을 나타낸다. 또한 부호 $(-1)^{\varepsilon}$를 다음과 같은 방법을 통해 결정한다.

$$\varepsilon = \begin{cases} 0, & \{i_1, i_2, \ldots, i_p, j_1, j_2, \ldots, j_{d-p}\}\text{가 } [d]\text{의 짝수치환,} \\ 1, & \{i_1, i_2, \ldots, i_p, j_1, j_2, \ldots, j_{d-p}\}\text{가 } [d]\text{의 홀수치환} \end{cases}$$

보통 $(-1)^{\varepsilon}$을 $\operatorname{sign}(i_1 i_2 \cdots i_p j_1 j_2 \cdots j_{d-p})$로 나타내기도 한다. 또한, 다음 등식이 성립한다.

$$e_{i_1} \wedge e_{i_2} \wedge \cdots \wedge e_{i_p} \wedge *(e_{j_1} \wedge e_{j_2} \wedge \cdots \wedge e_{j_{d-p}}) = e_1 \wedge e_2 \wedge \cdots \wedge e_d = \mathrm{vol}$$

(2) 그런 다음, 위의 호지 $*$-작용소를 $\wedge^p V$ 전체까지 선형적으로 확장하여 정의한다.

위의 호지 $*$-작용소의 정의는 정규직교기저의 선택에 의존하지는 않지만, V의 내적과 방향성에는 의존한다.

[정의 4.1.2]에 의해, 다음 보조정리가 성립한다.

보조정리 4.1.3

내적 $\langle \cdot, \cdot \rangle$를 가진 d-차원 실벡터공간 V와 V의 정규직교기저

$$\{e_1, e_2, \ldots, e_d\}$$

에 대하여, V의 한 방향성 $\mathrm{vol} = e_1 \wedge e_2 \wedge \cdots \wedge e_d$를 택하자. 임의의 두 원소 $\alpha, \beta \in \wedge^p V$에 대하여, 다음 등식이 성립한다.

$$\alpha \wedge *\beta = \langle \alpha, \beta \rangle \mathrm{vol}$$

증명

증명을 위해, 먼저 α와 β를 다음과 같이 나타내자.

$$\alpha = \sum_{|I|=p} a_I e_I, \quad \beta = \sum_{|J|=p} b_J e_J$$

여기서 I와 J는 모두 순증가하는 다중 첨자(muti-index)를 나타낸다. 예를 들어. I는 다음과 같다.

$$I = \{i_1, i_2, \ldots, i_p \mid i_1 < i_2 < \cdots < i_p\}$$

그러면, 다음이 성립한다.

$$\alpha \wedge *\beta = \sum_{|I|=p, |J|=p} a_I b_J e_I \wedge *e_J = \sum_{|I|=p} a_I b_I e_1 \wedge e_2 \wedge \cdots \wedge e_d = \langle \alpha, \beta \rangle \mathrm{vol}$$

호지 $*$-작용소를 다음과 같이 복소수 값을 갖는 p-형식까지 선형적으로 확장할 수 있다.

정의 4.1.4

내적 $\langle \cdot, \cdot \rangle$를 가진 d-차원 실벡터공간 V와 V의 정규직교기저

$$\{e_1, e_2, \ldots, e_d\}$$

에 대하여, V의 한 방향성 $e_1 \wedge e_2 \wedge \cdots \wedge e_d$를 택하자.

(1) 임의의 두 원소 $\alpha, \beta \in \wedge^p V \otimes \mathbb{C}$에 대하여

$$\alpha = \sum_{|I|=p} a_I e_I, \quad \beta = \sum_{|J|=p} b_J e_J, \quad a_I, b_J \in \mathbb{C}$$

라 할 때, $\wedge^p V \otimes \mathbb{C}$ 상에 에르미트 내적을 다음과 같이 정의한다. 여기서 I와 J는 모두 순증가하는 다중 첨자를 나타낸다.

$$\langle \alpha, \beta \rangle = \sum_{|I|=p} \alpha_I \overline{\beta_I}$$

(2) 호지 $*$-작용소를 다음 등식을 이용하여 $\wedge^p V \otimes \mathbb{C}$까지 확장하여 정의한다.

$$\alpha \wedge *\overline{\beta} = \langle \alpha, \beta \rangle \mathrm{vol}$$

다음 정의가 성립한다.

정의 4.1.5

내적 $\langle \cdot, \cdot \rangle$를 가진 d-차원 실벡터공간 V와 임의의 $0 \leq p \leq d$에 대하여

$$\Pi_r : \wedge V \to \wedge^p V$$

를 자연스러운 **사영사상**(projection)이라 할 때, 선형사상

$$w : \wedge V \to \wedge V$$

를 다음과 같이 정의한다.

$$w = \sum_{p=0}^{d} (-1)^{(d+1)p} \Pi_p$$

[정의 4.1.5]에 의해, 다음이 성립함을 어렵지 않게 보일 수 있다.

보조정리 4.1.6

내적 $\langle \cdot, \cdot \rangle$를 가진 d-차원 실벡터공간 V와 V의 정규직교기저

$$\{e_1, e_2, \ldots, e_d\}$$

에 대하여, V의 한 방향성 $e_1 \wedge e_2 \wedge \cdots \wedge e_d$를 택하자. 이때, 다음이 성립한다.

(1) $**= w$

(2) $w^2 = w \circ w = \mathrm{Id}$

(3) d가 짝수일 때, $w = \sum_{p=0}^{d} (-1)^p \Pi_p$이다. 따라서 p가 짝수일 때, 다음 등식이 성립한다.

$$** |_{\wedge^p V} = \mathrm{Id}|_{\wedge^p V}$$

(4) $* w * = \mathrm{Id}$

증명

(1) 다음이 성립한다.

$$\begin{aligned}
&** (e_{i_1} \wedge e_{i_2} \wedge \cdots \wedge e_{i_p}) = * (\mathrm{sign}(i_1 i_2 \cdots i_p j_1 j_2 \cdots j_{d-p}) e_{j_1} \wedge e_{j_2} \wedge \cdots \wedge e_{j_{d-p}}) \\
&= \mathrm{sign}(j_1 j_2 \cdots j_{d-p} i_1 i_2 \cdots i_p) \mathrm{sign}(i_1 i_2 \cdots i_p j_1 j_2 \cdots j_{d-p}) e_{i_1} \wedge e_{i_2} \wedge \cdots e_{i_p} \\
&= (-1)^{(d-p)p} e_{i_1} \wedge e_{e_{i_2}} \wedge \cdots \wedge e_{i_p} \\
&= (-1)^{(d+1)p} e_{i_1} \wedge e_{e_{i_2}} \wedge \cdots \wedge e_{i_p}
\end{aligned}$$

(2) 임의의 $\alpha \in \wedge^p V$에 대하여, 다음 등식이 성립한다.

$$w^2(\alpha) = w(w(\alpha)) = w((-1)^{dp+p}\alpha) = (-1)^{2(dp+p)}\alpha = \alpha$$

(3)은 (2)에 의해 자명하다.

(4) 위의 (1)에 의해 $**= w$이므로 다음이 성립한다.

$$\mathrm{Id} = w^2 = **** = *w*$$

파이버가 복소벡터공간인 벡터번들의 논의를 위해, 먼저 n-차원 복소벡터공간 E에 대한 여러 가지 개념을 정리한다. 이를 위해, $E_{\mathbb{R}}$을 E로부터 복소구조를 무시하고 얻은 $2n$-차원 실벡터공간이라 하자. 그러면 $\{e_1, e_2, \ldots, e_n\}$이 E의 기저일 때,

$$\{e_1, ie_1, e_2, ie_2, \ldots, e_n, ie_n\}$$

이 $E_{\mathbb{R}}$의 기저가 된다. 그리고 E'을 실벡터공간 $E_{\mathbb{R}}$의 쌍대공간 $E_{\mathbb{R}}^*$라 할 때,

$$F = E' \otimes_{\mathbb{R}} \mathbb{C}$$

는 실수 상에서 선형적으로 E에서 $\mathbb{C}$로 가는 함수로 이루어진 $2n$-차원 복소벡터공간이 된다. 앞에서와 같이, 복소수 상에서 선형적인 F의 외대수 $\wedge F$를 다음과 같이 정의하자.

$$\wedge F = \sum_{p=0}^{2n} \wedge^p F$$

이때, $\wedge^p F$의 원소를 **p-형식**(p-form)이라 부른다. 또한 $\wedge F$ 상에 다음과 같은 **공핵화작용소**(conjugation)를 정의할 수 있다.

$$\overline{\omega}(v_1, v_2, \ldots, v_p) = \overline{\omega(v_1, v_2, \ldots, v_p)}, \quad \omega \in \wedge^p F, \ v_j \in E, \ 1 \le j \le p$$

임의의 $\omega \in \wedge^p F$에 대하여 $\overline{\omega} = \omega$일 때, ω를 **실수의 p-형식**(real p-form)이라 한다. $\wedge^p F$의 원소 중에서 실수의 p-형식만을 모아 만든 집합을 $\wedge_{\mathbb{R}}^p F$로 나타낸다. 사실, 다음이 성립한다.

$$\wedge_{\mathbb{R}}^p F = \wedge^p E'$$

정의 4.1.7

위의 논의와 같이, $\{e_1, e_2, \ldots, e_n\}$이 E의 기저일 때 다음 정의가 성립한다.

(1) $\wedge^{1,0}F$를 $\wedge^1 F$의 원소 중에서 복소수 상에서 선형인(complex-linear) 원소의 모임으로 정의한다. $\wedge^{1,0}F$는 다음과 같이 주어진다.

$$\wedge^{1,0}F = \mathrm{span}_{\mathbb{C}}\{e_1^*, e_2^*, \ldots, e_n^*\}$$

(2) $\wedge^{0,1}F$를 $\wedge^1 F$의 원소 중에서 복소수 상에서 공액적으로 선형인(conjugate-linear) 원소의 모임으로 정의한다. $\wedge^{0,1}F$는 다음과 같이 주어진다.

$$\wedge^{0,1}F = \mathrm{span}_{\mathbb{C}}\{\overline{e_1^*}, \overline{e_2^*}, \ldots, \overline{e_n^*}\}$$

여기서 e_i^*는 다음을 만족한다.

$$\overline{e_i^*}(\lambda v) = \overline{e_i^*(\lambda v)} = \overline{\lambda e_i^*(v)} = \overline{\lambda}\,\overline{e_i^*(v)} = \overline{\lambda}\,\overline{e_i^*}(v), \quad \lambda \in \mathbb{C}, \quad v \in E$$

따라서 $\overline{\wedge^{1,0}F} = \wedge^{0,1}F$이다.

(3) 정의에 의해, 다음 등식이 성립한다.

$$\wedge^1 F = \wedge^{1,0}F \oplus \wedge^{0,1}F,$$

$$\wedge F = \sum_{r=0}^{2n} \sum_{p+q=r} \wedge^{p,q}F$$

이제, E를 에르미트 거리함수 $h = \langle \cdot, \cdot \rangle$를 가진 n-차원 복소벡터공간이라 하자. 앞서 언급한 바와 같이, $\{z_1, z_2, \ldots, z_n\}$가 $\wedge^{1,0}F$의 기저라 할 때 $\{\overline{z_1}, \overline{z_2}, \ldots, \overline{z_n}\}$가 $\wedge^{0,1}F$의 기저가 된다. 따라서 임의의 두 원소 $u, v \in E$에 대하여, 다음이 성립한다.

$$\langle u, v \rangle = h(u, v) = \sum_{i,j=1}^{n} h_{ij} z_i \otimes \overline{z_j}(u, v) \in \mathbb{C}, \quad h_{ij} = h(z_i, z_j)$$

여기서 $H = (h_{ij})_{n \times n}$는 양의 정부호를 갖는 에르미트 대칭행렬(positive definite Hermitian symmetric matrix)이다. 따라서 $\overline{H}^T = H$이고, h를 다음과 같이 나타낼 수 있다.

$$h = S + \sqrt{-1}\,A$$

여기서 S와 A는 E 상에서 정의된 실수 상에서 쌍선형인 실수의 값을 갖는 선형범함수이다. 또한, S와 A는 각각 $E_{\mathbb{R}}$ 상에서 정의된 양의 정부호를 갖는 대칭행렬(symmetric matrix)과 반대칭행렬(skew-symmetric matrix)로 볼 수 있다. 실제로,

$$h(u,v)=S(u,v)+\sqrt{-1}A(u,v)=\overline{h(v,u)}=S(v,u)-\sqrt{-1}A(v,u)$$

이므로

$$S(u,v)=S(v,u)\text{이고 } A(u,v)=-A(v,u)$$

이다. 그리고

$$h(u,u)=S(u,u)+\sqrt{-1}A(u,u)\geq 0 \Leftrightarrow A(u,u)=0\text{이고 } S(u,u)\geq 0$$

이며

$$h(u,u)=0 \Leftrightarrow u=0 \Leftrightarrow S(u,u)=0$$

가 성립한다. 한편,

$$\begin{aligned} A &= \frac{1}{2\sqrt{-1}}\sum_{i,j=1}^{n}(h_{ij}z_i\otimes\overline{z_j}-h_{ij}\overline{z_j}\otimes z_i)=-\sqrt{-1}\sum_{i,j=1}^{n}h_{ij}\frac{z_i\otimes\overline{z_j}-\overline{z_j}\otimes z_i}{2} \\ &=-\sqrt{-1}\sum_{i,j=1}^{n}h_{ij}z_i\wedge\overline{z_j} \end{aligned}$$

이다.

정의 4.1.8

에르미트 복소벡터공간 (E,h)에 대응하는 **기본 2-형식**(fundamental 2-form) Ω를 다음과 같이 정의한다.

$$\Omega=-\frac{1}{2}A=-\frac{1}{2}\mathrm{Im}(h)=\frac{\sqrt{-1}}{2}\sum_{i,j=1}^{n}h_{ij}z_i\wedge\overline{z_j}$$

따라서 $h=S-2\sqrt{-1}\,\Omega$이고 $\Omega\in\wedge_{\mathbb{R}}^{1,1}F$이다.

[정의 4.1.8]에서, $h_{ij}=\delta_{ij}$이고 $z_j=x_j+\sqrt{-1}\,y_j$라 할 때

$$h=\sum_{i=1}^{n}z_i\otimes\overline{z_i}=\sum_{i=1}^{n}(x_i\otimes x_i+y_i\otimes y_i)-2\sqrt{-1}\sum_{i=1}^{n}x_i\wedge y_i$$

이다. 이때, 다음이 성립한다.

$$\Omega=\sum_{i=1}^{n}x_i\wedge y_i=\frac{\sqrt{-1}}{2}\sum_{i=1}^{n}z_i\wedge\overline{z_i},\quad \Omega^n=n!\,x_1\wedge y_1\wedge x_2\wedge y_2\wedge\cdots\wedge x_n\wedge y_n$$

여기서 $\frac{1}{n!}\Omega^n$이 E'의 부피요소(또는 방향성)를 결정한다. 따라서 에르미트 복소벡터 공간 (E,h)를 이용하여, E' 상에서 정의된 호지 $*$-작용소를 다음과 같이 정의할 수 있다.

$$*:\wedge^p E'\to\wedge^{2n-p}E'$$

또한, 호지 $*$-작용소를 복소수 상에서 선형적으로 $\wedge^p F$까지 자연스럽게 확장할 수 있다.

$\wedge F$ 상에서 정의된 호지 $*$-작용소 이외에도 여러 작용소를 $\wedge F$ 상에 다음과 같이 정의할 수 있다.

정의 4.1.9

에르미트 복소벡터공간 (E,h)에 대하여, 다음이 성립한다.

(1) 작용소 $w:\wedge E'\to\wedge E'$를 복소수 상에서 선형적으로 $\wedge^p F$까지 자연스럽게 확장할 수 있다. 즉 임의의 $v\in\wedge E'$와 $\lambda\in\mathbb{C}$에 대하여 $w(\lambda v)=\lambda w(v)$로 정의한다. 이때, 다음 등식이 성립한다.

$$w=\sum_{p=0}^{2n}(-1)^{(2n+1)p}\Pi_p=\sum_{p=0}^{2n}(-1)^p\Pi_p$$

또한, 임의의 $v\in\wedge E'$와 $\lambda\in\mathbb{C}$에 대하여

$$\overline{w(\lambda v)}=w(\overline{\lambda}v)$$

를 만족한다. 결론적으로, 임의의 $v\in\wedge F$에 대하여

$$\overline{w(v)}=w(\overline{v})$$

이다. w는 호지 $*$-작용소와 마찬가지로 **실수 작용소**(real operator)이다.

(2) 사영사상 $\Pi_{p,q}:\wedge F\to\wedge^{p,q}F$에 대하여, 작용소 J를 다음과 같이 정의하자.

$$J:\wedge F\to\wedge F,\quad J=\sum(\sqrt{-1})^{p-q}\Pi_{p,q}$$

그러면, 임의의 $\alpha\in\wedge^{p,q}F$에 대하여 다음이 성립한다.

$$\begin{aligned}\overline{J(\alpha)} &= \overline{(\sqrt{-1})^{p-q}\Pi_{p,q}(\alpha)} \\ &= (-1)^{p-q}(\sqrt{-1})^{p-q}\Pi_{q,p}(\overline{\alpha}) \\ &= (\sqrt{-1})^{q-p}\Pi_{q,p}(\overline{\alpha}) \\ &= J(\overline{\alpha})\end{aligned}$$

따라서 J가 실수의 작용소이다. 또한 다음 등식도 성립한다.

$$J^2 = w,\ \ J(v) = iv\ (v \in \wedge^{1,0}F\text{일 때}),\ \ J(v) = -iv\ (v \in \wedge^{0,1}F\text{일 때})$$

(3) [정의 4.1.8]을 이용하여, 실수의 작용소인 선형사상 L을 다음과 같이 정의할 수 있다.

$$L : \wedge F \to \wedge F,\ \ v \mapsto L(v) = \Omega \wedge v$$

따라서 $L|_{\wedge^p F} : \wedge^p F \to \wedge^{p+2} F$이다. 사실,

$$L|_{\wedge^{p,q}F} : \wedge^{p,q}F \to \wedge^{p+1,q+1}F$$

이므로 L이 **차수 $(1,1)$인 이중동차사상**(bi-homogeneous operator of degree $(1,1)$)이다.

(4) $\alpha \wedge * \overline{\beta} = \langle \alpha, \beta \rangle \mathrm{vol}$을 이용하여, 다음과 같은 **에르미트 수반작용소**(Hermitian adjoint) L^*를 정의할 수 있다.

$$\begin{aligned} L^* : \wedge^p F \to \wedge^{p-2}F,\ \ \langle L(u), v \rangle = \langle u, L^*(v) \rangle, \\ u \in \wedge^{p-2}F,\ v \in \wedge^p F,\ \ 2 \le p \le 2n \end{aligned}$$

여기서 $\mathrm{vol} = \dfrac{1}{n!}\Omega^n$이다.

다음 보조정리가 성립한다.

보조정리 4.1.10

다음 등식이 성립한다.

$$L^* = w * L *$$

결론적으로, L^*는 차수 $(-1, -1)$인 이중동차사상으로 실수의 작용소이다.

증명

임의의 $\alpha \in \wedge^p F$와 $\beta \in \wedge^{p+2}F$에 대하여, 다음 등식이 성립한다.

$$\begin{aligned}\langle L(\alpha), \beta\rangle \mathrm{vol} &= \Omega\wedge\alpha\wedge *\overline{\beta} = \alpha\wedge\Omega\wedge *\overline{\beta} = \alpha\wedge L(*\overline{\beta}) \\ &= \alpha\wedge *w*L(*\overline{\beta}) = \alpha\wedge\overline{*w*L*\beta} \\ &= \langle\alpha, w*L*\beta\rangle\mathrm{vol} \\ &= \langle\alpha, L^*(\beta)\rangle\mathrm{vol}\end{aligned}$$

여기서 네 번째 등식에서 [보조정리 4.1.6]의 결과인 $*w* = \mathrm{Id}$를 이용했다.

벡터공간의 준동형사상 T_1, T_2에 대하여, T_1과 T_2의 **교환자**(commutator) $[T_1, T_2]$를 다음과 같이 정의한다.

$$[T_1, T_2] = T_1 \circ T_2 - T_2 \circ T_1$$

다음 정리의 관계식은 나중에 유용하게 사용된다. 정리의 증명은 정의와 단순한 계산을 통해 보일 수 있으므로 증명을 생략한다([13, p. 160]).

정리 4.1.11

n-차원 에르미트 복소벡터공간 (E, h)와 기본 2-형식 Ω, 실수의 작용소 w, J, L, 그리고 L^*에 대하여, 다음이 성립한다.

(1) $*\Pi_{p,q} = \Pi_{n-q,n-p}*$

(2) $[L, w] = [L, J] = [L^*, w] = [L^*, J] = 0$

(3) $[L^*, L] = \sum_{p=0}^{2n}(n-p)\Pi_p$

4.2 푸앵카레 쌍대성과 세르 쌍대성

이 절에서는 먼저 컴팩트 미분다양체나 복소다양체 상에서 정의된 조화미분형식에 관한 여러 가지 성질을 알아본다. 그런 다음, 복소다양체에서 중요하게 이용되는 정리인 푸앵카레 쌍대성(Poincaré duality)과 세르 쌍대성(Serre duality)을 서술하고 증명한다.

이를 위해, 다음 정의부터 시작한다.

정의 4.2.1

임의의 컴팩트이고 방향성이 주어진 d-차원 리만다양체 X에 대하여, 다음이 성립한다.

(1) 각각의 $x\in X$와 쌍대접번들 $T_x^* X$에 대하여, X의 방향성과 리만구조는

$\wedge^p T_x^*(X)$ 상에 다음과 같은 동형사상인 호지 $*$-작용소를 정의한다.

$$*: \wedge^p T_x^*(X) \to \wedge^{d-p} T_x^*(X), \quad 0 \le p \le d$$

(2) 위의 (1)에서 $\wedge^p T_x^*(X)$ 상에서 정의된 호지 $*$-작용소를 x의 열린근방에서 정의할 수 있다. 따라서 다음과 같은 무한 번 미분가능한 번들사상을 얻을 수 있다.

$$*: \wedge^p T^*(X) \to \wedge^{d-p} T^*(X), \quad 0 \le p \le d$$

(3) 위의 (2)의 호지 $*$-작용소를 복소수 상에서 선형적으로 $\wedge^p T^*(X) \otimes \mathbb{C}$까지 확장하여 다음과 같은 동형사상인 호지 $*$-작용소를 정의할 수 있다.

$$*: S^p(X) \to S^{d-p}(X), \quad 0 \le p \le d$$

[정의 4.2.1]을 국소좌표계 $(x^1, x^2, \ldots, x^d)$를 택하여 조금 자세히 설명하면 다음과 같다. 실제로,

$$g = \sum_{i,j=1}^{d} g_{ij} dx^i \otimes dx^j$$

가 X의 리만 거리함수라 할 때 $g = (g_{ij})_{d \times d}$는 양의 정부호를 갖는 대칭행렬(positive-definite symmetric matrix)이다. 임의의 $1 \le i, j \le d$에 대하여, g^{ij}를 다음 등식을 만족하는 미분가능인 함수라 하자.

$$\sum_{j=1}^{d} g^{ij} g_{jk} = \delta_{ik}$$

또한, 임의의 주어진 집합 $\{a_{k_1 k_2 \cdots k_p} \in \mathbb{R} \mid 1 \le k_1 \le k_2 \le \cdots \le k_p \le d\}$에 대하여

$$a^{j_1 j_2 \cdots j_p} = \sum_{1 \le k_1 \le k_2 \le \cdots \le k_p \le n} g^{j_1 k_1} g^{j_2 k_2} \cdots g^{j_p k_p} a_{k_1 k_2 \cdots k_p}$$

라 하자. 그러면, 임의의

$$\alpha = \sum_{1 \le i_1 < i_2 < \cdots < i_p \le d} \alpha_{i_1 i_2 \cdots i_p} dx^{i_1} \wedge dx^{i_2} \wedge \cdots \wedge dx^{i_p}$$

에 대하여

$$*\alpha = \sum_{1 \le j_1 < j_2 < \cdots < j_{d-p} \le d} (*\alpha)_{j_1 j_2 \cdots j_{d-p}} dx^{j_1} \wedge dx^{j_2} \wedge \cdots \wedge dx^{j_{d-p}}$$

로 주어진다. 여기서 $(*\alpha)_{j_1 j_2 \cdots j_{d-p}}$는 다음과 같다.

$$(*\alpha)_{j_1 j_2 \cdots j_{d-p}} = \operatorname{sign}(i_1 i_2 \cdots i_p j_1 j_2 \cdots j_{d-p})\sqrt{g}\,\alpha^{i_1 i_2 \cdots i_p}, \quad g = \det(g_{ij})$$

특히, $*1 = \sqrt{g}\,dx^1 \wedge dx^2 \wedge \cdots \wedge dx^d = \mathrm{vol}$이다. 따라서 임의의

$$\alpha = \sum_{1 \le i_1 < i_2 < \cdots < i_p \le d} \alpha_{i_1 i_2 \cdots i_p} dx^{i_1} \wedge dx^{i_2} \wedge \cdots \wedge dx^{i_p},$$

$$\beta = \sum_{1 \le i_1 < i_2 < \cdots < i_p \le d} \beta_{i_1 i_2 \cdots i_p} dx^{i_1} \wedge dx^{i_2} \wedge \cdots \wedge dx^{i_p}$$

에 대하여

$$\langle \alpha, \beta \rangle = \sum_{1 \le i_1 < i_2 < \cdots < i_p \le n,\ 1 \le j_1 < j_2 < \cdots < j_p \le n} g^{i_1 j_1} g^{i_2 j_2} \cdots g^{i_p j_p} \alpha_{i_1 i_2 \cdots i_p} \beta_{j_1 j_2 \cdots j_p}$$

라 정의하면, 다음 등식이 성립함을 알 수 있다.

$$\begin{aligned}\alpha \wedge *\beta &= \sum \operatorname{sign}(i_1 i_2 \cdots i_p j_1 j_2 \cdots j_{d-p})\,\alpha_{i_1 i_2 \cdots i_p} (*\beta)_{j_1 j_2 \cdots j_{d-p}} dx^1 \wedge dx^2 \wedge \cdots \wedge dx^d \\ &= \sum \sqrt{g}\,\alpha_{i_1 i_2 \cdots i_p} \beta^{i_1 i_2 \cdots i_p} dx^1 \wedge dx^2 \wedge \cdots \wedge dx^d \\ &= \langle \alpha, \beta \rangle \mathrm{vol}\end{aligned}$$

호지 $*$-작용소

$$*: \wedge^p T^*(X) \to \wedge^{d-p} T^*(X), \quad 0 \le p \le d$$

를 복소수 상에서 선형적으로 $\wedge^p T^*(X) \otimes \mathbb{C}$까지 확장하여 [정의 4.2.1]에서 다음과 같은 동형사상인 호지 $*$-작용소를 정의했다.

$$*: S^p(X) \to S^{d-p}(X), \quad 0 \le p \le d$$

다음 보조정리가 성립한다.

보조정리 4.2.2

$S^p(X)$ 상에 $(\cdot\,,\,\cdot)$를 다음과 같이 정의하자.

$$(\varphi, \psi) = \begin{cases} \int_X \varphi \wedge *\overline{\psi}, & \varphi, \psi \in S^p(X) \\ 0, & \varphi \in S^p(X), \psi \in S^q(X),\ p \ne q \end{cases}$$

그러면 $(\cdot\,,\,\cdot)$는 복소벡터공간

$$S^*(X) = \oplus_{p=0}^d S^p(X)$$

상에서 다음 등식을 만족하는 양의 정부호를 갖는 에르미트 대칭형식(positive-definite Hermitian symmetric form)이다.

$$(\lambda\alpha, \beta) = \lambda(\alpha, \beta), \quad (\alpha, \lambda\beta) = \overline{\lambda}(\alpha, \beta), \quad \alpha, \beta \in S^*(X), \lambda \in \mathbb{C}$$

위의 등식을 만족하는 실수 상에서는 쌍선형(bi-linear)인 내적을 **준선형 내적**(sesqui-linear inner product)이라 말한다.

증명

정의에 의해, $\varphi, \psi \in S^p(X)$에 대하여

$$(\varphi, \psi) = \int_X \varphi \wedge * \overline{\psi} = \int_X \langle \varphi, \psi \rangle \mathrm{vol}$$

이므로 $(\cdot, \cdot)$가 준선형 에르미트 대칭형식임은 자명하다. 따라서 $(\cdot, \cdot)$가 양의 정부호를 가짐을 보인다. 이를 보이기 위해, $(\varphi, \varphi) = 0$이고 $\varphi(x_0) \neq 0$를 만족하는 $\varphi \in S^p(X)$가 존재한다고 가정하자. 이때, x_0의 열린근방 U_{x_0}에서 정의된 $T^*(X) \otimes \mathbb{C}$의 정규직교 틀

$$f = (e_1, e_2, \ldots, e_d)$$

에 대하여 φ를 다음과 같이 나타낼 수 있다.

$$\varphi = \sum_{|I| = p} \varphi_I e_I$$

여기서 $I = \{i_1, i_2, \ldots, i_p \mid 1 \leq i_1 < i_2 < \cdots < i_p \leq d\}$이다. 그러면 U_{x_0} 상에서 다음이 성립한다.

$$\varphi \wedge * \overline{\varphi} = \sum_{|I| = p} |\varphi_I|^2 \mathrm{vol}$$

따라서 $|\varphi_I|(x_0) > 0$이므로 $(\varphi, \varphi) > 0$가 성립한다.

보조정리 4.2.3

X가 복소 n-차원 컴팩트 에르미트 복소다양체라 할 때,

$$S^r(X) = \sum_{p+q=r} S^{p,q}(X), \quad 0 \leq r \leq 2n$$

은 호지 $*$-작용소를 이용하여 정의한 내적 $(\cdot, \cdot)$에 관해 **직교합 분해**(orthogonal direct sum decomposition)이다.

증명

임의의 두 원소

$$\varphi \in S^{p,q}(X),\ \psi \in S^{r,s}(X),\ p+q=r+s$$

에 대하여, $\varphi \wedge * \overline{\psi}$는 $(n-r+p, n-s+q)$-형식이다. 사실, $\overline{\psi}$는 (s,r)-형식이고 $* \overline{\psi}$는 [정리 4.1.11]의 (1)에 의해 $(n-r, n-s)$-형식이다. 따라서 $\varphi \wedge * \overline{\psi}$가 (n,n)-형식일 필요충분조건은 $p=r$이고 $q=s$이다. 결론적으로,

$$S^r(X) = \sum_{p+q=r} S^{p,q}(X),\ \ 0 \le r \le 2n$$

는 직교합 분해이다.

정의 4.2.4

X가 임의의 d-차원 컴팩트 미분다양체라 할 때, 다음이 성립한다.

(1) $S^*(X)$ 상에 작용하는 작용소 $\overline{*}$를 다음과 같이 정의한다.

$$\overline{*}: S^*(X) \to S^*(X),\ \ \varphi \mapsto \overline{*}(\varphi) = *(\overline{\varphi})$$

(2) 작용소

$$\overline{*}: \wedge^p T^*(X) \otimes \mathbb{C} \to \wedge^{d-p} T^*(X) \otimes \mathbb{C}$$

는 공핵선형인 번들동형사상(conjugate-linear isomorphism)이다.

정의 4.2.5

임의의 복소 n-차원 컴팩트 에르미트 복소다양체 X와 에르미트 복소벡터번들 $(E,h) \to X$에 대하여, 다음이 성립한다.

(1) E의 쌍대번들 E^*에 대하여, $\tau: E \to E^*$를 공핵선형인 번들동형사상(conjugate-linear bundle isomorphism)이라 하자. 이때, 작용소

$$\overline{*}_E: \wedge^p T^*(X)_{\mathbb{C}} \otimes E \to \wedge^{2n-p} T^*(X)_{\mathbb{C}} \otimes E^*,\ \ 0 \le p \le 2n$$

를 다음 관계식을 이용하여 정의한다. 여기서 $T^*(X)_{\mathbb{C}}$는 실수 상에서 차원이 $2n$인 리만다양체 $X_{\mathbb{R}}$에 관한 $T^*(X_{\mathbb{R}})$을 이용하여 정의된 $T^*(X_{\mathbb{R}}) \otimes \mathbb{C}$를 나타낸다.

$$\overline{*}_E(\varphi \otimes e) = \overline{*}(\varphi) \otimes \tau(e),\ \ \varphi \otimes e \in \wedge^p T^*(X)_{\mathbb{C}} \otimes E$$

그러면 $\overline{\ast}_E$는 공핵선형인 번들동형사상이 된다.

(2) $S^r(X, E) = \Gamma(X, \wedge^r T^*(X)_{\mathbb{C}} \otimes E)$이고

$$S^r(X, E) = \sum_{p+q=r} S^{p,q}(X, E), \quad S^*(X, E) = \sum_{r=0}^{2n} S^r(X, E)$$

이므로 $S^*(X)$ 상에 다음과 같은 내적을 정의할 수 있다.

$$(\varphi, \psi) = \int_X \varphi \wedge \overline{\ast}_E \psi, \quad \varphi, \psi \in S^r(X, E)$$

사실,

$$\overline{\ast}_E : S^{p,q}(X, E) \to S^{n-p, n-q}(X, E)$$

가 공핵선형인 번들동형사상이다.

다음 정리가 성립한다.

정리 4.2.6

임의의 d-차원 방향성이 주어진 컴팩트 미분다양체 X에 대하여,

$$\Delta = dd^* + d^* d$$

라 하자. 여기서 d^*는 내적 $(\cdot, \cdot)$에 관한 미분작용소 d의 수반작용소를 나타낸다. 이때, 다음이 성립한다.

(1) $S^p(X)$ 상에서 다음 등식이 성립한다.

$$d^* = (-1)^{d+dp+1} \overline{\ast} d \overline{\ast} = (-1)^{d+dp+1} \ast d \ast$$

(2) $\ast \Delta = \Delta \ast$이고 $\overline{\ast} \Delta = \Delta \overline{\ast}$이다.

증명

(1) 임의의 $\varphi \in S^{p-1}(X)$와 $\psi \in S^p(X)$에 대하여, 다음 등식이 성립한다.

$$\begin{aligned}(d\varphi, \psi) &= \int_X d\varphi \wedge \overline{\ast} \psi = \int_X d(\varphi \wedge \overline{\ast} \psi) - (-1)^{p-1} \int_X \varphi \wedge d \overline{\ast} \psi \\ &= (-1)^p \int_X \varphi \wedge d \overline{\ast} \psi\end{aligned}$$

한편 $\ast\ast = \overline{\ast}\ \overline{\ast} = w$이고 $w|_{S^p(X)} = (-1)^{dp+p} \Pi_p$이므로

$$\begin{aligned}(d\varphi,\psi) &= (-1)^p\int_X \varphi\wedge\overline{*}\,\overline{*}^{-1}d\overline{*}\psi = (-1)^p\int_X \varphi\wedge\overline{*}\,(\overline{*}^{-1}d\overline{*}\psi)\\ &= (-1)^p\int_X \varphi\wedge\overline{*}\,(\overline{*}wd\overline{*}\psi) = (-1)^p\int_X \varphi\wedge\overline{*}\,(\overline{*}\,\overline{*}\,\overline{*}d\overline{*}\psi)\\ &= (-1)^{d+dp+1}\int_X \varphi\wedge\overline{*}\,(\overline{*}d\overline{*}\psi)\\ &= (-1)^{d+dp+1}(\varphi,\overline{*}d\overline{*}\psi)\end{aligned}$$

이다. 따라서 d가 실수의 작용소이므로 다음이 성립한다.

$$d^* = (-1)^{d+dp+1}\overline{*}d\overline{*} = (-1)^{d+dp+1} * d *$$

(2) 위의 (1)에 의해, 임의의 $\varphi\in S^p(X)$에 대하여 다음 등식이 성립한다.

$$*\,\Delta\varphi = (-1)^{d+dp+1}(*\,d*d*+(-1)^d **d*d)\varphi$$

이고

$$\Delta*\varphi = (-1)^{d+d(d-p)+1}(d*d**+(-1)^d*d*d*)\varphi$$

이다. 한편 $wd*d\varphi = d*dw\varphi$이다. 실제로, $w=\sum(-1)^{dp+p}\Pi_p$이므로

$$d*dw\varphi = d*d(-1)^{dp+p}\varphi$$

이고

$$wd*d\varphi = (-1)^{d-p+d(d-p)}d*d\varphi = (-1)^{dp+p}d*d\varphi$$

이다. 따라서 $*\,\Delta\varphi = \Delta*\varphi$임을 쉽게 확인할 수 있다. d가 실수의 작용소이므로

$$\Delta\overline{*} = \overline{*}\Delta$$

도 비슷한 방법으로 성립함을 보일 수 있다.

[정리 4.2.6]과 비슷한 결과가 에르미트 복소다양체에 대해서도 다음과 같이 성립한다.

정리 4.2.7

임의의 복소 n-차원 컴팩트 에르미트 복소다양체 X와 에르미트 복소벡터번들 $(E,h)\to X$에 대하여, 다음이 성립한다.

(1) 작용소

$$\overline{\partial} = \overline{\partial_E} : S^{p,q}(X,E)\to S^{p,q+1}(X,E)$$

의 수반작용소 $\bar{\partial}^*$ 는 다음과 같이 주어진다.

$$\bar{\partial}^* = -\overline{*}_{E^*}\,\bar{\partial}\,\overline{*}_E$$

(2) $\overline{\Box} = \bar{\partial}\bar{\partial}^* + \bar{\partial}^*\bar{\partial}$라 할 때, $\overline{\Box}$는 $S^{*,*}(X, E)$ 상에서 다음 등식을 만족한다.

$$\overline{\Box}\,\overline{*}_E = \overline{*}_E\,\overline{\Box}$$

증명

(1) 임의의 $\varphi \in S^{p,q-1}(X, E)$와 $\psi \in S^{p,q}(X, E)$에 대하여, $\overline{*}_E\psi$는 $(n-p, n-q)$-형식이므로

$$\varphi \wedge \overline{*}_E\psi \in S^{n,n-1}(X)$$

이다. 따라서 $\bar{\partial}(\varphi \wedge \overline{*}_E\psi) = d(\varphi \wedge \overline{*}_E\psi)$이다. 또한

$$\bar{\partial}(\varphi \wedge \overline{*}_E\psi) = \bar{\partial}\varphi \wedge \overline{*}_E\psi + (-1)^{p+q-1}\varphi \wedge \bar{\partial}\,\overline{*}_E\psi$$

이고 $\overline{*}_E\overline{*}_{E^*} = w = \sum(-1)^p \Pi_p$이므로 다음 등식이 성립함을 알 수 있다.

$$\begin{aligned}
(\bar{\partial}\varphi, \psi) &= (-1)^{p+q}\int_X \varphi \wedge \bar{\partial}\,\overline{*}_E\psi = (-1)^{p+q}\int_X \varphi \wedge \overline{*}_E(\overline{*}_E^{-1}\bar{\partial}\,\overline{*}_E\psi) \\
&= (-1)^{p+q}\int_X \varphi \wedge \overline{*}_E(w\overline{*}_{E^*}\bar{\partial}\,\overline{*}_E\psi) \\
&= -\int_X \varphi \wedge \overline{*}_E(\overline{*}_{E^*}\bar{\partial}\,\overline{*}_E\psi) \\
&= (\varphi, -\overline{*}_{E^*}\bar{\partial}\,\overline{*}_E\psi)
\end{aligned}$$

(2) [정리 4.2.6]의 (2)의 증명과 비슷하게 증명할 수 있으므로 생략한다.

이 절의 마지막 내용으로 푸앵카레 쌍대성과 세르 쌍대성을 다음과 같이 서술하고 증명한다.

정리 4.2.8 푸앵카레 쌍대성, Poincaré duality

임의의 d-차원 컴팩트 방향성이 주어진 미분다양체 X에 대하여, 다음이 성립한다.

(1) 다음과 같은 공핵선형인 동형사상 σ가 존재한다.

$$\sigma : H^r(X, \mathbb{C}) \to H^{d-r}(X, \mathbb{C})$$

따라서 $H^r(X, \mathbb{C})$가 $H^{d-r}(X, \mathbb{C})$의 쌍대공간과 복소수 상에서 선형 동형(complex-linear isomorphic)이다. 즉

$$H^r(X,\mathbb{C}) \cong (H^{d-r}(X,\mathbb{C}))^*$$

(2) $b_r(X) = \dim_{\mathbb{C}} H^r(X,\mathbb{C})$일 때, 다음 관계식이 성립한다.

$$b_r(X) = b_{d-r}(X), \quad 0 \le r \le d$$

여기서 $b_r(X)$를 **X의 r차 베티수**(Betti number)라 부른다.

증명

(2)는 (1)에 의해 자명하므로 (1)만 증명한다.

(1) 증명을 위해, 먼저 X 상에 리만 거리함수와 방향성을 주자. 그런 다음, 호지 $*$-작용소를 고려하자. 그러면 [정리 4.2.6]의 (2)에 의해 $\Delta\overline{*} = \overline{*}\Delta$이므로 다음과 같은 순환하는 다어어그램이 존재한다.

$$\begin{array}{ccc} S^r(X) & \xrightarrow{\overline{*}} & S^{d-r}(X) \\ \downarrow \mathrm{HF}_\Delta & & \downarrow \mathrm{HF}_\Delta \\ \mathrm{HF}^r(X) & \xrightarrow{\overline{*}} & \mathrm{HF}^{d-r}(X) \\ \downarrow \cong & & \downarrow \cong \\ H^r(X,\mathbb{C}) & \xrightarrow{\sigma} & H^{d-r}(X,\mathbb{C}) \end{array}$$

여기서 HF_Δ는 X 상에서 정의된 r차 조화형식들로 이루어진 군 $\mathrm{HF}^r(X)$로 가는 사영사상을 나타낸다([13, Chapter IV-Theorem 4.12]). 그리고 임의의 $0 \le r \le d$에 대하여 $H^r(X,\mathbb{C})$와 $\mathrm{HF}^r(X)$가 서로 동형임을 잘 알려진 사실이다([13, p. 149]). 따라서 정리의 결론과 같은 공핵선형인 동형사상 σ가 존재한다. 한편 유한 차원 복소벡터공간 V과 V의 쌍대공간은 공핵 선형적으로 서로 동형(conjugate-linear isomorphic)이다. 따라서 $H^{d-r}(X,\mathbb{C})$와 $H^r(X,\mathbb{C})$의 쌍대공간은 서로 복소수 상에서 선형적으로 서로 동형이다.

◇

정리 4.2.9 세르 쌍대성, Serre duality

임의의 복소 n-차원 컴팩트 복소다양체 X와 복소해석적 벡터번들 $E \to X$에 대하여, 다음이 성립한다.

(1) 다음과 같은 공핵선형 동형사상 σ가 존재한다.

$$\sigma: H^q(X, \Omega^p(E)) \to H^{n-q}(X, \Omega^{n-p}(E^*))$$

따라서 $H^q(X, \Omega^p(E))$가 $H^{n-q}(X, \Omega^{n-p}(E^*))$의 쌍대공간과 복소수 상에서 선형적으로 서로 동형(complex-linear isomorphic)이다. 즉

$$H^q(X, \Omega^p(E)) \cong (H^{n-q}(X, \Omega^{n-p}(E^*)))^*$$

(2) $b_r(X) = \dim_{\mathbb{C}} H^r(X, \mathbb{C})$일 때, 다음 관계식이 성립한다.

$$b_r(X) = b_{2n-r}(X), \quad 0 \le r \le 2n$$

여기서 $b_r(X)$를 **X의 r차 베티수**(Betti number)라 부른다.

(3) $h^{p,q}(X) = \dim_{\mathbb{C}} H^q(X, \Omega_X^p)$라 할 때, 다음 관계식이 성립한다.

$$h^{p,q}(X) = h^{n-p,n-q}(X), \quad 0 \le p, q \le n$$

여기서 $h^{p,q}(X)$를 **X의 (p, q)차 호지수**(Hodge number)라 부른다.

증명

(2)와 (3)은 (1)에 의해 자명하므로 (1)만 증명한다.

(1) 증명을 위해, 먼저 X와 E 상에 에르미트 거리함수를 주자. 그런 다음, 호지 $\overline{*}_E$-작용소를 고려하자. 그러면 [정리 4.2.7]의 (2)에 의해 $\overline{\square}\,\overline{*}_E = \overline{*}_E\,\overline{\square}$이므로 다음과 같은 순환하는 다이어그램이 존재한다.

$$\begin{array}{ccc}
S^{p,q}(X, E) & \xrightarrow{\overline{*}_E} & S^{n-p,n-q}(X, E^*) \\
\downarrow \mathrm{HF}_{\overline{\square}} & & \downarrow \mathrm{HF}_{\overline{\square}} \\
\mathrm{HF}^{p,q}(X, E) & \xrightarrow{\overline{*}_E} & \mathrm{HF}^{n-p,n-q}(X, E^*) \\
\downarrow \cong & & \downarrow \cong \\
H^{p,q}(X, E) & \xrightarrow{\tau} & H^{n-p,n-q}(X, E^*) \\
\downarrow \cong & & \downarrow \cong \\
H^q(X, \Omega^p(E)) & \xrightarrow{\sigma} & H^{n-q}(X, \Omega^{n-p}(E^*))
\end{array}$$

여기서 $\mathrm{HF}_{\overline{\square}}$는 X 상에서 정의된 (p, q)차 조화형식들로 이루어진 군 $\mathrm{HF}^{p,q}(X)$로 가는 사영사상을 나타낸다. 한편 임의의 $0 \le p, q \le n$에 대하여 $H^{p,q}(X, E)$와

$\mathrm{HF}^{p,q}(X, E)$가 서로 동형임을 잘 알려진 사실이다. 또한 돌보 정리인 [정리 2.3.22]에 의해 $H^{p,q}(X, E)$와 $H^q(X, \Omega^p(E))$가 서로 동형이다. 따라서 정리의 결론과 같은 공핵선형인 동형사상 σ가 존재한다. [정리 4.2.8]과 같이, $H^q(X, \Omega^p(E))$가 $H^{n-q}(X, \Omega^{n-p}(E))$의 쌍대공간과 복소수 상에서 선형적으로 서로 동형이다.

4.3 sl(2, ℂ) 표현론

이 절에서는 대각합이 영인 2×2-행렬들로 이루어진 리대수 $\mathrm{sl}(2, \mathbb{C})$의 유한 차원 표현론을 자세히 알아본다. 다음 절에서는 이를 이용하여 에르미트 외대수의 표현론을 얻는 방법에 대해 자세히 설명한다.

이를 위해, 리대수(Lie algebra)에 대한 기본적인 정의부터 시작한다.

정의 4.3.1

다음 조건을 만족하는 **리연산**(Lie bracket) $[\cdot, \cdot]$을 가진 벡터공간 $\mathscr{L}$을 **리대수**(Lie algebra)라 한다.

(1) 임의의 $X, Y \in \mathscr{L}$에 대하여, $[\cdot, \cdot]$가 다음과 같은 **반교환 관계**(anti-commutative relation)를 만족한다.

$$[X, Y] = -[Y, X]$$

(2) 임의의 $X, Y, Z \in \mathscr{L}$에 대하여, $[\cdot, \cdot]$가 다음과 같은 **야코비 항등식**(Jacobi identity)을 만족한다.

$$[X, [Y, Z]] + [Y, [Z, X]] + [Z, [X, Y]] = 0$$

정의 4.3.2

임의의 리대수 $(\mathscr{L}, [\cdot, \cdot])$과 복소벡터공간 V에 대하여, 다음이 성립한다.

(1) 교환자 $[A, B] = AB - BA$를 리연산으로 가진 V의 준동형사상으로 이루어진 리대수 $\mathrm{End}(V)$에 대하여, 대수적 준동형사상

$$\pi : \mathscr{L} \to \mathrm{End}(V)$$

를 **$\mathscr{L}$의 V 상의 표현**(representation)이라 한다.

(2) $n = \dim V < \infty$일 때, 표현 π가 **차원(dimension) n을 가진다**고 말한다. 반면에, $\dim V = \infty$일 때 표현 π가 **무한 차원(infinite dimension)을 가진다**고 말한다.

(3) $\mathscr{L}$의 V 상의 표현

$$\pi : \mathscr{L} \to \mathrm{End}(V)$$

에 대하여 V의 불변인 진부분공간 $V_0(\neq 0)$가 존재하지 않을 때, $\mathscr{L}$의 표현 π를 **기약적**(irreducible)이라고 말한다. 여기서 V의 부분공간 V_0가 다음 조건을 만족할 때, V_0가 **불변적**(invariant)이라 한다.

$$\pi(X)(V_0) \subset V_0,\ X \in \mathscr{L}$$

(4) 임의의 두 표현

$$\pi_1 : \mathscr{L} \to \mathrm{End}(V_1),\ \pi_2 : \mathscr{L} \to \mathrm{End}(V_2)$$

에 대하여 다음 조건을 만족하는 동형사상 $\varphi : V_1 \to V_2$가 존재할 때, π_1과 π_2가 서로 **동치**(equivalent)라 한다.

$$\pi_1 = \varphi^{-1} \circ \pi_2 \circ \varphi \text{ 즉, } \pi_1(X) = \varphi^{-1} \circ \pi_2(X) \circ \varphi,\ \ X \in \mathscr{L}$$

(5) 임의의 표현

$$\pi : \mathscr{L} \to \mathrm{End}(V)$$

와 자연수 $d \geq 2$에 대하여 V 상의 표현 π가 $V_i (1 \leq i \leq d)$ 상에서 기약인 표현 π_i의 직합

$$\pi_1 \oplus \pi_2 \oplus \cdots \oplus \pi_d : \mathscr{L} \to \mathrm{End}(V_1 \oplus V_2 \oplus \cdots \oplus V_d)$$

와 서로 동치일 때, V 상의 표현 π를 **완전가약인 표현**(completely reducible representation)이라 한다.

임의의 리군에 대하여, 리대수에 관한 [정의 4.3.2]와 비슷한 개념을 다음과 같이 정의할 수 있다.

정의 4.3.3

임의의 리군 G와 유한 차원 복소벡터공간 V에 대하여, 실해석적(real-analytic) 군준동형사상

$$\rho : G \to GL(V)$$

를 ***G*의 *V* 상의 표현**이라 한다. 여기서 $GL(V)$는 복소벡터공간 V의 정칙(non-singular)인 준동형사상으로 이루어진 군을 나타낸다. [정의 4.3.2]와 같이, G의 V 상의 표현에 대하여 기약성(irreducibility), 완전가약성(completely reducibility) 등의 정의를 할 수 있다.

특수선형군 $SL(2,\mathbb{C})$의 리대수인 $\mathrm{sl}(2,\mathbb{C})$는 대각합이 영인 2×2-행렬의 모임이다. 그러면, 다음과 같은 지수함수 $\exp : \mathrm{sl}(2,\mathbb{C}) \to SL(2,\mathbb{C})$가 존재한다.

$$\exp(X) = e^X = \sum_{n=0}^{\infty} \frac{X^n}{n!}, \quad X \in \mathrm{sl}(2,\mathbb{C})$$

또한, 다음과 같은 관계식이 성립한다.

$$e^{tX} = I + tX + O(|t|^2), \quad X \in \mathrm{sl}(2,\mathbb{C}),\ t \in \mathbb{R},$$
$$e^{tX}e^{tY} = I + t(X+Y) + O(|t|^2), \quad X, Y \in \mathrm{sl}(2,\mathbb{C}),\ t \in \mathbb{R},$$
$$e^{tX}e^{tY}e^{-tX}e^{-tY} = I + t^2[X, Y] + O(|t|^3), \quad X, Y \in \mathrm{sl}(2,\mathbb{C}),\ t \in \mathbb{R}$$

이제, $SL(2,\mathbb{C})$의 부분군인 특수유니터리군

$$SU(2) = \{A \in SL(2,\mathbb{C}) \mid A\overline{A}^T = \overline{A}^T A = I,\ \det(A) = 1\}$$

을 고려하자. 리군 $SU(2)$의 리대수 $\mathrm{su}(2)$는 위의 관계식을 이용하여 다음과 같이 주어진다.

$$\mathrm{su}(2) = \{X \in \mathrm{gl}(2,\mathbb{C}) \mid X + \overline{X}^T = 0,\ \mathrm{tr}(X) = 0\}$$

다음 보조정리가 성립한다. 보조정리의 결과는 잘 알려진 사실이므로 증명을 생략한다.

보조정리 4.3.4

다음이 성립한다.

(1) 리대수 $\mathrm{sl}(2,\mathbb{C})$의 차원은 3이고, 다음과 같은 기저를 가진다.

$$\left\{X = \begin{bmatrix} 0 & 1 \\ 0 & 0 \end{bmatrix},\ Y = \begin{bmatrix} 0 & 0 \\ 1 & 0 \end{bmatrix},\ H = \begin{bmatrix} 1 & 0 \\ 0 & -1 \end{bmatrix}\right\}$$

(2) 다음과 같은 관계식이 성립한다.

$$[X, Y] = H,\ [H, X] = 2X,\ [H, Y] = -2Y$$

(3) su(2)는 sl(2, $\mathbb{C}$)의 실수형식(real form)이다. 즉 sl(2, $\mathbb{C}$) = su(2)$\otimes_{\mathbb{R}}\mathbb{C}$이다. 사실, su(2)는 다음과 같은 기저를 갖는다.

$$\{\sqrt{-1}H, X-Y, \sqrt{-1}(X+Y)\}$$

(4)

$$w = \begin{bmatrix} 0 & \sqrt{-1} \\ \sqrt{-1} & 0 \end{bmatrix}$$

일 때, 다음 관계식이 성립한다.

$$wHw^{-1} = -H,\ wXw^{-1} = Y,\ wYw^{-1} = X$$

즉 sl(2, $\mathbb{C}$) 상에서 w에 의한 **공핵작용**(conjugation)은 sl(2, $\mathbb{C}$)의 기저 $\{H, X, Y\}$에 대하여 대칭이동(reflection)을 준다. 이 대칭이동을 특히 **바일군 대칭이동**(Weyl group reflection)이라 한다.

$SL(2,\mathbb{C})$, sl(2, $\mathbb{C}$), $SU(2)$, 그리고 su(2)의 표현 사이에 다음과 같은 정리가 성립한다.

정리 4.3.5

다음이 성립한다.

(1) $SL(2,\mathbb{C})$, sl(2, $\mathbb{C}$), $SU(2)$, 그리고 su(2)의 표현 사이에 일대일 대응이 존재한다. 다시 말해서, 다음 다이어그램에서 r_1, r_2, d_1, d_2가 모두 일대일 대응이다.

$$\begin{array}{ccc} (SU(2) \to GL(V)) & \overset{r_1}{\longleftarrow} & (SL(2,\mathbb{C}) \to GL(V)) \\ \downarrow d_1 & & \downarrow d_2 \\ (\mathrm{su}(2) \to \mathrm{End}(V)) & \overset{r_2}{\longleftarrow} & (\mathrm{sl}(2,\mathbb{C}) \to \mathrm{End}(V)) \end{array}$$

여기서 $r_i(i=1,2)$와 $d_i(i=1,2)$는 각각 축소함수(restriction mapping)와 미분사상(derivative mapping)을 나타낸다. 또한

$$SU(2) \to \mathrm{End}(V)\text{와 } SL(2,\mathbb{C}) \to \mathrm{End}(V)$$

는 각각 실해석적(real-analytic) 군준동형사상과 복소해석적(complex-anlaytic) 군준동형사상을 나타낸다.

(2) 임의의 컴팩트 리군 G와 G의 유한 차원 복소벡터공간 V 상의 표현

$$\rho : G \to GL(V)$$

에 대하여, ρ는 항상 완전가약인 표현이다.

(3) ρ가 $\mathrm{sl}(2, \mathbb{C})$의 유한 차원 복소벡터공간의 표현일 때, ρ가 완전가약이다.

증명

(1)-(2) $\mathrm{sl}(2, \mathbb{C}) = \mathrm{su}(2) \otimes_{\mathbb{R}} \mathbb{C}$이고 $SL(2, \mathbb{C}) \approx S^3 \times \mathbb{R}^3$, $SU(2) \approx S^3$이므로 정리가 성립한다. 자세한 증명은 생략한다([13, pp. 173-174]).

(3) 위의 (1)에 의해, $\mathrm{sl}(2, \mathbb{C})$의 표현과 $SU(2)$이 표현은 기약성과 직합 등을 보존하는 일대일 대응 관계에 있다. 한편, $SU(2)$가 컴팩트 리군이므로 위의 (2)에 의해 $SU(2)$의 임의의 표현은 완전가약이다. 따라서 $\mathrm{sl}(2, \mathbb{C})$의 표현도 완전가약이다.

정의 4.3.6

$\mathrm{sl}(2, \mathbb{C})$의 유한 차원 복소벡터공간의 표현 ρ와 $\lambda \in \mathbb{C}$에 대하여

$$V_\lambda = \{v \in V \mid \rho(H)(v) = \lambda v\}$$

라 할 때. 다음이 성립한다.

(1) 임의의 $v \in V_\lambda$에 대하여, λ를 v의 **가중치**(weight)라 한다.

(2) 임의의 영이 아닌 $v \in V_\lambda$에 대하여 $\rho(X)(v) = 0$일 때, v를 **가중치가 λ인 원시벡터**(primitive vector of weight λ)라 한다.

다음과 같은 기본적인 보조정리가 성립한다.

보조정리 4.3.7

ρ가 $\mathrm{sl}(2, \mathbb{C})$의 유한 차원 복소벡터공간의 표현일 때, 다음이 성립한다.

(1) $\sum_{\lambda \in \mathbb{C}} V_\lambda$는 직합(direct sum)이다.

(2) $v \in V_\lambda$의 가중치가 λ일 때, $\rho(X)(v)$와 $\rho(Y)(v)$의 가중치는 각각 $(\lambda + 2)$와 $(\lambda - 2)$이다.

증명

(1) 선형대수학의 기본 성질에 의해, 서로 다른 고윳값에 대응하는 고유벡터의 모임은 항상 일차독립이다. 이를 이용하여, 임의의 서로 다른 $\rho(H)$의 고윳값 $\lambda, \mu(\neq \lambda)$에

대하여 $V_\lambda \cap V_\mu = \{0\}$임을 보일 수 있다. 따라서 $\sum_{\lambda \in \mathbb{C}} V_\lambda$는 직합이다.

(2) 다음이 성립한다.

$$\begin{aligned}\rho(H)\rho(X)(v) &= (\rho(H)\rho(X) - \rho(X)\rho(H))(v) + \rho(X)\rho(H)(v) \\ &= \rho([H, X])(v) + \lambda\rho(X)(v) = \rho(2X)(v) + \lambda\rho(X)(v) \\ &= (\lambda+2)\rho(X)(v)\end{aligned}$$

따라서 $\rho(H)(\rho(X)(v)) = (\lambda+2)\rho(X)(v)$이다. 즉 만약 $\rho(X)(v) \neq 0$라면 $\rho(X)(v)$는 가중치가 $(\lambda+2)$인 $\rho(H)$의 고유벡터이다.

비슷한 방법으로, 만약 $\rho(Y)(v) \neq 0$라면 $\rho(Y)(v)$가 $(\lambda-2)$를 가중치로 갖는 $\rho(H)$의 고유벡터임을 보일 수 있다.

보조정리 4.3.8

임의의 $\mathrm{sl}(2, \mathbb{C})$의 유한 차원 복소벡터공간의 표현 ρ에 대하여, ρ의 원시벡터가 항상 존재한다.

증명

증명을 위해, v_0를 $\rho(H)$의 가중치가 λ인 고유벡터라 하자. 그런 다음, 다음과 같은 가중치가 각각

$$\lambda,\ \lambda+2,\ \lambda+4,\ \ldots,\ \lambda+2n,\ \ldots$$

인 $\rho(H)$의 고유벡터를 고려하자.

$$v_0, \rho(X)(v_0),\ \rho(X)^2(v_0),\ \ldots,\ \rho(X)^n(v_0),\ \ldots$$

[보조정리 4.3.7]의 (1)에 의해, 위의 벡터 중에서 영이 아닌 고유벡터의 모임은 일차독립이다. 한편 V는 유한 차원 복소벡터공간이므로 $\rho(X)^n(v_0) = 0$를 만족하는 최소의 자연수 $n \in \mathbb{N}$이 존재한다. 따라서 $v = \rho(X)^{n-1}(v_0)$가 $\rho(H)$의 한 원시벡터가 된다.

유한 차원 복소벡터공간 상에서 정의된 $\mathrm{sl}(2, \mathbb{C})$의 기약인 표현에 대하여, 다음 정리가 성립한다.

정리 4.3.9

임의의 sl(2, ℂ)의 유한 차원 복소벡터공간의 기약인 표현

$$\rho : \mathrm{sl}(2, \mathbb{C}) \to \mathrm{End}(V)$$

와 가중치가 λ인 ρ의 원시벡터 v_0에 대하여, 다음이 성립한다.

(1) $v_{-1} = 0$이고

$$v_n = \frac{1}{n!}\rho(Y)^n(v_0), \quad n = 0, 1, \ldots$$

이라 할 때, 임의의 $n \geq 0$에 대하여 다음이 성립한다.

(i) $\rho(H)(v_n) = (\lambda - 2n)v_n$

(ii) $\rho(Y)(v_n) = (n+1)v_{n+1}$

(iii) $\rho(X)(v_n) = (\lambda - n + 1)v_{n-1}$

(2) $\dim_{\mathbb{C}} V = m + 1$일 때, $\lambda = m$이고

$$\rho(Y)^n(v_0) = 0, \quad n > m$$

이다.

증명

(1) [보조정리 4.3.7]의 (2)에 의해, v_n의 가중치는 $(\lambda - 2n)$이다. 또한, v_n의 정의에 의해, 다음이 성립한다.

$$\rho(Y)(v_n) = \frac{1}{n!}\rho(Y)^{n+1}(v_0) = (n+1)\frac{1}{(n+1)!}\rho(Y)^{n+1}(v_0) = (n+1)v_{n+1}$$

한편 $n = 0$일 때, v_0가 원시벡터이므로 $\rho(X)(v_0) = 0$이다. 따라서 $n = k - 1 \geq 0$일 때, 정리의 (1)-(iii)이 성립한다고 가정하면 다음이 성립함을 보일 수 있다.

$$\begin{aligned} k\rho(X)(v_k) &= \rho(X)\rho(Y)v_{k-1} = \rho(Y)\rho(X)v_{k-1} + \rho([X, Y])v_{k-1} \\ &= (\lambda - k + 2)\rho(Y)v_{k-2} + \rho(H)v_{k-1} \\ &= (\lambda - k + 2)(k-1)v_{k-1} + (\lambda - 2k + 2)v_{k-1} \\ &= k(\lambda - k + 1)v_{k-1} \end{aligned}$$

따라서 $\rho(X)v_k = (\lambda - k + 1)v_{k-1}$이 성립한다. 마지막으로, 수학적 귀납법에 의해 정리 (1)-(iii)이 모든 $n \geq 0$에 대하여 성립함을 알 수 있다.

(2) V가 유한 차원 복소벡터공간이므로 $v_m \neq 0$를 만족하는 최대의 정수 m이 존재한

다. 즉, 다음이 성립한다.

$$v_m \neq 0, \ v_k = 0, \ k \geq m+1$$

한편 위의 (1)-(iii)에 의해,

$$0 = \rho(X)v_{m+1} = (\lambda - m)v_m, \ v_m \neq 0$$

이다. 따라서 $\lambda = m$이다. 이제 $V_m = \mathrm{span}\{v_0, v_1, v_2, \ldots, v_m\}$이라 할 때, 위의 (1)에 의해

$$\rho(\mathrm{sl}(2, \mathbb{C}))(V_m) \subset V_m$$

이다. 따라서 V_m이 불변인 부분공간이다. 하지만 ρ가 V 상에서 기약인 표현이므로 $V_m = V$이다. 각각의 $v_i (0 \leq i \leq m)$는 서로 다른 고윳값을 가지므로

$$\{v_0, v_1, v_2, \ldots, v_m\}$$

은 일차독립이다. 그러므로 다음이 성립한다.

$$\dim_{\mathbb{C}} V = m+1 = \lambda+1, \ \rho(Y)v_n = 0, \ n > m$$

[정리 4.3.9]에 의해, V의 기저 $\{v_0, v_1, v_2, \ldots, v_m\}$에 대하여 $\rho(H)$, $\rho(X)$, 그리고 $\rho(Y)$는 각각 다음과 같은 행렬로 표현된다.

$$\rho(H) = \begin{bmatrix} m & 0 & 0 & \cdots & 0 & 0 \\ 0 & m-2 & 0 & \cdots & 0 & 0 \\ \vdots & \vdots & \vdots & \ddots & \vdots & \vdots \\ 0 & 0 & 0 & \cdots & -m+2 & 0 \\ 0 & 0 & 0 & \cdots & 0 & -m \end{bmatrix}_{(m+1)\times(m+1)},$$

$$\rho(X) = \begin{bmatrix} 0 & m & 0 & 0 & \cdots & 0 \\ 0 & 0 & m-1 & 0 & \cdots & 0 \\ 0 & 0 & 0 & m-2 & \cdots & 0 \\ \vdots & \vdots & \vdots & \vdots & \ddots & \vdots \\ 0 & 0 & 0 & 0 & \cdots & 1 \\ 0 & 0 & 0 & 0 & \cdots & 0 \end{bmatrix}_{(m+1)\times(m+1)},$$

$$\rho(Y) = \begin{bmatrix} 0 & 0 & \cdots & 0 & 0 & 0 \\ 1 & 0 & \cdots & 0 & 0 & 0 \\ 0 & 2 & \cdots & 0 & 0 & 0 \\ \vdots & \vdots & \vdots & \vdots & \ddots & \vdots \\ 0 & 0 & \cdots & m-1 & 0 & 0 \\ 0 & 0 & \cdots & 0 & m & 0 \end{bmatrix}_{(m+1)\times(m+1)}$$

특히 $m=1$일 때, 다음이 성립한다.

$$\rho(X)=\begin{bmatrix}0&1\\0&0\end{bmatrix},\ \rho(Y)=\begin{bmatrix}0&0\\1&0\end{bmatrix},\ \rho(H)=\begin{bmatrix}1&0\\0&-1\end{bmatrix}$$

[정의 4.3.2]에서 정의한 표현론의 동치관계에 관해, 차원이 $(m+1)$인 복소벡터공간 V 상의 기약인 $\mathrm{sl}(2,\mathbb{C})$의 표현은 유일하다. 실제로 다음 정리가 성립한다.

정리 4.3.10

$(m+1)$-차원 복소벡터공간 V와 V의 기저

$$\{v_0, v_1, v_2, \ldots, v_m\}$$

에 대하여, V 상에서 $\mathrm{sl}(2,\mathbb{C})$의 표현

$$\rho : \mathrm{sl}(2,\mathbb{C}) \to \mathrm{End}(V)$$

를 다음과 같은 관계식을 이용하여 정의하자.

(a) $\rho(H)(v_n)=(m-2n)v_n$

(b) $\rho(Y)(v_n)=(n+1)v_{n+1}$

(c) $\rho(X)(v_n)=(m-n+1)v_{n-1}$

여기서 $0\le n\le m$이고 $v_{-1}=v_{m+1}=0$이다. 이때, 다음이 성립한다.

(1) ρ가 기약이 표현이다.

(2) 차원이 $(m+1)$인 복소벡터공간 V 상의 임의의 기약인 $\mathrm{sl}(2,\mathbb{C})$의 표현은 ρ와 동치이다.

증명

(i) 위와 같이 정의된 ρ가 $\mathrm{sl}(2,\mathbb{C})$의 표현임을 어렵지 않게 확인할 수 있다.

(ii) 또한, V_0가 ρ에 관해 V의 불변인 부분공간이라면 V_0에 속하는 $\rho(H)$의 고유벡터 v_k가 존재한다. 그러면 위의 (c)에 의해 v_0도 V_0의 원소가 되어야 한다. 한편, 위의 (b)의 관계를 v_0에 적용하면 모든 $v_i(0\le i\le m)$가 V_0의 원소가 됨을 알 수 있다. 따라서 $V_0=V$이고 ρ가 기약인 표현이다. 또한 [정리 4.3.9]에 의해, 차원이 $(m+1)$인 복소벡터공간 V 상의 임의의 기약인 $\mathrm{sl}(2,\mathbb{C})$의 표현은 ρ와 동치가 되어야 한다.

다음 따름정리가 성립한다.

따름정리 4.3.11

$(m+1)$-차원 복소벡터공간 V와 V 상에서 기약인 $\mathrm{sl}(2,\mathbb{C})$의 표현

$$\rho : \mathrm{sl}(2,\mathbb{C}) \to \mathrm{End}(V)$$

에 대하여, $v \in V$가 가중치가 λ인 $\rho(H)$의 고유벡터라 하자. 이때, 다음 조건 (i)과 (ii)를 만족하는 원시벡터 $w_0 \in V$가 존재한다.

(i) w_0의 가중치가 $m = \lambda + 2r$이다. 여기서 r은 $r \geq 0$인 적당한 정수이다.

(ii) $w_0 = \dfrac{(m-r)!}{m!r!}\rho(X)^r v$

또한, 다음 등식이 성립한다.

$$v = \rho(Y)^r w_0$$

증명

증명을 위해, [정리 4.3.10]의 조건 (a), (b), (c)를 만족하는 V의 기저

$$\{v_0, v_1, v_2, \ldots, v_m\}$$

을 택하자. 그러면 다음 등식이 성립한다.

$$v_r = \frac{(m-r)!}{m!r!}\rho(Y)^r\rho(X)^r v_r, \quad 0 \leq r \leq m$$

실제로, 임의의 $0 \leq r \leq m$에 대하여

$$\rho(X)v_r = (m-r+1)v_{r-1}$$

이므로 귀납적으로 다음이 성립함을 알 수 있다.

$$\rho(X)^r v_r = \frac{m!}{(m-r)!}v_0$$

따라서

$$\rho(Y)\rho(X)^r v_r = \frac{m!}{(m-r)!}v_1$$

이고 이 과정을 반복하여 다음 등식을 얻을 수 있다.

$$\rho(Y)^r\rho(X)^r v_r = \frac{m!r!}{(m-r)!}v_r$$

한편, 가정에 의해 $v \in V$가 가중치가 λ인 $\rho(H)$의 고유벡터이므로 조건 (a)에 의해 $v = \alpha v_r$를 만족하는 $r(0 \le r \le m)$과 $\alpha \in \mathbb{C}$가 존재한다. 따라서

$$v = \frac{(m-r)!}{m!r!}\rho(Y)^r \rho(X)^r v$$

가 성립한다.

이제,

$$w_0 = \frac{(m-r)!}{m!r!}\rho(X)^r v$$

라 하자. 그러면 $v = \rho(Y)^r(w_0)$이다. 이때,

$$\begin{aligned}\rho(X)w_0 &= \rho(X)\left(\frac{(m-r)!}{m!r!}\rho(X)^r v\right) = \alpha\rho(X)\left(\frac{(m-r)!}{m!r!}\frac{m!}{(m-r)!}v_0\right)\\ &= \frac{\alpha}{r!}\rho(X)v_0 = \frac{\alpha(m+1)}{r!}v_{-1} = 0\end{aligned}$$

이고 $w_0 = \frac{\alpha}{r!}v_0 \ne 0$이므로 w_0가 원시벡터이다. 그리고 w_0의 가중치는 m이고 v_r의 가중치는 $\lambda = m - 2r$이다. 따라서 w_0는 가중치가 $m = \lambda + 2r$인 원시벡터이다.

예제 4.3.12

(1) $v_{1,0} = (1,0)$이고 $v_{1,1} = (0,1)$이라 할 때, $\{v_{1,0}, v_{1,1}\}$이 2-차원 복소벡터공간 $\mathbb{C}^2$의 기저이다. 이때, $SL(2,\mathbb{C})$는 $\mathbb{C}^2$에 2×2-행렬의 곱으로 왼쪽에서 작용한다. 따라서 다음과 같은 기약인 $SL(2,\mathbb{C})$ 표현을 얻을 수 있다.

$$\pi_1 : SL(2,\mathbb{C}) \to \mathrm{End}(\mathbb{C}^2),\ \pi(A)(v) = Av,\ A \in SL(2,\mathbb{C}),\ v \in \mathbb{C}^2$$

위의 표현 π_1을 항등원인 항등행렬 $I = I_{2\times 2}$에서 미분하여 다음과 같은 기약인 $\mathrm{sl}(2,\mathbb{C})$의 표현을 정의할 수 있다.

$$\begin{aligned}&\rho_1 : \mathrm{sl}(2,\mathbb{C}) \to \mathrm{End}(\mathbb{C}^2),\\ &\rho_1(H)(v_{1,0}) = \frac{d}{dt}\bigg|_{t=0}\pi_1(I+tH)v_{1,0} = v_{1,0},\ \ \rho_1(H)(v_{1,1}) = -v_{1,1},\\ &\rho_1(X)(v_{1,0}) = 0,\quad \rho_1(X)(v_{1,1}) = v_{1,0},\\ &\rho_1(Y)(v_{1,0}) = v_{1,1},\quad \rho_1(Y)(v_{1,1}) = 0\end{aligned}$$

(2) $\mathrm{sl}(2,\mathbb{C})$의 고차원 기약 표현을 얻기 위해, $\mathbb{C}^2$의 m차 대칭텐서곱 $S^m(\mathbb{C}^2)$를 고려하자. 임의의 $0 \le k \le m$에 대하여

$$v_{m,k} = v_{1,0}^{m-k} v_{1,1}^{k} \in S^m(\mathbb{C}^2)$$

라 할 때,

$$\{v_{m,0}, v_{m,1}, \ldots, v_{m,m}\}$$

이 $(m+1)$-차원 $S^m(\mathbb{C}^2)$의 기저가 된다. 여기서, 예를 들어, $v_{1,0}v_{1,1}$은 다음과 같다.

$$v_{1,0}v_{1,1} = \frac{1}{2}(v_{1,0} \otimes v_{1,1} + v_{1,1} \otimes v_{1,0})$$

또한 다음과 같은 기약인 표현 π_m을 얻을 수 있다.

$$\pi_m : SL(2,\mathbb{C}) \to \mathrm{End}(S^m(\mathbb{C}^2)),\ \ \pi_m(g)(v_{m,k}) = (gv_{1,0})^{m-k}(gv_{1,1})^k,\ \ 0 \le k \le m$$

이때, 위의 π_1의 경우와 같이 2×2-항등행렬 I에서 π_m을 미분하여 $\mathrm{sl}(2,\mathbb{C})$의 고차원 표현 $\rho_m = d\pi_m$을 얻을 수 있다.

$$\rho_m : \mathrm{sl}(2,\mathbb{C}) \to \mathrm{End}(S^m(\mathbb{C}^2))$$

그러면 다음 관계식이 성립한다.

$$\begin{aligned}
&\rho_m(H)v_{m,k} = (m-2k)v_{m,k},\ \ 0 \le k \le m \\
&\rho_m(X)v_{m,0} = 0,\ \ \rho_m(Y)v_{m,m} = 0, \\
&\rho_m(X)v_{m,k} = kv_{m,k-1}\,(1 \le k \le m), \\
&\rho_m(Y)v_{m,k} = (m-k)v_{m,k+1}\,(0 \le k \le m-1)
\end{aligned}$$

특히, $v_{m,0}$는 가중치가 m이다. 그리고

$$\varphi_k = \rho_m(Y)^k v_{m,0},\ \ 0 \le k \le m$$

라 할 때. 다음 관계식이 성립한다.

$$\varphi_k = \frac{m!}{(m-k)!} v_{1,0}^{m-k} v_{1,1}^{k}$$

결론적으로, 임의의 원소 $v_{m,k}$는 $v_{m,0}$에 ρ_m을 여러 번 적용하여 얻을 수 있다. 이 사실을 이용하여 표현 ρ_m이 기약임을 [정리 4.3.10]의 증명과 같이 보일 수 있다. 따라서 위의 표현 ρ_m은 [정리 4.3.10]의 표현 ρ와 동치이다.

4.4 외대수의 레프셰츠 분해 정리

이 절에서는 대각합이 영인 2×2-행렬들로 이루어진 리대수 $\mathrm{sl}(2,\mathbb{C})$의 유한 차원 표현론의 응용으로 복소기하학에서 중요하게 이용되는 사실인 레프셰츠 분해 정리(Lefschetz decomposition theorem) 등에 관한 내용을 자세히 알아본다.

이를 위해, 먼저 n-차원 복소벡터공간 E에 대한 여러 가지 개념을 다음과 같이 다시 한 번 정리한다(더 자세한 내용은 4.1절 참고). 4.1절에서와 같이, $E_{\mathbb{R}}$을 E로부터 복소구조를 무시하고 얻은 $2n$-차원 실벡터공간이라 하자. 그러면 $\{e_1, e_2, \ldots, e_n\}$이 E의 기저일 때,

$$\{e_1, ie_1, e_2, ie_2, \ldots, e_n, ie_n\}$$

이 $E_{\mathbb{R}}$의 기저가 된다. 그리고 E'을 실벡터공간 $E_{\mathbb{R}}$의 쌍대공간 $E_{\mathbb{R}}^*$라 할 때,

$$F = E' \otimes_{\mathbb{R}} \mathbb{C}$$

는 실수 상에서 선형적으로 E에서 $\mathbb{C}$로 가는 함수들로 이루어진 $2n$-차원 복소벡터공간이 된다. 이때, 복소수 상에서 선형적인 F의 외대수 $\wedge F$를 다음과 같이 정의하자.

$$\wedge F = \sum_{p=0}^{2n} \wedge^p F$$

그리고 $\wedge^p F$의 원소가 바로 p-형식이다. 또한 $\wedge F$ 상에 다음과 같은 공핵화 작용소를 정의할 수 있다.

$$\overline{\omega}(v_1, v_2, \ldots, v_p) = \overline{\omega(v_1, v_2, \ldots, v_p)}, \ \omega \in \wedge^p F, \ v_j \in E, \ 1 \le j \le p$$

임의의 $\omega \in \wedge^p F$에 대하여 $\overline{\omega} = \omega$일 때, ω가 실수의 p-형식이다. $\wedge^p F$의 원소 중에서 실수의 p-형식만을 모아 만든 집합을 $\wedge_{\mathbb{R}}^p F$로 나타낼 때, 다음이 성립한다.

$$\wedge_{\mathbb{R}}^p F = \wedge^p E'$$

에르미트 복소벡터공간 (E, h)에 대응하는 기본 2-형식(fundamental 2-form) Ω는 다음과 같다.

$$\Omega = \frac{\sqrt{-1}}{2} \sum_{i,j=1}^{n} h_{ij} z_i \wedge \overline{z_j}$$

특히, $h_{ij} = \delta_{ij}$이고 $z_j = x_j + \sqrt{-1}\, y_j$라 할 때

$$h = \sum_{i=1}^{n} z_i \otimes \overline{z_i} = \sum_{i=1}^{n} (x_i \otimes x_i + y_i \otimes y_i) - 2\sqrt{-1} \sum_{i=1}^{n} x_i \wedge y_i$$

이다. 따라서 다음이 성립한다.

$$\Omega = \sum_{i=1}^{n} x_i \wedge y_i = \frac{\sqrt{-1}}{2} \sum_{i=1}^{n} z_i \wedge \overline{z_i}, \quad \Omega^n = n!\, x_1 \wedge y_1 \wedge x_2 \wedge y_2 \wedge \cdots \wedge x_n \wedge y_n$$

실수의 작용소인 선형사상 L은 다음과 같다.

$$L : \wedge F \to \wedge F, \quad v \mapsto L(v) = \Omega \wedge v$$

따라서 $L|_{\wedge^p F} : \wedge^p F \to \wedge^{p+2} F$이다. 사실,

$$L|_{\wedge^{p,q} F} : \wedge^{p,q} F \to \wedge^{p+1,q+1} F$$

이므로 L이 차수 $(1,1)$인 이중동차사상(bi-homogeneous operator of degree $(1,1)$)이다. 한편 $\alpha \wedge * \overline{\beta} = \langle \alpha, \beta \rangle \mathrm{vol}$을 이용하여, 다음과 같은 에르미트 수반작용소(Hermitian adjoint) $\Lambda = L^*$를 정의할 수 있다.

$$\Lambda = L^* : \wedge^p F \to \wedge^{p-2} F, \quad \langle L(u), v \rangle = \langle u, L^*(v) \rangle,$$
$$u \in \wedge^{p-2} F, \; v \in \wedge^p F, \quad 2 \le p \le 2n$$

마지막으로, 작용소 B를 $\wedge F$ 상에서 다음과 같이 정의한다.

$$B = \sum_{p=0}^{2n} (n-p) \Pi_p$$

다음 정의가 성립한다.

정의 4.4.1

$\wedge F$ 상에서 $\mathrm{sl}(2, \mathbb{C})$의 표현 α를 다음과 같이 정의한다.

$$\alpha : \mathrm{sl}(2, \mathbb{C}) \to \mathrm{End}(\wedge F), \quad \alpha(X) = \Lambda, \; \alpha(Y) = L, \; \alpha(H) = B$$

[정리 4.1.11]에 의해 다음이 성립함을 알 수 있다.

$$[B, L] = -2L, \quad [B, \Lambda] = 2\Lambda, \quad [\Lambda, L] = B$$

또한, 만약 $\varphi \in \wedge^p F$이면 $\alpha(H)\varphi = B\varphi = (n-p)\varphi$이다. 따라서 φ는 가중치가 $n-p$인 $\alpha(H)$의 고유벡터이다. 그리고, 이 경우에 $\varphi(\neq 0) \in \wedge^p F$가 $\alpha(X)\varphi = \Lambda\varphi = 0$를 만족할 때, φ가 α의 원시벡터가 된다.

가중치가 $n-p$인 원시벡터 $\varphi \in \wedge^p F$와

$$V_\varphi = \mathrm{span}\{\varphi, \alpha(Y)\varphi, \alpha(Y)^2\varphi, \ldots, \alpha(Y)^{n-p}\varphi\} \subset \wedge F$$

에 대하여, [정리 4.3.10]에 의해 α는 V_φ 상에서 기약인 표현이 된다. 또한, 만약 $\varphi \in \wedge_{\mathbb{R}} F$이면

$$\alpha(X)\varphi = \Lambda\varphi \in \wedge_{\mathbb{R}} F,\ \alpha(Y)\varphi = L\varphi \in \wedge_{\mathbb{R}} F,\ \alpha(H)\varphi = B\varphi \in \wedge_{\mathbb{R}} F$$

이다. 따라서 다음과 같은 표현 β를 얻을 수 있다.

$$\beta : \mathrm{sl}(2, \mathbb{C}) \to \mathrm{End}(\wedge_{\mathbb{R}} F)$$

정의 4.4.2

$\wedge F$ 상에서 정의된 $\mathrm{sl}(2, \mathbb{C})$의 표현 α에 대하여, α의 모든 불변인 기약 부분공간을 $V_k (1 \le k \le l)$라 하자. 이때,

$$\wedge F = \oplus_{k=1}^{l} V_k$$

를 $\wedge F$의 **레프셰츠 분해**(Lefschetz decomposition)라 한다.

$\mathrm{su}(2)$가 $SU(2)(\subset SL(2, \mathbb{C}))$의 리대수를 나타낼 때,

$$\delta = \alpha|_{\mathrm{su}(2)} : \mathrm{su}(2) \to \mathrm{End}(\wedge F)$$

가

$$\delta(iH) = iB,\ \ \delta(i(X+Y)) = i(\Lambda + L),\ \ \delta(X-Y) = \Lambda - L$$

을 만족하므로

$$\delta(M) + \delta(M)^* = 0,\ \ M \in \mathrm{su}(2)$$

가 성립한다. 한편, [정리 4.3.5]에 의해 $\mathrm{sl}(2, \mathbb{C})$의 $\wedge F$상의 표현 α에 대응하는 $SL(2, \mathbb{C})$의 $\wedge F$상의 표현 π_α가 유일하게 존재한다. 따라서

$$\gamma = \pi_\alpha|_{SU(2)} : SU(2) \to \mathrm{End}(\wedge F)$$

는 유티터리 표현이 된다. 즉 다음이 성립한다.

$$\gamma(N)^* \gamma(N) = \gamma(N)\gamma(N)^* = I_{\wedge F},\ \ N \in SU(2)$$

앞으로, 기호를 간단히 하기 위해 $\max\{x, 0\}$를 x^+로 나타낸다. 다음 보조정리가 성

립한다.

보조정리 4.4.3

다음이 성립한다.

(1) 임의의 원시 p-형식 $\varphi \in \wedge^p F$와 $q \geq (p-n+1)^+$에 대하여, 다음 등식이 성립한다.

$$\alpha(Y)^q \varphi = L^q \varphi = 0$$

(2) 차수 p가 $p > n$을 만족하는 영이 아닌 원시 p-형식은 존재하지 않는다.

증명

(1) 만약 $\varphi \in \wedge^p F$이면 $\alpha(H)\varphi = B\varphi = (n-p)\varphi$이다. 따라서 φ는 가중치가 $n-p$인 $\alpha(H)$의 고유벡터이다. 따라서 [정리 4.3.9]의 (2)에 의해, 다음이 성립한다.

$$\alpha(Y)^q \varphi = L^q \varphi = 0,\ \ q \geq (p-n+1)^+$$

(2) 귀류법을 이용하기 위해, 차수 p가 n 보다 큰 영이 아닌 원시 p-형식 φ가 존재한다고 가정하자. 그러면 $n-p<0$이므로 $n-p+1 \leq 0$이다. 한편,

$$V_\varphi = \mathrm{span}\{\varphi, \alpha(Y)\varphi, \alpha(Y)^2\varphi,\ \ldots, \alpha(Y)^{n-p}\varphi\} \subset \wedge F$$

의 차원 $\dim V_\varphi$가 $n-p+1$이므로 $\dim V_\varphi = 0$이다. 이것은 $\varphi = 0$임을 의미한다. 하지만 이것은 명백히 모순이다.

이제, 위의 논의를 바탕으로 에르미트 외대수의 레프셰츠 분해 정리를 다음과 같이 서술하고 증명한다.

정리 4.4.4 레프셰츠 분해 정리, Lefschetz decomposition therem

에르미트 복소벡터공간 (E, h)와 실벡터공간 $E_{\mathbb{R}}$의 쌍대공간 $E' = E_{\mathbb{R}}^*$에 대하여

$$F = E' \otimes_{\mathbb{R}} \mathbb{C}$$

라 하자. 이때, 복소수 상에서 선형적인 F의 외대수

$$\wedge F = \sum_{p=0}^{2n} \wedge^p F$$

와 p-형식 $\varphi \in \wedge^p F$에 대하여, 다음이 성립한다.

(1) φ를 다음과 같이 φ_r로 유일하게 나타낼 수 있다..

$$\varphi = \sum_{2r \geq (p-n)^+} L^r \varphi_r$$

여기서, 각각의 $\varphi_r\ (2r \geq (p-n)^+)$은 가중치가 $(n-p+2r)$인 원시 $(p-2r)$-형식으로 다음과 같은 형태이다.

$$\varphi_r = \sum_{r,s} a_{r,s} L^s \Lambda^{r+s} \varphi, \quad a_{r,s} \in \mathbb{Q}$$

(2) $L^m \varphi = 0$일 때, φ가 다음과 같이 주어진다.

$$\varphi = \sum_{2r \geq (p-n)^+}^{r=(p-n+m)^+-1} L^r \varphi_r$$

여기서, 각각의 $\varphi_r\ (2r \geq (p-n)^+)$은 가중치가 $(n-p+2r)$인 원시 $(p-2r)$-형식이다.

(3) $p \leq n$이고 $L^{n-p}\varphi = 0$일 때, $\varphi = 0$이다.

증명

(1) $\wedge F$ 상에서 정의된 $\mathrm{sl}(2,\mathbb{C})$의 표현 α에 대하여, α의 모든 불변인 기약 부분공간을 $V_k (1 \leq k \leq l)$라 하자. 그러면 다음 등식이 성립한다.

$$\wedge F = \oplus_{k=1}^{l} V_k$$

가정에 의해, $\varphi \in \wedge^p F \subset \wedge F$이므로 φ를 다음과 같이 나타낼 수 있다.

$$\varphi = \psi^1 + \psi^2 + \cdots + \psi^l, \quad \psi^j \in V_j, \quad 1 \leq j \leq l$$

여기서 각각의 ψ^j는 가중치가 $n-p$인 $\alpha(H)$의 고유벡터이다. 한편 [따름정리 4.3.11]에 의해, $\psi^j = L^{r_j}\chi_j$를 만족하는 가중치가 $(n-p+2r_j)$인 원시 $(p-2r_j)$-형식 χ_j가 존재한다. 이때, 각각의 χ_j를

$$\chi_j = c_j \Lambda^{r_j} \psi^j, \quad c_j \in \mathbb{Q}$$

로 나타낼 수 있다. 따라서 φ는 다음과 같은 형태로 주어진다.

$$\varphi = \sum_{j=1}^{l} \psi^j = \sum_{2r \geq (p-n)^+} L^r \varphi_r$$

다음으로, 위 분해의 유일성을 증명하기 위해

$$0=\varphi_0+L\varphi_1+\cdots+L^m\varphi_m \text{ (여기서 각각의 } \varphi_j(0\le j\le m)\text{는 원시형식)}$$

이라 가정하고, 다음을 보이면 충분하다.

$$\varphi_0=\varphi_1=\cdots=\varphi_m=0$$

실제로, 각각의 $\varphi_j(0\le j\le m)$가 원시벡터이므로 [정리 4.3.9]에 의해 다음 등식을 만족하는 유리수의 상수 $c_j\neq 0$가 존재한다.

$$\Lambda^jL^j\varphi_j=c_j\varphi_j$$

따라서 $k=m$일 때,

$$0=\Lambda^m(0)=\Lambda^m(\varphi_0+L\varphi_1+\cdots+L^m\varphi_m)=c_m\varphi_m$$

이고, $c_m\neq 0$이므로 $\varphi_m=0$이다. 비슷한 방법으로,

$$\varphi_{m-1}=\varphi_{m-2}=\cdots=\varphi_0=0$$

임을 보일 수 있다.

이제, 위의 논의에 의해 다음 등식이 성립한다고 가정하다.

$$\varphi=\varphi_0+L\varphi_1+\cdots+L^m\varphi_m$$

여기서 각각의 $\varphi_r(0\le r\le m)$은 가중치가 $(n-p+2r)$인 원시 $(p-2r)$-형식이다. 이때, φ_r이 다음과 주어짐을 보인다.

$$\varphi_r=\sum_{r,s}a_{r,s}L^s\Lambda^{r+s}\varphi,\quad a_{r,s}\in\mathbb{Q}$$

실제로, 먼저 Λ^m을

$$\varphi=\varphi_0+L\varphi_1+\cdots+L^m\varphi_m$$

에 적용하여 다음을 얻을 수 있다.

$$\Lambda^m(\varphi)=\Lambda^m(\varphi_0+L\varphi_1+\cdots+L^m\varphi_m)=c_m\varphi_m \text{ 즉, } \varphi_m=\frac{1}{c_m}\Lambda^m\varphi,\ c_m\in\mathbb{Q}$$

그런 다음, Λ^{m-1}을 다시

$$\varphi=\varphi_0+L\varphi_1+\cdots+L^m\varphi_m$$

에 적용하여 다음 등식이 성립함을 알 수 있다.

$$\begin{aligned}\varphi_{m-1} &= \frac{1}{c_{m-1}}\Lambda^{m-1}\varphi - \frac{1}{c_{m-1}}\Lambda^{m-1}L^m\varphi_m \\ &= \frac{1}{c_{m-1}}\Lambda^{m-1}\varphi - \frac{1}{c_{m-1}c_m}\Lambda^{m-1}L^m\Lambda^m\varphi,\ \ c_{m-1}\in\mathbb{Q}\end{aligned}$$

특히, $m=2$일 때

$$\varphi_1 = \frac{1}{c_1}\Lambda\varphi - \frac{1}{c_1c_2}\Lambda L^2\Lambda^2\varphi,\ \ \varphi_2 = \frac{1}{c_2}\Lambda^2\varphi$$

이다. 이때, 관계식

$$[\Lambda, L] = B\text{와 } \Lambda L^2 = L^2\Lambda + LB + BL$$

을 이용하여 φ_1이 다음과 같은 형태임을 보일 수 있다.

$$\varphi_1 = a_{0,-1}L^0\Lambda^{2-1}\varphi + a_{2,1}L^2\Lambda^{2+1}\varphi + a_{1,0}L^1\Lambda^{2+0}\varphi$$

비슷한 방법으로, 일반적인 m에 대하여

$$\varphi_r = \sum_{r,s} a_{r,s}L^s\Lambda^{r+s}\varphi,\ \ a_{r,s}\in\mathbb{Q}$$

의 형태가 됨을 알 수 있다. 자세한 증명은 생략한다.

(2) 위의 (1)에 의해, 다음 등식이 성립한다.

$$\varphi = \varphi_0 + L\varphi_1 + \cdots + L^m\varphi_m$$

여기서 각각의 $\varphi_r(0 \le r \le m)$은 가중치가 $(n-p+2r)$인 원시 $(p-2r)$-형식이므로 다음 등식이 성립한다.

$$L^q\varphi_r = 0,\ \ q \ge (n-p+2r+1)^+$$

따라서 $r+m \ge n-p+2r+1$이고 $r+m \ge 0$일 때,

$$L^{m+r}\varphi_r = 0$$

이다. 한편 $2r \ge (p-n)^+ \ge 0$이므로 $r+m \ge 0$이고,

$$r+m \ge n-p+2r+1 \ \Leftrightarrow\ r \le p-n+m-1 \ \Leftrightarrow\ r < p-n+m$$

이다.

가정에 의해, $L^m\varphi = 0$이므로

$$0 = L^m(\varphi) = \sum_{2r \geq (p-n)^+} L^{m+r}\varphi_r = \sum_{r \geq (p-n+m)^+} L^{m+r}\varphi_r$$

이다. 이때, 위의 (1)에서 보인 유일성을 위의 식에 적용하면 다음이 성립함을 알 수 있다.

$$\varphi_r = 0, \quad r \geq (p-n+m)^+$$

결론적으로,

$$\varphi = \sum_{2r \geq (p-n)^+}^{r=(p-n+m)^+-1} L^r\varphi_r$$

이다.

(3) 위의 (2)에 의해, 다음이 성립한다.

$$\varphi = \sum_{2r=(p-n)^+}^{r=(p-n+(n-p))^+-1} L^r\varphi_r = \sum_{2r \geq (p-n)^+}^{-1} L^r\varphi_r = 0$$

따름정리 4.4.5

에르미트 복소벡터공간 (E, h)와 실벡터공간 $E_{\mathbb{R}}$의 쌍대공간 $E' = E_{\mathbb{R}}^*$에 대하여

$$F = E' \otimes_{\mathbb{R}} \mathbb{C}$$

라 하자. 이때, 복소수 상에서 선형적인 F의 외대수

$$\wedge F = \sum_{p=0}^{2n} \wedge^p F$$

와 p-형식 $\varphi \in \wedge^p F$에 대하여, 다음 두 명제는 서로 동치이다.

(1) φ가 가중치가 $(n-p)$인 원시 p-형식이다.

(2) $p \leq n$이고 $L^{n-p+1}\varphi = 0$이다.

증명

(1) ⇒ (2) [보조정리 4.4.3]의 (2)에 의해, $p > n$을 만족하는 원시 p-형식은 존재하지 않는다. 따라서 $p \leq n$이다. 한편, [보조정리 4.4.3]의 (1)에 의해, $L^{n-p+1}(\varphi) = 0$이다.

(2) ⇒ (1) [정리 4.4.4]에 의해, 다음이 성립한다.

$$\varphi = \sum_{2r \geq (p-n)^+}^{r=(p-n+(n-p+1))^+-1} L^r\varphi_r = \varphi_0$$

여기서, 각각의 $\varphi_r\,(2r \geq (p-n)^+)$은 가중치가 $(n-p+2r)$인 원시 $(p-2r)$-형식이다. 따라서 $\varphi = \varphi_0$가 원시형식이다.

다음 정리는 호지 $*$-작용소와 원시 p-형식과의 관계를 말해주며 종종 유용하게 사용된다. 자세한 증명은 생략한다([13, Chapter V-Theorem 3.16]).

정리 4.4.6

에르미트 복소벡터공간 (E, h)와 실벡터공간 $E_{\mathbb{R}}$의 쌍대공간 $E' = E_{\mathbb{R}}^*$에 대하여

$$F = E' \otimes_{\mathbb{R}} \mathbb{C}$$

라 하자. 이때, 복소수 상에서 선형적인 F의 외대수

$$\wedge F = \sum_{p=0}^{2n} \wedge^p F$$

와 원시 p-형식 $\varphi \in \wedge^p F$에 대하여, 다음 등식이 성립한다.

$$* L^r(\varphi) = (-1)^{\frac{p(p+1)}{2}} \frac{r!}{(n-p-r)!} L^{n-p-r} J\varphi, \quad 0 \leq r \leq n-p$$

여기서 J는 다음과 같이 정의된 작용소이다([정의 4.1.9] 참고).

$$J: \wedge F \to \wedge F, \quad J = \sum (\sqrt{-1})^{p-q} \Pi_{p,q}$$

제 5 장

컴팩트 캘러다양체

제 5 장

컴팩트 캘러다양체

5.1 레프셰츠 분해 정리

이 절에서는 먼저 캘러다양체의 정의와 몇 가지 중요한 예를 살펴본다. 그런 다음, 에르미트 복소다양체와 캘러다양체 상에서 정의된 여러 가지 중요한 미분작용소와 그 사이에서 성립하는 관계식을 알아본다. 마지막으로, 이와 같은 관계식을 이용하여 캘러다양체 상에서 성립하는 레프셰츠 분해 정리(Lefschetz decomposition theorem)와 강한 레프셰츠 정리(strong Lefschetz theorem)을 서술하고 증명한다.

이를 위해, 먼저 X가 에르미트 거리함수 h를 갖는 복소 n-차원 에르미트 복소다양체라 하자. 그러면 국소좌표계 $(z_1, z_2, \ldots, z_n)$에 관해 h는 다음과 같이 주어진다.

$$h = \sum_{i,j=1}^{n} h_{ij} dz_i \otimes d\overline{z_j}, \quad h_{ij}(z) = h\left(\frac{\partial}{\partial z_i}, \frac{\partial}{\partial z_j}\right)(z)$$

여기서 $h = (h_{ij})_{n \times n}$는 양의 정부호를 갖는 에르미트 대칭행렬이다. 즉 다음이 성립한다.

$$h = \overline{h}^T, \quad \overline{u}^T hu > 0, \quad u(\neq 0) \in \mathbb{C}^n$$

이때, h에 대응하는 기본 2-형식 Ω는 국소적으로 다음과 같이 표현된다.

$$\Omega = \frac{\sqrt{-1}}{2} \sum_{i,j} h_{ij}(z) dz_i \wedge d\overline{z_j}$$

다음 정의가 성립한다.

정리 5.1.1

다음이 성립한다.

(1) 에르미트 거리함수 h를 갖는 복소 n-차원 에르미트 복소다양체 X에 대하여 에르미트 거리함수 h에 대응하는 기본 2-형식 Ω가 닫힌형식(즉, $d\Omega = 0$)일 때, h를 **캘러 거리함수**(Kähler metric)라 한다.

(2) 임의의 복소다양체 X에 대하여, X가 캘러 거리함수를 가질 때 X가 **캘러 형태**(Kähler type)라고 말한다.
(3) 캘러 거리함수를 가진 복소다양체를 **캘러다양체**(Kähler manifold)라 한다.

예제 5.1.2

(1) $\mathbb{C}^n$ 상에서 정의된 에르미트 거리함수

$$h = \sum_{i=1}^{n} dz_i \otimes d\overline{z_i}$$

에 대하여, 기본 2-형식 Ω는 다음과 같다.

$$\Omega = \frac{\sqrt{-1}}{2}\sum_{i=1}^{n} dz_i \wedge d\overline{z_i} = \sum_{i=1}^{n} dx_i \wedge dy_i, \ \ z_i = x_i + \sqrt{-1}\,y_i, \ \ 1 \le i \le n$$

따라서 $d\Omega = 0$이므로 $(\mathbb{C}^n, h)$는 캘러다양체이다.

(2) $\{\alpha_1, \alpha_2, \ldots, \alpha_{2n}\}$이 실수 상에서 $\mathbb{C}^n$의 기저일 때,

$$\Gamma = \mathrm{span}_{\mathbb{Z}}\{\alpha_1, \alpha_2, \ldots, \alpha_{2n}\} = \{m_1\alpha_1 + m_2\alpha_2 + \cdots m_{2n}\alpha_{2n} \mid m_i \in \mathbb{Z}, 1 \le i \le 2n\}$$

이라 하자. 이때, Γ를 정수 상에서 $\alpha_1, \alpha_2, \ldots, \alpha_{2n}$으로 생성된 **격자**(lattice)라 한다. 그러면 Γ는 다음과 같이 $\mathbb{C}^n$에 고정점이 없이 자연스럽게 작용한다.

$$\Gamma \times \mathbb{C}^n \to \mathbb{C}^n, \ \ (\gamma, z) \mapsto z + \gamma$$

따라서 상사상 $\pi : \mathbb{C}^n \to X = \mathbb{C}^n/\Gamma$를 이용하여 X 상에 상위상을 줄 때, X는 **보편 덮개공간**(universal cover)이 $\mathbb{C}^n$인 n-차원 복소다양체가 된다. 또한 정의에 의해 X는

$$\underbrace{S^1 \times S^1 \times \cdots \times S^1}_{(2n\text{번})}$$

과 위상동형이고, π는 복소해석적 사상으로 덮개사상(covering map)이다. 한편 $\mathbb{C}^n$ 상에서 정의된 에르미트 거리함수

$$h = \sum_{i=1}^{n} dz_i \otimes d\overline{z_i}$$

와 임의의 $\gamma \in \Gamma$에 대하여, $\gamma^*(h) = h$이므로 $\pi^*(\tilde{h}) = h$를 만족하는 에르미트 거리함수 $\tilde{h}$가 X 상에 존재한다. 따라서 임의의 점 $z \in \mathbb{C}^n$에 대하여, 다음 두 조건 (i)과 (ii)를 만족하는 z의 열린근방 U가 존재한다.

(i) $\pi|_U : U \to \pi(U)$가 복소해석적 동형사상이다. 따라서, $\pi|_U$가 복소해석적 함수이고 $\pi|_U$의 역함수가 존재하며 $(\pi|_U)^{-1} : \pi(U) \to U$도 복소해석적 사상이다.

(ii) $((\pi|_U)^{-1})^* (h|_U) = \tilde{h}|_{\pi(U)}$

비슷하게 $\pi^* (\tilde{\Omega}) = \Omega$를 만족하는 기본 2-형식 $\tilde{\Omega}$가 X 상에 존재하고, 다음이 성립한다.

$$((\pi|_U)^{-1})^* (\Omega|_U) = \tilde{\Omega}|_{\pi(U)}$$

따라서

$$d\tilde{\Omega}|_{\pi(U)} = ((\pi|_U)^{-1})^* (d\Omega|_U) = 0$$

이므로 $(X, \tilde{h})$는 캘러다양체이다. 이때, X를 **복소토러스**(complex torus)라 부른다.

(3) n-차원 복소사영공간 $\mathbb{P}^n$도 캘러다양체의 대표적인 예이다. 실제로,

$$[\xi_0, \xi_1, \ldots, \xi_n]$$

이 $\mathbb{P}^n$의 동차좌표계(homogeneous coordinates)라 할 때,

$$|\xi|^2 = |\xi_0|^2 + |\xi_1|^2 + \cdots + |\xi_n|^2$$

이라 하자. 이때, $\mathbb{P}^n$ 상에서 정의된 보편번들 $U_{1,n+1}$의 표준접속의 곡률을 이용하여 얻어진 다음과 같은 닫힌 $(1,1)$-형식 $\tilde{\Omega}$를 고려하자.

$$\tilde{\Omega} = \frac{\sqrt{-1}}{2} \frac{|\xi|^2 \sum_{i=0}^{n} d\xi_i \wedge d\overline{\xi_i} - \sum_{i,j=0}^{n} \overline{\xi_i} \xi_j d\xi_i \wedge d\overline{\xi_j}}{|\xi|^4}$$

그러면 $\tilde{\Omega}$를 이용하여 $\mathbb{P}^n$ 상에 닫힌 $(1,1)$-형식 Ω를 얻을 수 있다. 실제로, $\xi_0 \neq 0$일 때

$$w_j = \frac{\xi_j}{\xi_0}, \quad 1 \le j \le n$$

라 하면 Ω는 다음과 같이 주어진다.

$$\Omega = \frac{\sqrt{-1}}{2} \frac{(1 + |w|^2) \sum_{i=1}^{n} dw_i \wedge d\overline{w_i} - \sum_{i,j=1}^{n} \overline{w_i} w_j dw_i \wedge d\overline{w_j}}{(1 + |w|^2)^2}$$

따라서 Ω에 대응하는 $\mathbb{P}^n$ 상의 에르미트 거리함수 h는 다음과 같다.

$$h = \frac{1}{(1+|w|^2)^2}\sum h_{ij}(w)dw_i \otimes d\overline{w_j}, \quad h_{ij}(w) = (1+|w|^2)\delta_{ij} - \overline{w_i}w_j, \ 1 \le i, j \le n$$

여기서 h는 보통 **푸비니-스터디 거리함수**(Fubini-Study metric)라 불린다. 결론적으로, $(\mathbb{P}^n, h)$는 캘러다양체이다.

캘러다양체의 부분다양체에 대하여 다음 보조정리가 성립한다.

보조정리 5.1.3

캘러 거리함수 h를 가진 캘러다양체 X에 대하여, Y가 X의 복소 부분다양체라 하자. 이때, 다음이 성립한다.

(1) $j: Y \to X$가 포함함수일 때, j^*h가 Y의 캘러 거리함수이다.

(2) 따라서 Y도 캘러다양체이다.

증명

(2)는 (1)로부터 자명하므로 (1)만 증명하면 된다. 실제로, Ω를 X 상에서 정의된 캘러 거리함수 h에 대응하는 닫힌 기본 2-형식이라 하자. 그러면 j^*h가 Y 상에서 에르미트 거리함수가 되고 j^*h에 대응하는 Y의 기본 2-형식이 $j^*\Omega$이다. 한편,

$$dj^*\Omega = j^*d\Omega = j^*(0) = 0$$

이므로 $j^*\Omega$가 닫힌 2-형식이다. 따라서 j^*h가 Y의 캘러 거리함수이다.

이제, 캘러다양체 상에서 성립하는 레프셰츠 분해 정리와 강한 레프셰츠 정리를 증명한다. 이를 위해, 먼저 에르미트 복소다양체 상에서 정의된 중요한 미분작용소 사이의 관계식을 정리할 필요가 있다.

정의 5.1.4

에르미트 복소다양체 X 상에서 정의된 미분작용소 d, ∂, $\overline{\partial}$에 대하여, $S^*(X)$ 상에서 미분작용소 Δ, $\Box$, $\overline{\Box}$를 다음과 같이 정의한다.

$$\Delta = dd^* + d^*d, \ \Box = \partial\partial^* + \partial^*\partial, \ \overline{\Box} = \overline{\partial}\,\overline{\partial}^* + \overline{\partial}^*\overline{\partial}$$

위의 정의에서 $\overline{\Box}$는 $\Box$로부터 복소수 상에서 공핵작용(complex-conjugation)을 통해 얻을 수 있다. 즉, 임의의 $\varphi \in S^*(X)$에 대하여 다음 등식이 성립한다.

$$\overline{\Box\varphi} = \overline{\Box}\,\overline{\varphi}$$

따라서 $\Box$와 $\overline{\Box}$는 모두 실수의 작용소(real operator)이다.

[정리 5.1.9]를 증명하기 위해, 먼저 다음 정의가 필요하다.

정의 5.1.5

에르미트 복소다양체 X와 X 상의 에르미트 거리함수 h에 대하여, 미분작용소

$$d,\ d^*,\ \Delta,\ \partial,\ \partial^*,\ \bar{\partial},\ \bar{\partial}^*,\ \Box,\ \overline{\Box}$$

가 모두 h에 관해 정의되어 있다고 가정하자. 이때, 다음이 성립한다.

(1) 임의의 $\varphi \in S^p(X)$에 대하여 $\Lambda\varphi = L^*\varphi = 0$일 때, φ를 **원시 p-형식**(primitive p-form)이라 한다. 원시 p-형식의 모임을 앞으로 $S_0^p(X)$로 나타낸다.

(2) 다음과 같이 정의된 작용소

$$J: S^*(X) \to S^*(X),\quad J = \sum (\sqrt{-1})^{p-q} \Pi_{p,q}$$

에 대하여, 미분작용소 d_c와 d_c^*를 $S^*(X)$ 상에서 다음과 같이 정의한다.

$$d_c = J^{-1} dJ = wJdJ,\quad d_c^* = J^{-1} d^* J = wJd^* J$$

여기서 $w = \sum (-1)^p \Pi_p$이고 $J^2 = w$이다(4.1절 참고).

[정의 5.1.5]에서 d, J, w가 모두 실수의 작용소이므로 d_c와 d_c^*도 모두 실수의 작용소이다. 또한, 임의의 $\varphi \in S^0(X)$에 대하여 다음 등식이 성립한다.

$$\begin{aligned} d_c\varphi &= wJdJ\varphi = wJd\varphi = wJ(\partial\varphi + \bar{\partial}\varphi) = w(\sqrt{-1}\,\partial\varphi - \sqrt{-1}\,\bar{\partial}\varphi) \\ &= -\sqrt{-1}\,(\partial - \bar{\partial})\varphi \end{aligned}$$

위의 등식을 이용하면

$$dd_c\varphi = -\sqrt{-1}\,(\partial + \bar{\partial})(\partial - \bar{\partial})\varphi = 2\sqrt{-1}\,\partial\bar{\partial}\varphi$$

임을 알 수 있다. 따라서 dd_c는 $S^*(X)$ 상에서 $(1,1)$-형식의 미분작용소이다.

앞으로, 다른 언급이 없으면 미분작용소

$$d,\ d^*,\ \Delta,\ \partial,\ \partial^*,\ \bar{\partial},\ \bar{\partial}^*,\ \Box,\ \overline{\Box}$$

가 모두 캘러다양체 X와 X 상의 캘러 거리함수 h에 관해 정의되어 있다고 가정하자.

다음 보조정리가 성립한다. 자세한 증명은 생략한다([13, Chapter V-Theorem 4.8]).

보조정리 5.1.6

다음이 성립한다.

(1) $[L, d] = [L^*, d^*] = 0$

(2) $d_c = [L, d^*]$, $d_c^* = -[L^*, d]$

따름정리 5.1.7

다음이 성립한다.

(1) $[L, d_c] = [L^*, d_c^*] = 0$

(2) $d = -[L, d_c^*]$, $d^* = [L^*, d_c]$

증명

[정리 4.1.11]의 (2)에 의해

$$[L, J] = [L, w] = [L^*, w] = [L^*, J] = 0$$

이므로 다음이 성립한다.

$$\begin{aligned}[L, d_c] &= Ld_c - d_cL = LwJdJ - wJdJL = wLJdJ - wJdLJ = wJLdJ - wJdLJ \\ &= wJ(Ld - dL)J = wJ[L, d]J = 0\end{aligned}$$

여기서 마지막 등식을 얻기 위해 [보조정리 5.1.6]의 (1)을 이용했다. 따름정리의 다른 등식도 비슷한 방법으로 어렵지 않게 증명할 수 있다.

다음 관계식이 성립한다. 자세한 증명은 단순한 계산이므로 생략한다([13, Chapter V-Corollary 4.10])

따름정리 5.1.8

다음이 성립한다.

(1) $[L, \partial] = [L, \bar{\partial}] = [L^*, \partial^*] = [L^*, \bar{\partial}^*] = 0$

(2) $[L, \partial^*] = \sqrt{-1}\,\bar{\partial}$. $[L, \bar{\partial}^*] = -\sqrt{-1}\,\partial$, $[L^*, \partial] = \sqrt{-1}\,\bar{\partial}^*$.

$[L^*, \bar{\partial}] = -\sqrt{-1}\partial^*$

(3) $d^* d_c = -d_c d^* = d^* L d^* = -d_c L^* d_c$, $dd_c^* = -d_c^* d = -dL^* d = d_c^* L d_c^*$,

$\partial\bar{\partial}^* = -\bar{\partial}^*\partial = -\sqrt{-1}\bar{\partial}^* L\bar{\partial}^* = -\sqrt{-1}\partial L^*\partial$,

$\bar{\partial}\partial^* = -\partial^*\bar{\partial} = \sqrt{-1}\partial^* L\partial^* = \sqrt{-1}\bar{\partial}L^*\bar{\partial}$

다음 정리가 성립한다.

정리 5.1.9

캘러다양체 X와 X 상의 캘러 거리함수 h에 대하여, 다음이 성립한다.

(1) $[\Delta, *] = [\Delta, d] = [\Delta, L] = 0$

(2) $\Delta = 2\Box = 2\overline{\Box}$이고 Δ가 실수의 작용소익다,

(3) $\Delta|_{S^{p,q}(X)} : S^{p,q}(X) \to S^{p,q}(X)$

(4) 다음 등식이 성립한다.

$$[\Delta, J] = [\Delta, d] = [\Delta, d^*] = [\Delta, \partial] = [\Delta, \bar{\partial}] = [\Delta, \partial^*] = [\Delta, L^*] = 0$$

증명

(1) [보조정리 5.1.6]에 의해, 다음이 성립한다.

$$\begin{aligned}[\Delta, L] &= \Delta L - L\Delta = (dd^* L + d^* dL) - (Ldd^* + Ld^* d) \\ &= dd^* L + d^* Ld - dLd^* - Ld^* d = -d[L, d^*] - [L, d^*]d \\ &= -dd_c - d_c d = 0\end{aligned}$$

여기서 마지막 등식을 얻기 위해 $dd_c = -2\sqrt{-1}\partial\bar{\partial} = 2\sqrt{-1}\bar{\partial}\partial = -d_c d$임을 이용했다. (1)의 다른 관계식도 비슷한 방법으로 증명할 수 있다.

(2) $d + \sqrt{-1}d_c = 2\partial$이므로

$$\begin{aligned}4\Box &= 4(\partial\partial^* + \partial^*\partial) \\ &= (d + \sqrt{-1}d_c)(d^* - \sqrt{-1}d_c^*) + (d^* - \sqrt{-1}d_c^*)(d + \sqrt{-1}d_c) \\ &= (dd^* + d^* d) + (d_c^* d_c + d_c d_c^*) \\ &\quad + \sqrt{-1}(d_c d^* + d^* d_c) - \sqrt{-1}(dd_c^* + d_c^* d) \\ &= (dd^* + d^* d) + (d_c^* d_c + d_c d_c^*) = \Delta + \Delta_c \\ &= 2\Delta\end{aligned}$$

여기서 네 번째 등식을 얻기 위해 [따름정리 5.1.8]의 (3)을 이용했고, 마지막 등식을

얻기 위해 $\Delta = \Delta_c$임을 이용했다. 따라서 $\Delta = 2\Box$이다. $\Delta = 2\overline{\Box}$ 임도 비슷하게 증명할 수 있다.

(3) $\Box$가 $S^*(X)$ 상에서 $(0, 0)$-형식의 미분작용소이고 $\Delta = 2\Box$이므로 Δ도 $S^*(X)$ 상에서 $(0, 0)$-형식의 미분작용소이다. 따라서 다음이 성립한다.

$$\Delta|_{S^{p,q}(X)} : S^{p,q}(X) \to S^{p,q}(X)$$

(4) 임의의 $\varphi \in S^{p,q}(X)$에 대하여, J와 Δ가 실수의 작용소이므로 다음이 성립한다.

$$\Delta J(\varphi) = \Delta((\sqrt{-1})^{p-q}\varphi) = (\sqrt{-1})^{p-q}\Delta\varphi = J\Delta\varphi$$

따라서 $[\Delta, J] = 0$이다. 또한,

$$\Box\partial = (\partial\partial^* + \partial^*\partial)\partial = \partial\partial^*\partial = \partial(\partial\partial^* + \partial^*\partial) = \partial\Box$$

이다. 따라서 $\Delta = 2\Box$이므로 $[\Delta, \partial] = 0$이다. 비슷한 방법으로 나머지 등식도 증명할 수 있다.

Ω를 캘러다양체 X 상에서 정의된 캘러 거리함수 h에 대응하는 닫힌 기본 2-형식이라 하자. 그러면 $\Omega = L(1)$이고 [정리 5.1.9]에 의해

$$\Delta\Omega = \Delta L(1) = L(\Delta(1)) = L(0) = 0$$

이므로 Ω는 항상 조화형식이다.

정의 5.1.10

n-차원 캘러다양체 X와 임의의 $0 \le r \le 2n$ 및 $0 \le p, q \le n$에 대하여, 다음이 성립한다.

(1) $\mathrm{HF}^r_\Delta(X) = \{\varphi \in S^r(X) \mid \Delta\varphi = 0\}$라 하고, $\mathrm{HF}^r_\Delta(X)$를 미분작용소 Δ에 관한 **조화 r-형식의 공간**(space of harmonic r-forms)이라 한다. 비슷한 방법으로, $\mathrm{HF}^r_\Box(X)$와 $\mathrm{HF}^r_{\overline{\Box}}(X)$도 정의할 수 있다.

(2) $\mathrm{HF}^{p,q}_\Box(X) = \{\varphi \in S^{p,q}(X) \mid \Box\varphi = 0\}$라 하고, $\mathrm{HF}^{p,q}_\Box(X)$를 미분작용소 $\Box$에 관한 **조화 (p, q)-형식의 공간**(space of harmonic (p, q)-forms)이라 한다.

(3) $\mathrm{HF}^{p,q}_{\overline{\Box}}(X) = \{\varphi \in S^{p,q}(X) \mid \overline{\Box}\varphi = 0\}$라 하고, $\mathrm{HF}^r_{\overline{\Box}}(X)$를 미분작용소 $\overline{\Box}$에 관한 **조화 (p, q)-형식의 공간**(space of harmonic (p, q)-forms)이라 한다.

[정리 5.1.9]에 의해, 다음 등식이 성립한다.

$$\mathrm{HF}^r_\Delta(X) = \mathrm{HF}^r_\Box(X) = \mathrm{HF}^r_{\bar\Box}(X)$$

한편, [정리 5.1.9]에 의해 $[L^*, \Delta] = 0$이다. 따라서 다음 정의가 성립한다.

정의 5.1.11

n-차원 캘러다양체 X와 임의의 $0 \le r \le 2n$ 및 $0 \le p, q \le n$에 대하여, 다음이 성립한다.

(1) $\mathrm{HF}^r_0(X) = \ker\big(L^* = \Lambda : \mathrm{HF}^r_\Delta(X) \to \mathrm{HF}^{r-2}_\Delta(X)\big)$라 하고, $\mathrm{HF}^r_0(X)$를 미분작용소 Δ에 관한 **원시 조화 r-형식의 공간**(space of primitive harmonic r-forms)이라 한다.

(2) $\mathrm{HF}^{p,q}_0(X) = \ker\big(L^* = \Lambda : \mathrm{HF}^{p,q}_\Box(X) \to \mathrm{HF}^{p-1,q-1}_\Box(X)\big)$라 하고, $\mathrm{HF}^{p,q}_0(X)$를 미분작용소 $\Box$에 관한 **원시 조화 (p, q)-형식의 공간**(space of primitive harmonic (p, q)-forms)이라 한다.

레프셰츠 분해 정리인 [정리 4.4.4]와 $[\Delta, L] = [\Delta, L^*] = 0$에 의해, 다음 정리가 성립한다.

정리 5.1.12 레프셰츠 분해 정리, Lefschetz decomposition theorem

n-차원 캘러다양체 X와 임의의 $0 \le r \le 2n$ 및 $0 \le p, q \le n$에 대하여, $\mathrm{HF}^r_\Delta(X)$와 $\mathrm{HF}^{p,q}_\Box(X)$를 다음과 같이 직합(direct sum)으로 나타낼 수 있다.

(1) $\mathrm{HF}^r_\Delta(X) = \sum_{2s \ge (r-n)^+} L^s(\mathrm{HF}^{r-2s}_0(X))$

(2) $\mathrm{HF}^{p,q}_\Box(X) = \sum_{2s \ge (p+q-n)^+} L^s(\mathrm{HF}^{p-s,q-s}_0(X))$

증명

(1) 임의의 $\varphi \in \mathrm{HF}^r_\Delta(X)$에 대하여, [정리 4.4.4]에 의해 φ를 다음과 같이 φ_s로 유일하게 나타낼 수 있다.

$$\varphi = \sum_{2s \ge (r-n)^+} L^s \varphi_s$$

여기서, 각각의 $\varphi_s\,(2s \ge (r-n)^+)$는 가중치가 $(n-r+2s)$인 원시 $(r-2s)$-형식이다. 한편, $[\Delta, L] = 0$이므로

$$0 = \Delta\varphi = \sum_{2s \geq (r-n)^+} L^s \Delta\varphi_s$$

이다. 이제, 증명을 위해 위의 식을 다음과 같이 나타내자.

$$0 = \Delta\varphi = \sum_{2s \geq (r-n)^+} L^s \Delta\varphi_s = \psi_0 + L\psi_1 + \cdots + L^m \psi_m$$

그러면 각각의 $\Delta\varphi_s$에 대하여, $\Delta\varphi_s = \psi_i$를 만족하는 $i(0 \leq i \leq m)$가 존재한다. 한편, 위의 식에 Λ^m을 적용하여 다음을 얻을 수 있다.

$$0 = \Lambda^m(0) = \Lambda^m(\psi_0 + L\psi_1 + \cdots\ L^m\psi_m) = \Lambda^m L^m \psi_m = c_m \psi_m,\ \ c_m \neq 0$$

따라서 $\psi_m = 0$이다. 비슷한 방법으로

$$\psi_0 = \psi_1 = \cdots = \psi_m = 0$$

임을 보일 수 있다. 즉 임의의 $2s \geq (r-n)^+$에 대하여 $\Delta\varphi_s = 0$이고,

$$\varphi_s \in \mathrm{HF}_\Delta^{r-2s}(X),\ \ 2s \geq (r-n)^+$$

이다.

사실, 각각의 $2s \geq (r-n)^+$에 대하여 $\Delta\varphi_s = 0$임을 보이기 위해 [정리 4.4.4]에서 증명된 사실인 표현의 유일성을 이용할 수도 있다. 다시 말해서,

$$0 = \Delta\varphi = \sum_{2s \geq (r-n)^+} L^s \Delta\varphi_s = \sum_{2s \geq (r-n)^+} L^s(0)$$

이고 $\Delta\varphi = 0$가 유일하게 표현되므로 $\Delta\varphi_s = 0$가 되어야 한다. 결론적으로, 다음 등식이 성립한다.

$$\mathrm{HF}_\Delta^r(X) = \sum_{2s \geq (r-n)^+} L^s(\mathrm{HF}_0^{r-2s}(X))$$

(1)과 비슷한 방법으로 (2)도 증명할 수 있다. ◇

[정리 4.4.4]를 이용하여 다음 정리를 얻을 수 있다.

정리 5.1.13 강한 레프셰츠 정리, Strong Lefschetz theorem

n-차원 캘러다양체 X와 임의의 $0 \leq p \leq n$에 대하여, 다음과 같은 동형사상을 얻을 수 있다.

$$L^{n-p} = \Omega^{n-p} \wedge \cdot : H^p(X, \mathbb{C}) \to H^{2n-p}(X, \mathbb{C})$$

여기서 Ω는 X의 기본 2-형식으로 캘러 형식을 나타낸다.

증명

임의의 $\varphi \in \mathrm{HF}^p_\Delta(X)$에 대하여, $L^{n-p}(\varphi) = 0$이면 [정리 4.4.4]의 (3)에 의해 $\varphi = 0$이다. 한편 $H^p(X, \mathbb{C}) \cong \mathrm{HF}^p_\Delta(X)$이다. 따라서 L^{n-p}는 단사함수이다. 그리고

$$\overline{\ast}\,\Delta = \Delta\,\overline{\ast}$$

이므로

$$\overline{\ast} : \mathrm{HF}^p_\Delta(X) \to \mathrm{HF}^{2n-p}_\Delta(X)$$

가 전단사함수이다. 따라서 $\dim_{\mathbb{C}} \mathrm{HF}^p_\Delta(X) = \dim_{\mathbb{C}} \mathrm{HF}^{2n-p}_\Delta(X)$이다. 이것은 L^{n-p}가 전단사함수임을 의미한다.

5.2 호지 분해 정리

이 절에서는 컴팩트 캘러다양체 상에서 성립하는 호지 분해정리와 그 응용에 관해 알아본다.

다음 정리가 성립한다.

정리 5.2.1 호지 분해 정리, Hodge decomposition theorem

임의의 n-차원 컴팩트 캘러다양체 X와 임의의 $0 \le r \le 2n$ 및 $0 \le p, q \le n$에 대하여, $H^r(X, \mathbb{C})$와 $H^{p,q}(X)$가 다음과 같이 직합으로 표현된다.

(1) $H^r(X, \mathbb{C}) = \sum_{p+q=r} H^{p,q}(X)$

(2) $\overline{H^{p,q}(X)} = H^{q,p}(X)$

증명

(1) 증명을 위해, $\mathrm{HF}^r(X)$가 다음과 같이 직합으로 표현됨을 보이면 충분하다.

$$\mathrm{HF}^r(X) = \sum_{p+q=r} \mathrm{HF}^{p,q}(X)$$

실제로, 임의의 $\varphi \in \mathrm{HF}^r(X)$에 대하여 정의에 의해 $\Delta\varphi = 0$이다. 따라서 $\overline{\square}\varphi = 0$이다. 이제,

$$\varphi = \varphi^{r,0} + \varphi^{r-1,1} + \cdots + \varphi^{0,r},\ \varphi^{i,j} \in \mathrm{HF}^{p,q}(X),\ \ 0 \le i,j \le r$$

라 할 때, $\overline{\square}$가 미분형식의 형식을 보존하므로 다음이 성립한다.

$$\overline{\square}\varphi^{i,j} = 0,\ \ 0 \le i,j \le r$$

따라서 다음과 같이 잘 정의된 사상 τ가 자명하게 단사함수이다.

$$\tau : \mathrm{HF}^r(X) \to \prod_{p+q=r} \mathrm{HF}^{p,q}(X),\ \ \varphi \mapsto (\varphi^{r,0}, \varphi^{r-1,1}, \ldots, \varphi^{0,r}),$$
$$p+q=r,\ \ 0 \le p,q \le r$$

한편 임의의 $\psi \in \mathrm{HF}^{p,q}(X)$에 대하여

$$\Delta\psi = 2\overline{\square}\psi = 0$$

이므로 $\psi \in \mathrm{HF}^{p+q}(X)$이다. 따라서 τ가 전사함수이다.

(2) 복소수 상에서 공핵작용

$$\bar{\ } : S^{p,q}(X) \to S^{q,p}(X),\ \ \varphi \mapsto \overline{\varphi}$$

가 동형사상이고 $\overline{\square}$가 실수의 작용소이므로 다음 사상도 동형사상이다.

$$\bar{\ } : \mathrm{HF}^{p,q}(X) \to \mathrm{HF}^{q,p}(X),\ \ \alpha \mapsto \overline{\alpha}$$

보통 캘러다양체의 코호몰로지군에 관해 다음과 같은 **호지 다이아몬드**(Hodge diamond)를 이용하여 [정리 5.2.1]로부터 얻어지는 대칭성을 설명한다.

$$\begin{array}{ccccccccc}
 & & & & H^{n,n} & & & & \\
 & & & H^{n,n-1} & & H^{n-1,n} & & & \\
 & & H^{n,n-2} & & H^{n-1,n-1} & & H^{n-2,n} & & \\
 & & & & \vdots & & & & \\
H^{n,0} & H^{n-1,1} & & & \cdots & & & H^{1,n-1} & H^{0,n} \\
 & & & & \vdots & & & & \\
 & & H^{2,0} & & H^{1,1} & & H^{0,2} & & \\
 & & & H^{1,0} & & H^{0,1} & & & \\
 & & & & H^{0,0} & & & &
\end{array}$$

위의 그림에서 $H^{p,q}(X) = \overline{H^{q,p}(X)}$이고, 호지 $*$-작용소에 의해

$$H^{p,q}(X) \cong H^{n-q,n-p}(X)$$

가 성립한다. 특히, $n=2$일 때 호지 다이아몬드는 다음과 같은 형태를 가진다.

$$\begin{array}{ccccc} & & H^{2,2} & & \\ & H^{2,1} & & H^{1,2} & \\ H^{2,0} & & H^{1,1} & & H^{0,2} \\ & H^{1,0} & & H^{0,1} & \\ & & H^{0,0} & & \end{array}$$

[정리 5.2.1]의 또 다른 결과로 다음이 성립한다. 증명은 자명하므로 생략한다.

따름정리 5.2.2

임의의 n-차원 컴팩트 캘러다양체 X와 임의의 $0 \le r \le 2n$ 및 $0 \le p, q \le n$에 대하여, 다음이 성립한다.

(1) $b_r(X) = \sum_{p+q=r} h^{p,q}(X)$

(2) $h^{p,q}(X) = h^{q,p}(X)$

(3) 임의의 $0 \le k \le n$에 대하여, $b_{2k}(X)$가 항상 짝수이다. 따라서 $b_{2k}(X)$가 홀수이면 X가 캘러다양체가 될 수 없다.

(4) $q(X) = h^{1,0}(X) = \frac{1}{2}b_1(X)$이고 $q(X)$가 위상적인 불변량이다. 이때, $q(X)$를 보통 X의 **비정칙수**(irregularity)라 한다.

[따름정리 5.2.2]는 캘러다양체에 관한 중요한 위상적 제한 조건을 준다. 예를 들어, [따름정리 5.2.2]의 (3)에 의해 캠팩트 복소다양체의 베티수 $b_{2k}(X)$가 홀수이면 X가 캘러다양체가 될 수 없음을 알 수 있다.

2-차원 복소다양체를 보통 **복소곡면**(complex surface)이라 한다. 복소곡면에 대하여, 다음 정의가 성립한다.

정의 5.2.3

임의의 복소곡면 X에 대하여, X의 **복소해석적 오일러 특성수**(holomorphic Euler characteristic) $\chi_h(X)$를 다음과 같이 정의한다.

$$\chi_h(X) = 1 - q(X) + p_g(X)$$

여기서 $q(X) = h^{1,0}(X)$이고 $p_g(X) = h^{0,2}(X) = h^{2,0}(X)$이다. 이때, $p_g(X)$를 X의 **기하학적 종수**(geometric genus)라 한다.

복소곡면에 대하여, 다음 정리가 성립한다. 정의의 증명은 이 책의 수준을 넘어 생략한다.

정리 5.2.4 뇌터 정리, Noether theorem

임의의 복소곡면 X에 대하여, 다음 등식이 성립한다.

$$\chi_h(X) = \frac{1}{12}\left(c_1(X)^2 + c_2(X)\right)$$

캘러가 아닌 컴팩트 복소다양체의 대표적인 예로는 **호프곡면**(Hopf surface)이 있다. 이를 설명하기 위해, 먼저 다음 논의가 필요하다.

정의 5.2.5

임의의 복소다양체 X에 대하여, 다음이 성립한다.

(1) X에서 X 자신으로 가는 복소해석적 동형사상의 모임을 **자동화군**(automorphism group)이라 하고 $\mathrm{Aut}(X)$로 나타낸다.

(2) $\mathrm{Aut}(X)$의 임의의 부분군 Γ를 고려하자. 집합

$$\{\gamma \in \Gamma \mid \text{임의의 두 컴팩트 } K_1, K_2 \subset X\text{에 대하여, } \gamma(K_1) \cap K_2 \neq \varnothing\}$$

이 유한집합일 때, Γ가 **적절히 비연속적으로 작용**(properly discontinuous action)한다고 말한다.

(3) $\mathrm{Aut}(X)$의 임의의 부분군 Γ를 고려하자. 임의의 원소 $\gamma \in \Gamma - \{e\}$에 대하여 $\gamma(x) = x$를 만족하는 점 $x \in X$가 존재하지 않을 때(즉, 모든 $x \in X$에 대하여 $\gamma(x) \neq x$일 때), Γ가 **고정점을 갖지 않는다**(no fixed points)고 말한다. 여기서 e는 Γ의 항등원을 나타낸다.

(4) 임의의 두 원소 $x, y \in X$에 대하여 $y = \gamma(x)$를 만족하는 $\gamma \in \Gamma$가 존재할 때, x와 y가 서로 동치관계에 있다고 말한다. 이때, X/Γ는 모든 동치류의 모임을 나타낸다. 동치류를 이용하여 자연스럽게 정의한 사영사상 $\pi : X \to X/\Gamma$와 X 상의 위상 $\mathfrak{J}$에 대하여, X/Γ 상의 **상위상** $\tilde{\mathfrak{J}}$는 다음과 같이 주어진다.

$$\tilde{\mathfrak{J}} = \{U \subset X/\Gamma \mid \pi^{-1}(U) \in \mathfrak{J}\}$$

그러면 사영사상 $\pi : X \to X/\Gamma$가 자명하게 연속함수가 된다.

상공간에 관해 다음과 같은 잘 알려진 기본 정리가 성립한다. 자세한 증명은 생략한다([13, Chapter V-Proposition 5.3])

정리 5.2.6

임의의 복소다양체 X와 적절히 비연속적으로 작용하는 $\mathrm{Aut}(X)$의 부분군 Γ에 대하여, Γ가 고정점을 갖지 않는다고 가정하자. 그러면, 상공간 X/Γ는 사영사상 $\pi: X \to X/\Gamma$를 이용하여 X로부터 유일하게 결정되는 복소구조를 가진 T_2-위상공간이고, $\pi: X \to X/\Gamma$는 국소적으로 복소해석적 동형사상인 전사함수이다.

예제 5.2.7

(1) [예제 5.1.2]의 n-차원 복소토러스 $T^n = \mathbb{C}^n/\Gamma$는 대표적인 컴팩트 캘러다양체이다. 그리고 T^n의 호지수 $h^{p,q}(T^n)$은 다음과 같이 주어진다.

$$h^{p,q}(T^3) = \binom{n}{p} \cdot \binom{n}{q}$$

특히, T^3의 호지 다이아몬드는 다음과 같은 형태를 가진다.

$$\begin{array}{ccccccc} & & & \mathbb{C} & & & \\ & & \mathbb{C}^3 & & \mathbb{C}^3 & & \\ & \mathbb{C}^3 & & \mathbb{C}^9 & & \mathbb{C}^3 & \\ \mathbb{C} & & \mathbb{C}^9 & & \mathbb{C}^9 & & \mathbb{C} \\ & \mathbb{C}^3 & & \mathbb{C}^9 & & \mathbb{C}^3 & \\ & & \mathbb{C}^3 & & \mathbb{C}^3 & & \\ & & & \mathbb{C} & & & \end{array}$$

(2) X가 복소평면 $\mathbb{C}$의 단위 원판일 때, Γ가 적절히 비연속적으로 작용하고 고정점이 없는 X 상의 자동화군의 부분군을 이용하여 종수 $g > 1$인 리만곡면 X/Γ를 만들 수 있다. 이때, X/Γ가 컴팩트 캘러다양체이다.

(3) 호프곡면을 만들기 위해, 먼저 3-차원 단위구(unit sphere)

$$S^3 = \{z = (z_1, z_2) \in \mathbb{C}^2 \mid |z_1|^2 + |z_2|^2 = 1\}$$

을 고려하자. $\mathbb{C}^2 - \{(0,0)\}$는 다음과 같은 사상에 의해 $S^3 \times \mathbb{R}$과 미분동형이다.

$$S^3 \times \mathbb{R} \to \mathbb{C}^2 - \{(0,0)\}, \quad (z_1, z_2, t) \mapsto (e^t z_1, e^t z_2)$$

또한 $S^3 \times \mathbb{R}$(또는 $\mathbb{C}^2 - \{(0,0)\}$) 상에 다음과 같은 적절히 비연속적이고 고정점이 없는 $\mathbb{Z}$의 작용을 고려할 수 있다.

$$\mathbb{Z}\times(S^3\times\mathbb{R})\to(S^3\times\mathbb{R}),\quad (m,(z_1,z_2,t))\mapsto(z_1,z_2,t+m)$$

또는

$$\mathbb{Z}\times(\mathbb{C}^2-\{(0,0)\})\to\mathbb{C}^2-\{(0,0)\},\quad (m,(e^t z_1,e^t z_2))\mapsto(e^{t+m}z_1,e^{t+m}z_2)$$

따라서 [정리 5.2.6]에 의해 $X=S^3\times\mathbb{R}/\mathbb{Z}$는 2-차원 컴팩트 복소다양체이고, X는 $S^3\times S^1$과 미분동형이다. 이때, X를 **호프곡면**(Hopf surface)이라 부른다. 한편

$$b_1(X)=b_1(S^3\times S^1)=1=b_3(S^3\times S^1)=b_3(X),\ b_0(X)=b_4(X)=1,\ b_2(X)=0$$

이므로, 예를 들어, $b_1(X)$가 짝수가 아니다. 따라서 $X/\mathbb{Z}$는 컴팩트 캘러다양체가 아닌 컴팩트 복소다양체이다.

좀 더 일반적으로, 임의의 자연수 $p\geq 1$에 대하여

$$(\mathbb{C}^{2p}-\{0\})/\mathbb{Z}\approx S^{4p-1}\times S^1$$

은 컴팩트 캘러다양체가 아닌 컴팩트 복소다양체로 **호프다양체**(Hopf manifold)라 한다([8] 참고).

이 절의 마지막 정리로 다음 사실을 서술하고 증명한다.

정리 5.2.8

임의의 1-차원 복소다양체 X는 항상 캘러 거리함수를 가진다. 즉, X는 캘러 형태이다.

증명

[정리 3.1.6]에 의해, X가 복소다양체이므로 X 상에 에르미트 거리함수 h가 항상 존재한다. 이때, Ω를 h에 대응하는 기본 2-형식이라 하자. 그러면 $d\Omega$는 3-형식이므로 $d\Omega=0$이다. 따라서 h가 X 상에서 정의된 캘러 거리함수이고, X는 캘러 형태이다.

5.3 호지-리만 쌍선형 관계

이 절에서는 캘러다양체 상에서 정의된 드람군의 대수적 구조에 관해 알아본다.

이를 위해, 먼저 임의의 컴팩트 캘러다양체 X와 X 상에서 정의된 기본 2-형식 Ω를 고려하자. 그러면, [정리 5.1.12]에 의해, 다음과 같은 레프세츠 분해 정리가 성립한다.

$$\mathrm{HF}^r_\Delta(X)=\sum_{2s\ge(r-n)^+}L^s(\mathrm{HF}_0^{r-2s}(X)),$$

$$\mathrm{HF}^{p,q}_\square(X)=\sum_{2s\ge(p+q-n)^+}L^s(\mathrm{HF}_0^{p-s,q-s}(X))$$

정의 5.3.1

임의의 두 원소 $\xi,\eta\in H^r(X,\mathbb{C})$에 대하여, ξ와 η의 레프세츠 분해를 다음과 같이 나타내자.

$$\xi=\sum_{2s\ge(r-n)^+}L^s\xi_s,\quad \eta=\sum_{2s\ge(r-n)^+}L^s\eta_s$$

그런 다음, $H^r(X,\mathbb{C})$ 상에서 쌍선형 형식 Q를 다음과 같이 정의하자.

$$Q:H^r(X,\mathbb{C})\times H^r(X,\mathbb{C})\to\mathbb{C},$$

$$Q(\xi,\eta)=\sum_{2s\ge(r-n)^+}(-1)^{\frac{r(r+1)}{2}+s}\int_X L^{n-r+2s}(\xi_s\wedge\eta_s)$$

다음 정리가 성립한다.

정리 5.3.2

임의의 n-차원 컴팩트 캘러다양체 X와 [정의 5.3.1]에서 정의된 쌍선형 형식 Q에 대하여, Q는 다음과 같은 성질 (1)-(4)를 만족하는 비퇴화적 실수의 쌍선형 형식(non-degenerate real bilinear form)이다. 여기서, 임의의 $\xi,\eta\in H^r(X,\mathbb{C})$에 대하여 $\overline{Q(\xi,\eta)}=Q(\overline{\xi},\overline{\eta})$일 때, Q를 실수의 형식이라 한다.

(1) $Q(\xi,\eta)=(-1)^rQ(\eta,\xi)$

(2) $J=\sum(\sqrt{-1})^{p-q}\Pi_{p,q}$일 때, $Q(J\xi,J\eta)=Q(\eta,\xi)$

(3) $Q(\xi,J\eta)=Q(\eta,J\xi)$

(4) $Q(\xi,J\overline{\xi})>0$ ($\xi\neq0$일 때)

증명

(1) 임의의 $\xi_s, \eta_s \in \mathrm{HF}^{r-2s}(X)$에 대하여, 다음이 성립한다.

$$\eta_s \wedge \xi_s = (-1)^{(r-2s)(r-2s)} \xi_s \wedge \eta_s = (-1)^{r^2} \xi_s \wedge \eta_s = (-1)^r \xi_s \wedge \eta_s$$

따라서 $Q(\xi, \eta) = (-1)^r Q(\eta, \xi)$이다.

(2) [정리 5.2.1]에 의해 호지 분해 정리가 다음과 같이 성립한다.

$$H^r(X, \mathbb{C}) = \sum_{p+q=r} H^{p,q}(X)$$

따라서 각각의 ξ_s와 η_s를 위의 호지 분해 정리를 이용하여 다음과 같이 나타낼 수 있다.

$$\xi_s = \xi_s^{r-2s,0} + \xi_s^{r-2s-1,1} + \cdots + \xi_s^{0,r-2s}, \quad \eta_s = \eta_s^{r-2s,0} + \eta_s^{r-2s-1,1} + \cdots + \eta_s^{0,r-2s}$$

한편

$$\begin{aligned} J\xi_s \wedge J\eta_s &= \sum_{i+j=r-2s,\, 0 \le i,j \le r-2s} (\sqrt{-1})^{i-j} \xi_s^{i,j} \wedge (\sqrt{-1})^{j-i} \eta_s^{j,i} + \cdots \\ &= \sum_{i+j=r-2s,\, 0 \le i,j \le r-2s} \xi_s^{i,j} \wedge \eta_s^{j,i} + \cdots \end{aligned}$$

이므로 다음이 성립한다.

$$\begin{aligned} Q(J\xi, J\eta) &= \sum_{2s \ge (r-n)^+} \varepsilon_{r,s} \int_X L^{n-r+2s}(J\xi_s \wedge J\eta_s) \\ &= \sum_{2s \ge (r-n)^+} \varepsilon_{r,s} \left(\sum_{i+j=r-2s,\, 0 \le i,j \le r-2s} \int_X L^{n-r+2s}(\xi_s^{i,j} \wedge \eta_s^{j,i}) \right) \\ &= Q(\xi, \eta) \end{aligned}$$

여기서 $\varepsilon_{r,s} = (-1)^{\frac{r(r+1)}{2}+s}$이다.

비슷한 방법으로 (3)도 증명할 수 있으므로 (3)의 자세한 증명은 생략한다.

(4) 정의에 의해, 다음이 성립한다.

$$\begin{aligned} Q(\xi, J\eta) &= \sum_{2s \ge (r-n)^+} (-1)^{\frac{r(r+1)}{2}+s} \int_X L^{n-r+2s}(\xi_s \wedge J\eta_s) \\ &= \sum_{2s \ge (r-n)^+} (-1)^{\frac{r(r+1)}{2}+s} \int_X L^s(\xi_s) \wedge L^{n-r+s}(J\eta_s) \end{aligned}$$

한편, [정리 4.4.6]에 의해

$$L^{n-r+s}J\eta_s = (-1)^{\frac{r(r+1)}{2}+s}\frac{(n-r+s)!}{s!} * L^s(\eta_s)$$

이므로 다음 등식이 성립한다.

$$\begin{aligned} Q(\xi, J\eta) &= \sum_{2s \geq (r-n)^+} (-1)^{\frac{r(r+1)}{2}+s}\int_X L^s(\xi_s) \wedge L^{n-r+s}(J\eta_s) \\ &= \sum_{2s \geq (r-n)^+} c_{r,s}\int_X L^s(\xi_s) \wedge * L^s(\eta_s) \end{aligned}$$

여기서 $c_{r,s} = \frac{(n-r+s)!}{s!}$이다. 따라서, 임의의 $\xi(\neq 0) \in H^r(X, \mathbb{C})$에 대하여 $L^s(\xi_s) \neq 0$인 ξ_s가 존재하므로 다음 부등호가 성립한다.

$$\begin{aligned} Q(\xi, J\overline{\xi}) &= \sum_{2s \geq (r-n)^+} c_{r,s}\int_X L^s(\xi_s) \wedge * L^s(\overline{\xi_s}) \\ &= \sum_{2s \geq (r-n)^+} (L^s(\xi_s), L^s(\xi_s)) > 0 \end{aligned}$$

이제, 임의의 $\xi, \eta \in H^r(X, \mathbb{C})$에 대하여

$$A(\xi, \eta) = Q(\xi, J\overline{\eta})$$

라 정의하자. 그러면, 임의의 $\xi(\neq 0) \in H^r(X, \mathbb{C})$에 대하여 $A(\xi, \xi) > 0$이므로 A는 양의 정부호를 갖는 에르미트 대칭 형식이다. 따라서 적당한 기저에 관해 A에 해당하는 행렬의 행렬식이 영이 아니다. 한편 두 사상

$$\overline{} : H^r(X, \mathbb{C}) \to H^r(X, \mathbb{C}) \text{와 } J: H^r(X, \mathbb{C}) \to H^r(X, \mathbb{C})$$

가 모두 동형이고 A의 기본행렬은 Q의 기본행렬과 위의 두 동형사상 $\overline{}$과 J의 기본행렬의 행렬 곱으로 주어진다. 따라서 Q의 기본행렬의 행렬식이 0이 아니다. 결론적으로, 이것은 Q가 비퇴화적임을 의미한다. ◇

[정리 5.3.2]와 선형대수학의 기본적인 사실을 이용하여, 다음이 성립함을 알 수 있다. 따라서 다음 따름정리의 자세한 증명은 생략한다.

따름정리 5.3.3

임의의 n-차원 컴팩트 캘러다양체 X와 [정의 5.3.1]에서 정의된 쌍선형 형식 Q에 대하여, 다음이 성립한다.

(1) r이 짝수일 때, $H^r(X, \mathbb{C})$ 상에서 정의된 Q는 대칭형식(symmetric form)이다. 따라서 Q의 기본행렬이 다음과 같은 $H^r(X, \mathbb{C})$의 기저 $\{\xi_\alpha\}$가 존재한다.

$$[Q] = [Q_{\alpha\beta}] = [Q(\xi_\alpha, \xi_\beta)] = \begin{bmatrix} I_h & 0 \\ 0 & -I_k \end{bmatrix}$$

여기서 I_h와 I_k는 각각 $h \times h$-항등행렬과 $k \times k$-항등행렬을 나타낸다. 또한, $h - k$를 Q의 **부호**(signature)라 한다.

(2) r이 홀수일 때, $H^r(X, \mathbb{C})$ 상에서 정의된 Q는 반대칭형식(skew-symmetric form)이다. 따라서 Q의 기본행렬이 다음과 같은 $H^r(X, \mathbb{C})$의 기저 $\{\xi_\alpha\}$가 존재한다.

$$[Q] = [Q_{\alpha\beta}] = [Q(\xi_\alpha, \xi_\beta)] = \begin{bmatrix} 0 & I_h \\ -I_h & 0 \end{bmatrix}$$

여기서 I_h는 $h \times h$-항등행렬을 나타내고 $h = \frac{1}{2} b_r(X)$이다. 따라서 $b_r(X)$는 항상 짝수이다.

컴팩트 캘러다양체 X의 코호몰로지군 $H^r(X, \mathbb{C})$에 속해 있는 원시코호몰로지 원소(primitive cohomology class)와 비원시코호몰로지 원소(non-primitive cohomology class)의 구성에 관한 결과를 서술하기 위해, 먼저 다음 정의가 필요하다.

정의 5.3.4

임의의 n-차원 컴팩트 캘러다양체 X와 임의의 $0 \le r \le n$에 대하여, $H_0^r(X, \mathbb{C})$를 차수가 r인 원시코호몰로지 원소의 모임(즉, $L^{n-r+1}\xi = 0$를 만족하는 $\xi \in H^r(X, \mathbb{C})$의 모임)이라 하자. 이때, $b_r^0(X) = \dim_{\mathbb{C}} H_0^r(X, \mathbb{C})$로 나타낸다.

다음 정리가 성립한다.

정리 5.3.5

임의의 n-차원 컴팩트 캘러다양체 X와 임의의 $0 \le r \le n$에 대하여, 다음 등식이 성립한다.

$$b_r^0(X) = b_r(X) - b_{r-2}(X)$$

여기서 $b_{-2}(X) = b_{-1}(X) = 0$이다. 따라서 $b_r^0(X)$는 X에만 의존하고 기본 2-형식 Ω의 코호몰로지 원소 $[\Omega]$에 의존하지 않는 위상적 불변량이다.

증명

r에 관한 수학적 귀납법을 이용하여 증명한다. 앞으로

$$\omega = [\Omega] \in H^{1,1}(X) \subset H^2(X, \mathbb{C})$$

를 나타낸다.

(i) $r = 0$(또는 $r = 1$)일 때,

$$L^{n-r+1}\xi = \omega^{n+1} \wedge \xi = 0 (\text{또는 } L^n\xi = \omega^n \wedge \xi = 0)$$

이므로 $b_0^0(X) = b_0(X)$이고 $b_1^0(X) = b_1(X)$이다. 따라서 정리의 결과가 성립한다.

(ii) 이제, 임의의 $0 \le q \le r-1$에 대하여 정리의 결과가 성립한다고 가정하자. 즉

$$b_q^0(X) = b_q(X) - b_{q-2}(X), \quad 0 \le q \le r-1$$

수학적 귀납법의 가정에 의해, 임의의 $1 \le j \le [r/2]$에 대하여

$$b_{r-2j}^0(X) = b_{r-2j}(X) - b_{r-2j-2}$$

이다. 따라서 $m_j = b_{r-2j}(X) - b_{r-2j-2}(X)$라 할 때, $H_0^{r-2j}(X, \mathbb{C})$의 기저

$$\{\xi_{1,j}, \xi_{2,j}, \ldots, \xi_{m_j,j}\}$$

가 존재한다. 그러면 집합 $\{L^j\xi_{i,j} \mid 1 \le i \le m_j\}$는 일차독립이다. 실제로, 만약

$$\sum_{i=1}^{m_j} \alpha_i L^j \xi_{i,j} = 0, \quad \alpha_i \in \mathbb{C}$$

라면 $L^j\left(\sum_{i=1}^{m_j} \alpha_i \xi_{i,j}\right) = 0$이다. 한편, 레프셰츠 분해 정리의 유일성에 의해

$$\sum_{j=1}^{m_j} \alpha_i \xi_{i,j} = 0$$

이다. 따라서 모든 $1 \le i \le m_j$에 대하여 $\alpha_i = 0$이다.

비슷한 방법으로

$$\{L^j\xi_{i,j} \mid 1 \le j \le [r/2],\ 1 \le i \le m_j\}$$

가 일차독립임을 보일 수 있다. 또한 임의의 $1 \le j \le [r/2]$와 $1 \le i \le m_j$에 대하여, $L^j\xi_{i,j}$는 $H_0^r(X, \mathbb{C})$의 원소가 아니다. 실제로, 만약 $L^{n-r+1}(L^j\xi_{i,j}) = 0$라면

$$L^{n-r+j+1}\xi_{i,j}=0,\ n-r+j+1>n-r+1$$

이므로 [따름정리 4.4.5]에 의해 $\xi_{i,j}=0$이다. 하지만 이것은 $\{\xi_{i,j}\}$가 일차독립이므로 자명하게 모순이다.

증명의 마지막 단계로, $\{\beta_l \mid 1\le l\le k\}$가 $H_0^r(X,\mathbb{C})$의 기저라 하면 레프셰츠 분해 정리에 의해

$$\{\eta_l,\xi_{i,j} \mid 1\le l\le k,\ 1\le j\le [r/2],\ 1\le i\le m_j\}$$

가 $H^r(X,\mathbb{C})$의 기저가 된다. 따라서 다음 등식이 성립한다.

$$\begin{aligned}b_r^0(X)=k&=b_r-((b_{r-2}(X)-b_{r-4}(X))+(b_{r-4}(X)-b_{r-6}(X))+\cdots)\\&=b_r(X)-b_{r-2}(X)\end{aligned}$$

위의 (i)과 (ii) 및 수학적 귀납법에 의해, 정리의 결과가 성립한다.

예제 5.3.6

(1) n-차원 복소사영공간 $\mathbb{P}^n$의 코호몰로지 환은 다음과 같다.

$$H^*(\mathbb{P}^n,\mathbb{C})=\mathbb{C}\oplus\mathbb{C}\omega\oplus\cdots\oplus\mathbb{C}\omega^n$$

여기서 Ω가 $\mathbb{P}^n$의 기본 2-형식일 때, $\omega=[\Omega]$이고 $\mathbb{C}\omega^j$는 ω^j에 의해 생성된 복소 벡터공간을 의미한다. 이때, $H_0^0(\mathbb{P}^n,\mathbb{C})=H^0(\mathbb{P}^n,\mathbb{C})\cong\mathbb{C}$이다. 한편

$$\omega^{n-2j+1}\wedge\omega^j=\omega^{n-j+1}\neq 0,\ j\ge 1$$

이므로

$$H_0^{2j}(\mathbb{P}^n,\mathbb{C})=0,\ 1\le j\le n$$

이다. 따라서 다음 등식이 성립한다.

$$b_{2j}^0(\mathbb{P}^n)=b_{2j}(\mathbb{P}^n)-b_{2j-2}(\mathbb{P}^n)=1-1=0,\ 1\le j\le n$$

(2) 임의의 컴팩트 캘러다양체 X에 대하여, 호지 분해 정리에 의해 다음 등식이 성립한다.

$$\begin{aligned}H^2(X,\mathbb{C})&=H^{2,0}(X)\oplus H^{1,1}(X)\oplus H^{0,2}(X)\\&=H_0^{2,0}(X)\oplus\left(H_0^{1,1}(X)\oplus\mathbb{C}\omega\right)\oplus H_0^{0,2}(X)\end{aligned}$$

따라서 $H^{2,0}(X)=H_0^{2,0}(X)$이고 $H^{0,2}(X)=H_0^{0,2}(X)$이다. 또한 $H^2(X,\mathbb{C})$의 모든 비원시코호몰로지 원소는 $H^{1,1}(X)$에서 나타나고 ω에 의해서만 생성된다.

이제, 이 절의 마지막 주제인 호지-리만 쌍선형 관계를 알아본다. 기호를 간단히 하기 위해,

$$P^r = H_0^r(X,\mathbb{C}),\ P^{p,q}=H_0^{p,q}(X,\mathbb{C})$$

라 하자.

정리 5.3.7 호지-리만 쌍선형 관계, Hodge-Riemann bilinear relations

임의의 n-차원 컴팩트 캘러다양체 X와 임의의 $0\le r\le 2n$ 및 $0\le p,q\le 2n$에 대하여, 다음이 성립한다.

(1) $q\neq s$일 때, $Q(P^{r-q,q},P^{s,r-s})=0$ 즉,

$$Q(\xi,\eta)=0,\ \xi\in P^{r-q,q},\ \eta\in P^{s,r-s}$$

(2) $(\sqrt{-1})^{-r}(-1)^q Q(P^{r-q,q},\overline{P^{r-q,q}})>0$ 즉,

$$(\sqrt{-1})^{-r}(-1)^q Q(\xi,\overline{\xi})>0,\ \ \xi(\neq 0)\in P^{r-q,q}$$

증명

임의의 $\xi\in P^r$과 $s\ge 1$에 대하여, $L^s\xi$는 원시 원소가 아니다. 따라서 임의의 $\xi,\eta\in P^r$에 대하여, Q는 다음과 같이 간단히 주어진다.

$$Q(\xi,\eta)=(-1)^{\frac{r(r+1)}{2}}\int_X L^{n-r}(\xi\wedge\eta)$$

한편, [정리 4.4.6]에 의해

$$L^{n-r}J\eta=(-1)^{\frac{r(r+1)}{2}}\frac{(n-r)!}{0!}*\eta$$

이므로 다음 등식이 성립한다.

$$\begin{aligned}Q(\xi,\eta)&=(-1)^{\frac{r(r+1)}{2}}\int_X\xi\wedge L^{n-r}(\eta)\\&=(n-r)!(\sqrt{-1})^{b-a}\int_X\xi\wedge *\eta,\quad \eta\in P^{a,b}\end{aligned}$$

(1) 임의의 $\xi \in P^{r-q,\,q}$와 $\eta \in P^{s,\,r-s}(q \neq s)$에 대하여, $q \neq s$이고

$$\overline{*\,\overline{\eta}} = *\,\overline{\overline{\eta}} = *\,\eta$$

이므로 [보조정리 4.2.3]에 의해 다음 등식이 성립한다.

$$Q(\xi, \eta) = (n-r)!(\sqrt{-1})^{r-2s}\int_X \xi \wedge \overline{*\,\overline{\eta}} = 0$$

(2) 임의의 $\xi(\neq 0) \in P^{r-q,\,q}$에 대하여, 다음 등식이 성립한다.

$$Q(\xi, \overline{\xi}) = (n-r)!(\sqrt{-1})^{r-2q}\int_X \xi \wedge \overline{*\,\xi} = (n-r)!(-1)^q(\sqrt{-1})^r(\xi, \xi)$$

따라서

$$(-1)^q(\sqrt{-1})^{-r}Q(\xi, \overline{\xi}) = (n-r)!(\xi, \xi) > 0$$

이다.

[정리 5.3.7]의 결과로 다음이 성립한다.

따름정리 5.3.8 호지 지표 정리, Hodge index theorem

임의의 2-차원 컴팩트 캘러다양체 X에 대하여, 다음이 성립한다.

(1) 임의의 $\xi \in H_0^{1,\,1}(X)$에 대하여,

$$\int_X \xi \wedge \overline{\xi} < 0$$

(2) 임의의 $\xi \in H_0^{2,\,0}(X)$ 또는 $\xi \in H_0^{0,\,2}(X)$에 대하여,

$$\int_X \xi \wedge \overline{\xi} > 0$$

(3) $\int_X \omega \wedge \omega > 0$

결론적으로, $\int_X \xi \wedge \overline{\eta}$는 $H_0^{1,\,1}(X)$ 상에서 음의 정부호를 갖고, 반면에

$$H^{2,\,0}(X) \oplus H^{0,\,2}(X) \oplus \mathbb{C}\omega$$

상에서 양의 정부호를 갖는다. 따라서 이차형식 $\int_X \xi \wedge \xi$에 관해

$$H^{1,1}(X) \cap H^2(X, \mathbb{R})$$

는 **부호**(signature) $(1, m)$을 갖는다. 여기서 $m = \dim H_0^{1,1}(X)$이다.

증명

호지 분해 정리에 의해 다음 등식이 성립한다.

$$\begin{aligned} H^2(X, \mathbb{C}) &= H^{2,0}(X) \oplus H^{1,1}(X) \oplus H^{0,2}(X) \\ &= H_0^{2,0}(X) \oplus \left(H_0^{1,1}(X) \oplus \mathbb{C}\omega\right) \oplus H_0^{0,2}(X) \end{aligned}$$

또한 $H^{2,0}(X) = H_0^{2,0}(X)$이고 $H^{0,2}(X) = H_0^{0,2}(X)$이다. 그리고 $H^2(X, \mathbb{C})$의 모든 비원시코호몰로지 원소는 $H^{1,1}(X)$에서 나타나고 ω에 의해서만 생성된다.

(i) 임의의 $\xi \in H_0^{1,1}(X)$에 대하여,

$$-(\sqrt{-1})^{-2} Q(\xi, \bar{\xi}) = -\int_X \xi \wedge \bar{\xi} > 0$$

이므로 $\int_X \xi \wedge \bar{\xi} < 0$이다.

(ii) 한편, 임의의 $\xi \in H_0^{2,0}(X)$ 또는 $\xi \in H_0^{0,2}(X)$에 대하여

$$(\sqrt{-1})^{-2} Q(\xi, \bar{\xi}) = \int_X \xi \wedge \bar{\xi} > 0$$

이다.

(iii) 마지막으로

$$\int_X \omega \wedge \omega = 2! \int_X \mathrm{vol} > 0$$

이다.

[정리 5.3.7]을 행렬 형태로 나타낼 수도 있다. 이를 위해,

$$\{\varphi^1, \varphi^2, \ldots, \varphi^k\} \text{와 } \{\gamma_1^*, \gamma_2^*, \ldots, \gamma_l^*\}$$

가 각각 $P^{p,q}$와 $P^r(X, \mathbb{R})$의 기저라 하자. 그리고 $\{\gamma_1, \gamma_2, \ldots, \gamma_l\}$이 $\{\gamma_1^*, \gamma_2^*, \ldots, \gamma_l^*\}$의 쌍대기저라 하자. 그러면 임의의 원소 $\varphi^a \in P^{p,q}$를 다음과 같이 나타낼 수 있다

$$\varphi^a = \sum_{b=1}^{l} \alpha_{ab} \gamma_b^*, \quad 1 \le a \le k$$

또한 다음 등식이 성립한다.

$$\int_{\gamma_c} \varphi^a = \sum_{b=1}^{l} \alpha_{ab} \int_{\gamma_c} \gamma_b^* = \alpha_{ac}$$

따라서 $k \times l$-행렬

$$\Sigma = \left[\int_{\gamma_c} \varphi^a \right]_{k \times l}$$

을 얻을 수 있다. 이때, 행렬 Σ의 차수는 k이고 Σ를 **주기행렬**(period matrix)이라 한다.

다음 따름정리가 성립한다.

따름정리 5.3.9

임의의 n-차원 컴팩트 캘러다양체 X와 임의의 $0 \le r \le 2n$ 및 $0 \le p, q \le 2n$에 대하여, $k = \dim_{\mathbb{C}} H_0^{p,q}(X)$라 하자. 다음이 성립한다.

(1) $p \ne q$일 때, $\Sigma Q \Sigma^T = 0$

(2) $p + q = r$일 때, $(\sqrt{-1})^{-r}(-1)^q \Sigma Q \overline{\Sigma}^T > 0$ 즉,

$$(\sqrt{-1})^{-r}(-1)^q (\Sigma Q \overline{\Sigma}^T)_{ij} > 0, \ \ 1 \le i, j \le k$$

여기서 $Q = \left[Q_{ab} = Q(\gamma_a^*, \gamma_b^*) \right]_{l \times l}$이다.

증명

(1) 다음 등식이 성립한다.

$$\begin{aligned} Q(\varphi^i, \varphi^j) &= Q\Big(\sum_{t=1}^{l} \alpha_{it}\gamma_t^*, \sum_{s=1}^{l} \alpha_{js}\gamma_s^*\Big) = \sum_{t,s=1}^{l} \alpha_{it}\alpha_{js} Q_{ts} \\ &= (\Sigma Q \Sigma^T)_{ij} = 0 \end{aligned}$$

(2) (1)과 비슷한 방법으로, 다음이 성립함을 보일 수 있다.

$$\begin{aligned} (\sqrt{-1})^{-r}(-1)^q Q(\varphi^i, \overline{\varphi^j}) &= (\sqrt{-1})^{-r}(-1)^q Q\Big(\sum_{t=1}^{l} \alpha_{it}\gamma_t^*, \sum_{s=1}^{l} \overline{\alpha_{js}}\gamma_s^*\Big) \\ &= (\sqrt{-1})^{-r}(-1)^q \sum_{t,s=1}^{l} \alpha_{it}\overline{\alpha_{js}} Q_{ts} \\ &= (\sqrt{-1})^{-r}(-1)^q (\Sigma Q \overline{\Sigma}^T)_{ij} > 0 \end{aligned}$$

제 6 장

사영복소다양체

제 6 장

사영복소다양체

6.1 호지다양체

이 절에서는 국소좌표계에 관해 양의 정부호인 정수적 $(1,1)$-형식을 갖는 호지다양체(Hodge manifold)의 정의와 여러 가지 중요한 예를 알아본다. 고다이라의 정리(Kodaira's theorem)에 의하면, 컴팩트 복소다양체가 복소사영공간에 매립될 필요충분조건이 그 복소다양체가 호지다양체인 것이다. 또한 초우 정리(Chow theorem)는 컴팩트 복소다양체가 복소사영공간에 매립될 조건과 그 복소다양체가 유한 개의 동차다항식의 해로 주어지는 것이 서로 동치라고 말한다. 이 절에서는 이와 같은 사실과 관련된 여러 가지 중요한 결과를 정리한다.

이를 위해, 먼저 다음 정의가 필요하다.

정의 6.1.1

임의의 컴팩트 복소다양체 X와 포함함수

$$j: H^*(X,\mathbb{Z}) \to H^*(X,\mathbb{C}), \quad k: H^*(X,\mathbb{Q}) \to H^*(X,\mathbb{C})$$

에 대하여, 다음이 성립한다.

(1) 미분작용소 d에 관한 X 상의 임의의 닫힌형식 φ와 $[\varphi] \in H^*(X,\mathbb{C})$에 대하여 $[\varphi] = j(\alpha)$를 만족하는 $\alpha \in H^*(X,\mathbb{Z})$가 존재할 때, φ를 **정수적**(integral)이라 한다.

(2) 미분작용소 d에 관한 X 상의 임의의 닫힌형식 φ와 $[\varphi] \in H^*(X,\mathbb{C})$에 대하여 $[\varphi] = k(\beta)$를 만족하는 $\beta \in H^*(X,\mathbb{Q})$가 존재할 때, φ를 **유리수적**(rational)이라 한다.

[정의 6.1.1]에 의해, 닫힌 m-형식 φ가 정수적 조건과 다음 조건은 서로 동치이다.

$$\int_\gamma \varphi \in \mathbb{Z}, \quad \gamma \in H_m(X,\mathbb{Z})$$

비슷하게, 닫힌 m-형식 φ가 유리수적 조건과 다음 조건은 서로 동치이다.

$$\int_\gamma \varphi \in \mathbb{Q}, \quad \gamma \in H_m(X, \mathbb{Q})$$

호지다양체에 관한 다음 정의는 앙드레 베유(André Weil)가 제일 처음 사용하기 시작했다.

정의 6.1.2

임의의 캘러다양체 X와 X 상의 캘러 거리함수 h에 대하여, Ω를 h에 대응하는 기본 2-형식이라 하자. Ω가 정수적일 때, Ω를 X 상에서 정의된 **호지형식**(Hodge form)이라 하고 h를 **호지 거리함수**(Hodge metric)라 한다. 또한, 이 경우에 X를 **호지다양체**(Hodge manifold)라 한다.

유리수적 기본 2-형식을 갖는 컴팩트 캘러다양체는 항상 호지다양체이다. 실제로, 다음 보조정리가 성립한다.

보조정리 6.1.3

임의의 컴팩트 캘러다양체 X에 대하여, X 상에서 정의된 유리수적 기본 2-형식 Ω_X가 존재한다고 가정하자. 그러면 X는 항상 호지다양체이다.

증명

가정에 의해, Ω_X가 유리수적인 기본 2-형식이다. 따라서 $\{\gamma_1, \gamma_2, \ldots, \gamma_s\}$가 $H^2(X, \mathbb{Z})$의 기저라 할 때, 다음이 성립한다.

$$\int_{\gamma_i} \Omega_X = \frac{p_i}{q_i}, \quad p_i, q_i (\neq 0) \in \mathbb{Z}, \quad 1 \leq i \leq s$$

이제, $\widetilde{\Omega_X} = q_1 q_2 \cdots q_s \Omega_X$라 하면

$$\int_{\gamma_i} \widetilde{\Omega_X} = q_1 q_2 \cdots q_{i-1} q_{i+1} \cdots q_s p_i, \quad 1 \leq i \leq s$$

이다. 한편 임의의 $\gamma \in H^2(X, \mathbb{Z})$에 대하여, γ를 다음과 같이 나타낼 수 있다.

$$\gamma = a_1\gamma_1 + a_2\gamma_2 + \cdots + a_s\gamma_s, \quad a_i \in \mathbb{Z}, \quad 1 \leq i \leq s$$

따라서 다음이 성립한다.

$$\int_{\gamma}\widetilde{\Omega_X} = \sum_{i=1}^{s} a_i \int_{\gamma_i}\widetilde{\Omega_X} = \sum_{i=1}^{s}(a_i q_1 q_2 \cdots q_{i-1} q_{i+1} \cdots q_s p_i) \in \mathbb{Z}$$

결론적으로 $\widetilde{\Omega_X}$는 X 상에서 정의된 정수적 기본 2-형식(즉, 호지형식)이다.

6.4절에서 증명할 고다이라 정리를 서술하기 위해, 먼저 다음 정의가 필요하다.

정의 6.1.4

임의의 컴팩트 복소다양체 X와 적당한 자연수 N에 대하여 복소해석적 매립사상

$$\Phi : X \to \mathbb{P}^N$$

이 존재할 때, X를 **사영대수적**(projective algebraic)이라 한다. 또한, 이 경우에 X를 **사영대수다양체**(projective algebraic manifold)라 한다.

고다이라 매립 정리에 의하면, 임의의 컴팩트 캘러다양체 X에 대하여 X가 사영대수적이라는 조건과 X가 호지다양체라는 조건이 서로 동치이다.

이 절에서는 고다이라 매립 정리를 증명하기 위해 필요한 기본적인 사실과 호지다양체의 다양한 예를 알아본다.

정의 6.1.5

임의의 복소다양체 X, 복소해석적 벡터선번들 $E \to X$, 그리고 국소적으로 유한인 X의 열린덮개 $\{U_\alpha\}$에 대하여, 각각의 U_α 상에 국소자명화가 존재한다고 가정하자. 이때, 열린덮개 $\{U_\alpha\}$에 관한 전이함수의 모임을

$$\{g_{\alpha\beta} : U_\alpha \cap U_\beta \to GL(1,\mathbb{C}) = \mathbb{C}^* = \mathbb{C} - \{0\}\}$$

라 하자. 임의의 정수 $k \geq 0$에 대하여, X 상의 벡터선번들 E^k(또는 $E^{\otimes k}$)를 다음과 같이 정의하자.

$$E^k = \underbrace{E \otimes E \otimes \cdots \otimes E}_{(k\text{번})} \ (k \geq 0), \quad E^{-k} = (E^*)^k$$

여기서 $E^0 = X \times \mathbb{C}$를 의미한다. 그러면, E^k와 E^{-k}는 각각 다음과 같은 전이함수의 모임을 가지고 있다.

$$\{g_{\alpha\beta}^k : U_\alpha \cap U_\beta \to GL(1,\mathbb{C})\}, \{g_{\alpha\beta}^{-k} : U_\alpha \cap U_\beta \to GL(1,\mathbb{C})\}$$

정의 6.1.6

임의의 n-차원 복소다양체 X에 대하여, 다음이 성립한다.

(1) 벡터선번들

$$K_X = \wedge^n T^*(X) = \wedge^n (T^{1,0}(X))^*$$

를 X의 **표준벡터선번들**(canonical line bundle)이라 한다.

(2) 복소해석적 n-형식의 쉬프 $O_X(K_X)$를 Ω_X^n으로 나타낸다.

혼란이 없는 경우에는 종종 K_X와 Ω_X^n을 각각 K와 Ω^n으로 간단히 나타내기도 한다.

이제, 호지다양체의 다양한 예를 알아본다.

예제 6.1.7

(1) $[\xi_0, \xi_1, \ldots, \xi_N]$이 $\mathbb{P}^N$의 동차좌표계(homogeneous coordinates)라 할 때,

$$|\xi|^2 = |\xi_0|^2 + |\xi_1|^2 + \cdots + |\xi_N|^2$$

이라 하자. $\xi_0 \neq 0$일 때

$$w_j = \frac{\xi_j}{\xi_0}, \quad 1 \le j \le N$$

라 하면, 복소사영다양체 $\mathbb{P}^N$ 상에서 정의된 푸비니-스터디 거리함수

$$h = \frac{1}{\pi(1+|w|^2)^2} \sum h_{ij}(w) dw_i \otimes d\overline{w_j}, \quad h_{ij}(w) = (1+|w|^2)\delta_{ij} - \overline{w_i} w_j, \quad 1 \le i, j \le N$$

에 관한 기본 2-형식 $\Omega_{\mathbb{P}^N}$은 다음과 같이 주어진다.

$$\Omega_{\mathbb{P}^N} = \frac{\sqrt{-1}}{2} \frac{(1+|w|^2)\sum_{i=1}^{N} dw_i \wedge d\overline{w_i} - \sum_{i,j=1}^{N} \overline{w_i} w_j dw_i \wedge d\overline{w_j}}{\pi(1+|w|^2)^2}$$

한편 $U_{1,N}$이 $\mathbb{P}^N$ 상에서 정의된 보편번들일 때, 다음 등식이 성립한다.

$$\Omega_{\mathbb{P}^N} = -c_1(U_{1,N} \to \mathbb{P}^N) \in H^2(\mathbb{P}^N, \mathbb{Z})$$

이제, 복소사영공간 $\mathbb{P}^N$에 매립된 컴팩트 사영대수다양체 X와 포함사상 $j : X \hookrightarrow \mathbb{P}^N$에 대하여 $j^* \Omega_{\mathbb{P}^N}$은 X 상의 캘러 거리함수 $j^*(h)$에 관해 정수적 기본 2-형식(즉,

호지형식)이 된다. 따라서 X는 호지다양체이다.

(2) X가 에르미트 거리함수 h_Y와 그에 대응하는 기본 2-형식 Ω_Y를 가진 호지다양체 Y의 덮개공간(covering space)이라 하자. 즉 다음 조건을 만족하는 복소해석적 사상 $\pi : X \to Y$가 존재한다.

(i) 임의의 $p \in Y$에 대하여, $\pi^{-1}(p)$가 이산적이다.

(ii) 각각의 $q \in X$에 대하여, $\pi|_U : U \to \pi(U)$가 복소해석적 동형사상이 되는 q의 열린근방 U가 존재한다.

그러면 X가 다시 호지다양체가 된다. 실제로, Ω_Y가 Y의 호지형식일 때

$$\Omega_X = \pi^*(\Omega_Y)$$

라 하자. 그러면

$$d\Omega_X = d\pi^*(\Omega_Y) = \pi^* d\Omega_Y = 0$$

이므로 Ω_X는 X 상의 에르미트 거리함수 $h_X = \pi^*(h_Y)$의 기본 2-형식이다. 또한 다음 등식이 성립한다.

$$\int_\gamma \Omega_X = \int_\gamma \pi^*(\Omega_Y) = \int_{\pi_*(\gamma)} \Omega_Y \in \mathbb{Z}, \quad \gamma \in H_2(X, \mathbb{Z})$$

여기서 $\pi_* : H_2(X, \mathbb{Z}) \to H_2(Y, \mathbb{Z})$는 π에 의해 유도된 군준동형사상이다. 따라서 Ω_X는 X 상에서 정의된 호지형식이다.

(3) 모든 컴팩트 연결인 리만곡면 X는 항상 호지다양체이다. 이를 보이기 위해, 먼저 호지 분해 정리에 의해 다음 등식이 성립함을 기억하자.

$$\mathbb{C} \cong H^2(X, \mathbb{C}) = H^{2,0}(X) \oplus H^{1,1}(X) \oplus H^{0,2}(X) = H^{1,1}(X)$$

$\widetilde{\Omega_X}$가 캘러 거리함수 h에 관한 기본 2-형식이라 할 때, $\widetilde{\Omega_X}$는 $(1,1)$-형식이고 또한 $H^2(X, \mathbb{C})$의 기저이다. 따라서 $c = \int_X \widetilde{\Omega_X} \neq 0$이다. 이때, $\Omega_X = \frac{1}{c}\widetilde{\Omega_X}$라 하면

$$\int_X \Omega_X = 1 \in \mathbb{Z}$$

이다. 따라서 Ω_X는 정수적 기본 2-형식(즉 호지형식)이다.

(4) D가 복소벡터공간 $\mathbb{C}^n$의 유계 영역이고 Γ가 적절히 비연속적으로 작용하고 고정점이 없는 D 상의 자동화군의 부분군이라 하자. 그러면 상공간

$$X = D/\Gamma$$

가 컴팩트 캘러다양체이다. 또한 X가 호지다양체임이 알려져 있다([13, Chapter VI-Example 1.5]).

예제 6.1.8

$\{\alpha_1, \alpha_2, \ldots, \alpha_{2n}\}$이 실수 상에서 $\mathbb{C}^n$의 기저일 때,

$$\Gamma = \mathrm{span}_{\mathbb{Z}}\{\alpha_1, \alpha_2, \ldots, \alpha_{2n}\} = \{m_1\alpha_1 + m_2\alpha_2 + \cdots m_{2n}\alpha_{2n} \mid m_i \in \mathbb{Z},\ 1 \le i \le 2n\}$$

이라 하자. 그러면 상공간 $X = \mathbb{C}^n/\Gamma$는 컴팩트 캘러다양체이고 보통 복소토러스라 불린다.

(1) 이제,

$$\Omega = \begin{bmatrix} \alpha_1 & \alpha_2 & \cdots & \alpha_{2n} \end{bmatrix} = \begin{bmatrix} \alpha_{11} & \alpha_{12} & \cdots & \alpha_{1(2n)} \\ \alpha_{21} & \alpha_{22} & \cdots & \alpha_{2(2n)} \\ \vdots & \vdots & \cdots & \vdots \\ \alpha_{n1} & \alpha_{n2} & \cdots & \alpha_{n(2n)} \end{bmatrix}_{n \times (2n)}$$

이라 하자. 이때, Ω를 **주기행렬**(period matrix)이라 부른다. 또한 다음 조건 (i)과 (ii)를 만족하는 정칙이고 정수 성분으로 이루어진 반대칭 $(2n)\times(2n)$-행렬 Q가 존재한다고 가정하자.

(i) $\Omega Q^{-1}\Omega^T = 0$이다.

(ii) $-\sqrt{-1}\,\Omega Q^{-1}\overline{\Omega}^T = M$이 양의 정부호를 갖는다.

여기서 Ω를 **리만행렬**(Riemann matrix)이라 한다. 기호를 간단히 하기 위해, 앞으로 $A = Q^{-1}$로 나타내자.

(2) 그런 다음, 다음과 같이 정의된 $(2n)\times(2n)$-행렬을 P를 고려하자.

$$P = \begin{bmatrix} \Omega \\ \overline{\Omega} \end{bmatrix}_{(2n)\times(2n)}$$

이때, P를 **대주기행렬**(big period matrix)이라 부른다. 그러면 P는 정칙인 행렬이다. 실제로, 다음이 성립한다.

$$PA\overline{P}^T = \begin{bmatrix} \Omega A\overline{\Omega}^T & \Omega A\Omega^T \\ \overline{\Omega}A\overline{\Omega}^T & \overline{\Omega}A\Omega^T \end{bmatrix} = \begin{bmatrix} \sqrt{-1}M & 0 \\ 0 & -\sqrt{-1}\,\overline{M} \end{bmatrix}$$

한편 M은 양의 정부호를 가지므로 $PA\overline{P}^T$가 정칙인 행렬이다. 따라서 P도 정칙이다.

(3) H를 $H^T = 2M^{-1}$을 만족하는 $n\times n$-행렬이라 할 때, $M^T = \overline{M}$이므로 다음 등식이 성립함을 보일 수 있다.

$$Q = \overline{P}^T \begin{bmatrix} \sqrt{-1}\,M & 0 \\ 0 & -\sqrt{-1}\,\overline{M} \end{bmatrix}^{-1} P$$

$$\Leftrightarrow\ Q = \frac{\sqrt{-1}}{2}\left(\Omega^T H\overline{\Omega} - \overline{\Omega}^T\overline{H}\Omega\right) = [Q_{ts}]_{(2n)\times(2n)}$$

다시 말해서, 임의의 $1 \le t, s \le 2n$에 대하여 다음 등식이 성립한다.

$$Q_{ts} = \frac{\sqrt{-1}}{2}\sum_{i,j=1}^{n} h_{ij}(\alpha_{it}\overline{\alpha_{js}} - \overline{\alpha_{jt}}\alpha_{is}) \in \mathbb{Z}$$

여기서 $H^T = \overline{H}$라는 사실을 이용했다. 사실, M이 양의 정부호를 가지고 있고 Q가 반대칭 행렬이므로 H가 양의 정부호를 가진 에르미트 행렬(즉, $\overline{H}^T = H$)이다.

(4) $n\times(2n)$-행렬

$$\Omega = [\alpha_1\ \alpha_2\ \cdots\ \alpha_{2n}] = \begin{bmatrix} \alpha_{11} & \alpha_{12} & \cdots & \alpha_{1(2n)} \\ \alpha_{21} & \alpha_{22} & \cdots & \alpha_{2(2n)} \\ \vdots & \vdots & \cdots & \vdots \\ \alpha_{n1} & \alpha_{n2} & \cdots & \alpha_{n(2n)} \end{bmatrix}_{n\times(2n)}$$

와 양의 정부호를 갖는 적당한 에르미트 $n\times n$-행렬 H에 대하여, 반대칭이고 비퇴화적인 $n\times n$-행렬 $Q = [Q_{ts}]_{(2n)\times(2n)}$이 다음 등식을 만족한다고 가정하자.

$$Q_{ts} = \frac{\sqrt{-1}}{2}\sum_{i,j=1}^{n} h_{ij}(\alpha_{it}\overline{\alpha_{js}} - \overline{\alpha_{jt}}\alpha_{is}) \in \mathbb{Z},\ \ 1 \le t, s \le 2n$$

그러면 Ω가 위 (1)의 두 조건 (i)과 (ii)를 만족함을 (3)의 유도과정을 통해 알 수 있다. 따라서 Ω가 리만행렬이 된다.

(5) 모든 성분이 상수인 양의 정부호를 갖는 $n\times n$-행렬 $H = [h_{ij}]$에 대하여, X 상에 에르미트 거리함수 h에 대응하는 기본형식 ω를 다음과 같이 정의하자.

$$\omega = \frac{\sqrt{-1}}{2}\sum_{i,j=1}^{n} h_{ij}\,dz_i \wedge d\overline{z_j}$$

한편

$$H^2(X, \mathbb{Z}) = \oplus_{i=1}^{m} \mathbb{Z}, \quad m = \binom{2n}{2}$$

는 다음과 같는 정수적 2-사이클 $C_{ts}(1 \le t < s \le 2n)$에 의해 생성된다.

$$C_{ts} = \{p\alpha_t + q\alpha_s \mid 0 \le p, q \le 1\}$$

따라서 2-사이클 C_{ts} 상에서 Ω의 주기는 다음과 같이 주어진다.

$$\begin{aligned}\int_{C_{ts}} \omega &= \frac{\sqrt{-1}}{2} \sum_{i,j=1}^{n} \int_{C_{ts}} h_{ij} dz_i \wedge d\overline{z_j} \\ &= \frac{\sqrt{-1}}{2} \sum_{i,j=1}^{n} h_{ij} \left(\sum_{k=1}^{n} \alpha_{kt} dz_i(\gamma_k) \sum_{l=1}^{n} \overline{\alpha_{ls}} d\overline{z_j}(\gamma_l) - \sum_{k=1}^{n} \alpha_{ks} dz_i(\gamma_k) \sum_{l=1}^{n} \overline{\alpha_{lt}} d\overline{z_j}(\gamma_l) \right) \\ &= \frac{\sqrt{-1}}{2} \sum_{i,j=1}^{n} h_{ij} (\alpha_{it} \overline{\alpha_{js}} - \alpha_{is} \overline{\alpha_{jt}})\end{aligned}$$

여기서 $\gamma_k = \frac{\partial}{\partial z_k}(1 \le k \le n)$일 때, $\alpha_t = \sum_{k=1}^{n} \alpha_{kt} \gamma_k$라는 사실을 이용했다.

이제, 임의의 $1 \le t, s \le 2n$에 대하여

$$Q_{ts} = \int_{C_{ts}} \omega = \frac{\sqrt{-1}}{2} \sum_{i,j=1}^{n} h_{ij} (\alpha_{it} \overline{\alpha_{js}} - \alpha_{is} \overline{\alpha_{jt}})$$

라 하자. 만약 ω가 정수적(즉, $Q = [Q_{ts}]$의 모든 성분 Q_{ts}가 정수)이라면 복소토러스 X가 호지다양체가 된다. 반대로, X가 호지다양체라면 위의 (4)에서와 같이 주기행렬 Ω가 리만행렬이 된다. 결론적으로, 복소토러스가 호지다양체가 될 필요충분조건이 주기행렬 Ω가 리만행렬인 것이다. 한편 고다이라 정리에 의하면, 임의의 컴팩트 캘러다양체 X에 대하여 X가 사영대수적이라는 조건과 X가 호지다양체라는 조건이 서로 동치이다. 사영대수적인 복소토러스를 **아벨다양체**(abelian variety)라 한다.

마지막으로, X가 사영대수다양체인 경우에는 X 상에 모든 성분이 상수인 양의 정부호를 갖는 $n \times n$-행렬 $H = [h_{ij}]$가 항상 존재함을 말해둔다([13, p. 222]).

[예제 6.1.8]의 결론을 정리하면 다음과 같다.

정리 6.1.9

$\{\alpha_1, \alpha_2, \ldots, \alpha_{2n}\}$이 실수 상에서 $\mathbb{C}^n$의 기저일 때,

$$\Gamma = \mathrm{span}_{\mathbb{Z}} \{\alpha_1, \alpha_2, \ldots, \alpha_{2n}\} = \{m_1\alpha_1 + m_2\alpha_2 + \cdots m_{2n}\alpha_{2n} \mid m_i \in \mathbb{Z}, 1 \le i \le 2n\}$$

이라 하자. 이때, 컴팩트 캘러다양체인 복소 토러스 $X=\mathbb{C}^n/\Gamma$에 대하여 다음 두 명제는 서로 동치이다.

(1) X가 호지다양체(또는 아벨다양체)이다.

(2) 주기행렬 $\Omega=[\alpha_1\ \alpha_2\ \cdots\ \alpha_n]$이 리만행렬이다.

예제 6.1.10

(1) 2×4-행렬

$$\Omega=[\alpha_1\ \ \alpha_2\ \ \alpha_3\ \ \alpha_4]=\begin{bmatrix}1 & 0 & \sqrt{-1} & 0\\ 0 & 1 & 0 & \sqrt{-1}\end{bmatrix}$$

은 리만행렬이다. 사실, 이 경우에

$$Q=\begin{bmatrix}0 & 0 & 1 & 0\\ 0 & 0 & 0 & 1\\ -1 & 0 & 0 & 0\\ 0 & -1 & 0 & 0\end{bmatrix},\quad A=Q^{-1}=\begin{bmatrix}0 & 0 & -1 & 0\\ 0 & 0 & 0 & -1\\ 1 & 0 & 0 & 0\\ 0 & 1 & 0 & 0\end{bmatrix}$$

이다. 따라서 $\Omega A\Omega^T=0$이고

$$-\sqrt{-1}\,\Omega A\overline{\Omega}^T=\begin{bmatrix}2 & 0\\ 0 & 2\end{bmatrix}$$

로 양의 정부호 행렬이다. 결론적으로, 이 경우에 복소토러스 $\mathbb{C}^2/\Gamma$가 호지다양체이다.

(2) 좀 더 일반적으로, 2×4-행렬

$$\Omega=[\alpha_1\ \ \alpha_2\ \ \alpha_3\ \ \alpha_4]=\begin{bmatrix}a & b & a\sqrt{-1} & b\sqrt{-1}\\ c & d & c\sqrt{-1} & d\sqrt{-1}\end{bmatrix},\quad a,b,c,d\in\mathbb{Z},\ ad-bc=\pm 1$$

은 리만행렬이다. 사실, 이 경우에

$$\begin{aligned}Q&=\frac{\sqrt{-1}}{2}\left(\Omega^T\overline{\Omega}-\overline{\Omega}^T\Omega\right)\\ &=\begin{bmatrix}0 & 0 & a^2+c^2 & ab+cd\\ 0 & 0 & ab+cd & b^2+d^2\\ -(a^2+c^2) & -(ab+cd) & 0 & 0\\ -(ab+cd) & -(b^2+d^2) & 0 & 0\end{bmatrix}\\ &=\begin{bmatrix}0 & 0 & k & m\\ 0 & 0 & m & l\\ -k & -m & 0 & 0\\ -m & -l & 0 & 0\end{bmatrix},\qquad kl-m^2=(ad-bc)^2=1\end{aligned}$$

$$A = Q^{-1} = \begin{bmatrix} 0 & 0 & l & -m \\ 0 & 0 & -m & k \\ -l & m & 0 & 0 \\ m & -k & 0 & 0 \end{bmatrix}$$

이다. 따라서 $\Omega A \Omega^T = 0$이고

$$-\sqrt{-1}\,\Omega A \overline{\Omega}^T = \begin{bmatrix} 2 & 0 \\ 0 & 2 \end{bmatrix}$$

로 양의 정부호 행렬이다. 결론적으로, 이 경우에 복소토러스 $\mathbb{C}^2/\Gamma$가 호지다양체이다.

(3) 위와 비슷하게, 2×4-행렬

$$\Omega = [\alpha_1\ \alpha_2\ \alpha_3\ \alpha_4] = \begin{bmatrix} a & b & a\sqrt{-1} & b\sqrt{-1} \\ c & d & -c\sqrt{-1} & -d\sqrt{-1} \end{bmatrix},\quad a, b, c, d \in \mathbb{Z},\ ad - bc = \pm 1$$

은 리만행렬이다. 사실, 이 경우에

$$\begin{aligned} Q &= \frac{\sqrt{-1}}{2}\left(\Omega^T \overline{\Omega} - \overline{\Omega}^T \Omega\right) \\ &= \begin{bmatrix} 0 & 0 & a^2 - c^2 & ab - cd \\ 0 & 0 & ab - cd & b^2 - d^2 \\ -(a^2 - c^2) & -(ab - cd) & 0 & 0 \\ -(ab - cd) & -(b^2 - d^2) & 0 & 0 \end{bmatrix} \\ &= \begin{bmatrix} 0 & 0 & p & q \\ 0 & 0 & q & r \\ -p & -q & 0 & 0 \\ -q & -r & 0 & 0 \end{bmatrix},\quad pr - q^2 = -(ad - bc)^2 = -1 \end{aligned},$$

$$A = Q^{-1} = \begin{bmatrix} 0 & 0 & -r & q \\ 0 & 0 & q & -p \\ r & -q & 0 & 0 \\ -q & p & 0 & 0 \end{bmatrix}$$

이다. 따라서 $\Omega A \Omega^T = 0$이고

$$-\sqrt{-1}\,\Omega A \overline{\Omega}^T = \begin{bmatrix} 2 & 0 \\ 0 & 2 \end{bmatrix}$$

로 양의 정부호 행렬이다. 결론적으로, 이 경우에 복소토러스 $\mathbb{C}^2/\Gamma$가 호지다양체이다.

(4) 2×4-행렬

$$\Omega = [\alpha_1\ \alpha_2\ \alpha_3\ \alpha_4] = \begin{bmatrix} 1 & 0 & \sqrt{-2} & \sqrt{-5} \\ 0 & 1 & \sqrt{-3} & \sqrt{-7} \end{bmatrix}$$

은 리만행렬이 아니다. 실제로, 만약 Ω가 리만행렬이라면 다음 등식을 만족하는 유리수 성분 a_{ij}를 가진 정칙인 반대칭 4×4-행렬 $A=[a_{ij}]$가 존재한다.

$$\Omega A \Omega^T = 0$$

그러면 $a_{12}=a_{13}=a_{14}=a_{23}=a_{24}=a_{34}=0$이다. 한편 $A=-A^T$이므로

$$a_{11}=a_{22}=a_{33}=a_{44}=0$$

이다. 따라서 $a_{ij}=0(i\geq j)$이므로 $\det(A)=0$가 되어야 한다. 하지만 A가 정칙이므로 이것은 모순이다. 결론적으로, 컴팩트 캘러다양체인 복소토러스 $\mathbb{C}^2/\Gamma$는 호지다양체가 될 수 없다.

6.2 고다이라 소멸 정리

이 절에서는 5장에서 다룬 호지 이론을 이용하여 컴팩트 복소다양체 상에서 성립하는 고다이라 소멸 정리(Kodaira vanishing theorem)를 증명한다. 고다이라 소멸 정리는 고다이라가 특별한 경우에 처음으로 증명했고, 그 후 나카노(Nakano) 등이 일반적인 형태로 발전시켰으며 폭넓은 응용성을 가지고 있다.

정의 6.2.1

임의의 n-차원 복소다양체 X와 X 상에서 정의된 $(1,1)$-형식 φ를 고려하자. 임의의 점 $p\in X$와 p의 적당한 열린근방에서 정의된 국소좌표계 $z=(z_1, z_2, \ldots, z_n)$에 대하여

$$\varphi(z)=\sqrt{-1}\sum_{i,j=1}^{n}\varphi_{ij}(z)dz_i\wedge d\overline{z_j}$$

라 할 때, $n\times n$-행렬 $[\varphi_{ij}(z)]$가 양의 정부호를 갖는 에르미트 대칭행렬이라 하자. 이때, φ를 **양의 미분형식**(positive differential form)이라 한다.

[정의 6.2.1]에 의해, $n\times n$-행렬 $[\varphi_{ij}(z)]$가 에르미트 대칭행렬이므로

$$\overline{\varphi(z)}=-\sqrt{-1}\sum_{i,j=1}^{n}\overline{\varphi_{ij}(z)}\,d\overline{z_i}\wedge dz_j=\sqrt{-1}\sum_{j,i=1}^{n}\varphi_{ji}(z)dz_j\wedge d\overline{z_i}=\varphi(z)$$

이다. 따라서 φ는 사실 실미분형식(real differential form)이다.

다음 보조정리가 성립한다.

보조정리 6.2.2

임의의 n-차원 복소다양체 X에 대하여, X 상에서 $d\varphi = 0$를 만족하는 양의 미분형식 φ가 존재한다고 가정하자. 그러면 X는 캘러 형태이다. 즉, X 상에 캘러 거리함수가 존재한다.

증명

가정에 의해, X 상에 닫힌 양의 $(1, 1)$-미분형식 φ가 존재한다. 즉, 임의의 점 $p \in X$와 p의 적당한 열린근방에서 정의된 국소좌표계 $z = (z_1, z_2, \dots, z_n)$에 대하여 φ를 다음과 같이 나타낼 수 있다.

$$\varphi(z) = \sqrt{-1}\sum_{i, j=1}^{n}\varphi_{ij}(z)dz_i \wedge d\overline{z_j}$$

여기서 $n \times n$-행렬 $[\varphi_{ij}(z)]$가 양의 정부호를 갖는 에르미트 행렬이다. 이제, X 상에서 에르미트 거리함수 h를 각각의 점 p의 열린근방에서 정의된 국소좌표계 $z = (z_1, z_2, \dots, z_n)$에 대하여 다음과 같이 정의하자.

$$h(z) = \sum_{i, j=1}^{n}\varphi_{ij}(z)dz_i \otimes d\overline{z_j}$$

그러면 h에 대응하는 기본 2-형식 Ω는 국소적으로 다음과 같이 주어진다.

$$\Omega = \frac{\sqrt{-1}}{2}\sum_{i, j=1}^{n}\varphi_{ij}(z)dz_i \wedge d\overline{z_j}$$

가정에 의해, $d\varphi = 0$이므로 $d\Omega = 0$이다. 따라서 h가 X 상에서 정의된 캘러 거리함수이다. 즉, X가 캘러 형태이다.

◇

정의 6.2.3

임의의 복소다양체 X와 임의의 복소해석적 벡터선번들 $E \to X$에 대하여, 다음이 성립한다.

(1) 다음 조건을 만족하는 닫힌 $(1, 1)$-형식의 실미분형식 φ가 존재할 때, E가 **양의 벡터선번들**(positive line bundle)이라 한다.

(i) φ가 양의 미분형식이다.

(ii) $H^2(X,\mathbb{R})$의 두 원소로서 $[\varphi]=c_1(E)$이다.

(2) E의 쌍대선번들 E^*가 양의 벡터선번들일 때, E가 **음의 벡터선번들**(negative line bundle)이라고 말한다.

[정의 6.2.3]에서, $c_1(E^*)=-c_1(E)$임은 잘 알려진 사실이다. 또한

$$\left[\frac{\sqrt{-1}}{2\pi}\Theta_E(h)\right]=c_1(E)$$

이다. 여기서 $\Theta_E(h)$는 E 상에서 정의된 에르미트 거리함수 h에 대응하는 표준곡률(또는 천곡률)을 나타낸다. 사실, X의 적당한 열린집합 상에서 정의된 복소해석적 틀 f에 대하여 h에 대응하는 표준접속 $\theta(f)$와 표준곡률 $\Theta_E(h)$는 다음과 같이 주어진다(더 자세한 내용은 3.1절 참고).

$$\theta(h)(f)=h(f)^{-1}\partial h(f),\quad \Theta_E(h)(f)=\bar{\partial}(h(f)^{-1}\partial h(f))=\bar{\partial}\partial\log h(f)$$

정리 6.2.4

임의의 컴팩트 복소다양체 X와 임의의 복소해석적 벡터선번들 $E\to X$에 대하여, 다음 두 명제가 서로 동치이다.

(1) E가 양의 벡터선번들이다.

(2) $\sqrt{-1}\,\Theta_E(h)$가 양의 미분형식이 되는 E 상에 에르미트 거리함수 h가 존재한다.

증명

(2) ⇒ (1) 가정에 의해, $\frac{\sqrt{-1}}{2\pi}\Theta_E(h)$가 양의 미분형식이다. 한편

$$\left[\frac{\sqrt{-1}}{2\pi}\Theta_E(h)\right]=c_1(E)$$

이므로 E가 양의 벡터선번들이다.

(1) ⇒ (2) 다음 단계에 따라 증명을 완성한다.

(i) 가정에 의해, $[\varphi]=c_1(E)$를 만족하는 양의 미분형식 φ가 존재한다. 한편, h가 E 상에서 정의된 임의의 에르미트 거리함수일 때, 국소적인 틀 f를 이용하여 $\Theta_E(h)(f)$를 다음과 같이 나타낼 수 있다.

$$\Theta_E(h)(f) = \bar{\partial}(h(f)^{-1}\partial h(f)) = \bar{\partial}\partial \log h(f)$$

$\varphi_0 = \dfrac{\sqrt{-1}}{2\pi}\Theta_E(h)$라 할 때, 천류의 정의에 의해 다음이 성립한다.

$$[\varphi_0] = c_1(E)$$

따라서 $\varphi - \varphi_0 = d\eta$를 만족하는 미분 1-형식 η가 X 상에 존재한다. 한편 $d\varphi = 0$이므로 [보조정리 2.2.15]에 의해 φ를 적당한 함수 u를 이용하여 국소적으로 $\varphi = \bar{\partial}\partial \log u$의 형태로 나타낼 수 있다. 또한

$$\varphi_0 = \frac{\sqrt{-1}}{2\pi}\bar{\partial}\partial \log h(f)$$

이므로

$$\partial\varphi = \partial\varphi_0 = \bar{\partial}\varphi = \bar{\partial}\varphi_0 = 0$$

이다. 따라서 $\partial d\eta = \bar{\partial} d\eta = 0$이다.

(ii) [보조정리 6.2.2]에 의해, φ는 국소좌표계 $z = (z_1, z_2, \ldots, z_n)$에 대하여 다음과 같이 정의된 에르미트 거리함수 $\tilde{h}$에 관해 캘러 형식이다.

$$\tilde{h}(z) = \sum_{i,j=1}^{n} \varphi_{ij}(z) dz_i \otimes d\overline{z_j}$$

즉 $(X, \tilde{h})$는 캘러다양체이다.

(iii) 이제, 잘 알려진 조화 이론(harmonic theory)을 캘러다양체 $(X, \tilde{h})$에 적용한다 ([13, Chapter IV-Theorem 5.2]). $\mathrm{HF}^*_\Delta(X)$를 조화 미분형식의 모임이라 할 때, 사영사상

$$\mathrm{HF}_\Delta : S^*(X) \to \mathrm{HF}^*_\Delta(X)$$

와 $\Delta = 2\Box_\partial = 2\Box_{\bar{\partial}}$에 관한 그린작용소(Green's operator) G에 대하여 다음 등식이 성립한다.

$$\eta = \mathrm{HF}_\Delta(\eta) + \Delta \circ G(\eta), \quad \eta \in S^*(X)$$

한편, [정리 5.1.9]와 조화 이론의 잘 알려진 성질에 의해

$$[\partial, \Delta] = [\bar{\partial}, \Delta] = [d, \Delta] = [\partial, G] = [\bar{\partial}, G] = [d, G] = 0$$

이고 $\bar{\partial} d\eta = \partial d\eta = 0$이므로 다음이 성립한다.

$$\begin{aligned} d\eta &= d\mathrm{HF}_{\Delta}(\eta) + d(\Delta \circ G(\eta)) = \Delta \circ G(d\eta) = 2\bar{\partial}\bar{\partial}^* Gd\eta + 2\bar{\partial}^* G\bar{\partial} d\eta \\ &= 2\bar{\partial}\bar{\partial}^* Gd\eta = \frac{1}{\sqrt{-1}} 2\bar{\partial}(L^* \partial - \partial L^*) Gd\eta \\ &= \sqrt{-1}\,\bar{\partial}\partial(2L^* Gd\eta) \end{aligned}$$

여기서 다섯 번째 등식을 얻기 위해 $\sqrt{-1}\,\bar{\partial}^* = [L^*, \partial]$임을 이용했다([따름정리 5.1.8]의 (2) 참고).

(iv) 마지막으로, 편의상 $\gamma = 2L^* Gd\eta$라 할 때 E 상에서 정의된 새로운 에르미트 거리함수 h'을 다음과 같이 정의하자.

$$h' = he^{2\pi\gamma}$$

여기서 γ는 위의 (iii)에 의해 $d\eta = \sqrt{-1}\,\bar{\partial}\partial\gamma$를 만족한다. 그러면

$$\begin{aligned} \frac{\sqrt{-1}}{2\pi}\Theta_E(h') &= \frac{\sqrt{-1}}{2\pi}\bar{\partial}\partial \log h' = \frac{\sqrt{-1}}{2\pi}\bar{\partial}\partial \log h + \sqrt{-1}\,\bar{\partial}\partial\gamma \\ &= \varphi_0 + d\eta = \varphi \end{aligned}$$

이고 φ가 양의 미분형식이므로 에르미트 거리함수 h'에 관해 정의된 $\sqrt{-1}\,\Theta_E(h')$도 양의 미분형식이다.

다음은 양 또는 음의 벡터선번들의 대표적인 예이다.

예제 6.2.5

(1) 복소사영공간 $\mathbb{P}^n$ 상에서 정의된 **초평면단면번들**(hyperplane section bundle) $H \to \mathbb{P}^n$은 양의 벡터선번들이다. 이를 보이기 위해, 먼저 H의 정의부터 알아본다. 실제로,

$$D = \{[z_0, z_1, \ldots, z_n] \in \mathbb{P}^n \mid z_0 = 0\}$$

라 할 때, D는 $\mathbb{P}^n$에 매립된 **여차원**(co-dimension)이 2인 부분다양체로 디바이서(divisor)에 해당한다. D를 이용하여 H를 구성하기 위해 H의 전이행렬을 나타내면 된다. 이를 위해, 임의의 $0 \le \alpha \le n$에 대하여

$$U_\alpha = \{[z_0, z_1, \ldots, z_n] \in \mathbb{P}^n \mid z_\alpha \neq 0\}$$

라 하면 $\{U_\alpha \mid 0 \le \alpha \le n\}$은 $\mathbb{P}^n$의 열린덮개가 된다. 이때, 디바이서 D는 U_α 상에

서 $\dfrac{z_0}{z_\alpha}=0$로 주어진다. 따라서 $U_\alpha \cap U_\beta (\alpha \neq \beta)$ 상에서

$$h_{\alpha\beta} = \left(\frac{z_0}{z_\alpha}\right)\cdot\left(\frac{z_0}{z_\beta}\right)^{-1} = \frac{z_\beta}{z_\alpha} \in \mathbb{C}^*$$

이라 하면 $h_{\alpha\beta}$는 $U_\alpha \cap U_\beta$ 상에서 잘 정의된 함수이다. 또한 $\{h_{\alpha\beta}\}$는 다음과 같은 쌍대순환조건을 만족한다.

$$h_{\alpha\alpha}=1,\quad h_{\alpha\beta}\cdot h_{\beta\gamma}=h_{\alpha\gamma}\ (U_\alpha \cap U_\beta \cap U_\gamma \text{ 상에서})$$

따라서 전이함수의 모임 $\{h_{\alpha\beta}\}$는 $\mathbb{P}^n$ 상에서 초평면단면번들 $H \to \mathbb{P}^n$을 정의한다. 한편, 보편선번들 $U_{1,n} \to \mathbb{P}^n$의 전이함수의 모임 $\{u_{\alpha\beta}\}$와 $\{h_{\alpha\beta}\}$는 서로 다음 관계식을 만족한다.

$$u_{\alpha\beta} = h_{\alpha\beta}^{-1}\ (U_\alpha \cap U_\beta \text{ 상에서})$$

따라서 $H^* = U_{1,n}$이고, $U_{1,n} \to \mathbb{P}^n$이 음의 벡터선번들이므로 $H \to \mathbb{P}^n$은 양의 벡터선번들이다. 실제로, [예제 5.1.2]의 (3)에 의해

$$[\xi_0, \xi_1, \ldots, \xi_n]$$

이 $\mathbb{P}^n$의 동차좌표계(homogeneous coordinates)라 할 때,

$$|\xi|^2 = |\xi_0|^2 + |\xi_1|^2 + \cdots + |\xi_n|^2$$

이라 하자. 이때, $\mathbb{P}^n$ 상에서 정의된 보편번들 $U_{1,n+1}$의 표준접속을 이용하여 다음과 같이 주어진 곡률 $\widetilde{\Omega}$를 고려하자.

$$\widetilde{\Omega} = -\frac{\sqrt{-1}}{2}\frac{|\xi|^2\sum_{i=0}^{n} d\xi_i \wedge d\overline{\xi_i} - \sum_{i,j=0}^{n} \overline{\xi_i}\xi_j d\xi_i \wedge d\overline{\xi_j}}{|\xi|^4}$$

그러면 $\widetilde{\Omega}$를 이용하여 $\mathbb{P}^n$ 상에 닫힌 $(1,1)$-형식 Ω를 얻을 수 있다. 좀 더 구체적으로, $\xi_0 \neq 0$일 때

$$w_j = \frac{\xi_j}{\xi_0},\quad 1 \le j \le n$$

라 하면 Ω는 다음과 같이 주어진다.

$$\Omega = -\frac{\sqrt{-1}}{2}\frac{(1+|w|^2)\sum_{i=1}^{n} dw_i \wedge d\overline{w_i} - \sum_{i,j=1}^{n}\overline{w_i}w_j dw_i \wedge d\overline{w_j}}{(1+|w|^2)^2}$$

이때, Ω는 $\mathbb{P}^n$ 상에서 다음과 같이 정의된 푸비니-스터디 거리함수 h에 해당하는 기본 2-형식과 부호 차이만 난다.

$$h = \frac{1}{(1+|w|^2)^2}\sum h_{ij}(w)dw_i \otimes d\overline{w_j}, \quad h_{ij}(w) = (1+|w|^2)\delta_{ij} - \overline{w_i}w_j, \ 1 \le i, j \le n$$

한편 $[h_{ij}(z)]$는 양의 부호를 갖는 에르미트 대칭행렬이다. 따라서 보편번들 $U_{1,n} \to \mathbb{P}^n$는 음의 벡터선번들이다.

(2) 복소사영공간 $\mathbb{P}^n$ 상에서 정의된 **표준선번들**(canonical line bundle)

$$K_{\mathbb{P}^n} = \wedge^n T^*\mathbb{P}^n \to \mathbb{P}^n$$

은 음의 벡터선번들이다. 사실, 다음이 성립한다.

$$K_{\mathbb{P}^n} \cong U_{1,n}^{\otimes(n+1)} \cong (H^*)^{\otimes(n+1)} = O_{\mathbb{P}^n}(-n-1)$$

이를 보이기 위해, $K_{\mathbb{P}^n}$의 전이함수를 계산한다. 실제로,

$$U_\alpha = \{z = [z_0, z_1, \dots, z_n] \in \mathbb{P}^n \mid z_\alpha \ne 0\}$$

상에서

$$w_j = \frac{z_j}{z_\alpha}, \ 0 \le j \le n, \ j \ne \alpha$$

라 할 때 $K|_{U_\alpha}$의 기저는 다음과 같이 주어진다.

$$\Phi_\alpha = (-1)^\alpha dw_0 \wedge dw_1 \wedge \cdots \wedge \widehat{dw_\alpha} \wedge \cdots \wedge dw_n$$

비슷하게,

$$U_\beta = \{z = [z_0, z_1, \dots, z_n] \in \mathbb{P}^n \mid z_\beta \ne 0\}$$

상에서

$$w_j' = \frac{z_j}{z_\beta}, \ 0 \le j \le n, \ j \ne \beta$$

라 할 때 $K|_{U_\beta}$의 기저는 다음과 같이 주어진다.

$$\Phi_\beta = (-1)^\beta dw_0{}' \wedge dw_1{}' \wedge \cdots \wedge \widehat{dw_\beta{}'} \wedge \cdots \wedge dw_n{}'$$

이때, $U_\alpha \cap U_\beta$ 상에서 다음 등식이 성립한다.

$$w_j = \frac{z_j}{z_\alpha} = \frac{z_j}{z_\beta} \cdot \frac{z_\beta}{z_\alpha} = \frac{z_\beta}{z_\alpha} \cdot w_j{}' = (w_\alpha{}')^{-1} \cdot w_j{}'$$

따라서

$$\begin{aligned}\Phi_\alpha &= (-1)^\alpha d((w_\alpha{}')^{-1} w_0{}') \wedge d((w_\alpha{}')^{-1} w_1{}') \wedge \\ &\quad \cdots \widehat{d((w_\alpha{}')^{-1} w_\alpha{}')} \wedge \cdots \wedge d((w_\alpha{}')^{-1} w_n{}') \\ &= (-1)^\beta \left(\frac{z_\beta}{z_\alpha}\right)^{n+1} dw_0{}' \wedge dw_1{}' \wedge \cdots \wedge \widehat{dw_\beta{}'} \wedge \cdots \wedge dw_n{}' \\ &= \left(\frac{z_\beta}{z_\alpha}\right)^{n+1} \Phi_\beta\end{aligned}$$

이다. 여기서 두 번째 등식을 얻기 위해

$$d((w_\alpha{}')^{-1} w_i{}') = \frac{d\omega_i{}'}{\omega_\alpha{}'} - \frac{d\omega_\alpha{}'}{(\omega_\alpha{}')^2}\omega_i{}', \quad 0 \le i \le n,\ i \ne \alpha$$

임을 이용했다. 따라서 $K_{\mathbb{P}^n}$의 전이함수 $k_{\alpha\beta}$의 모임은

$$\left\{ k_{\alpha\beta} = \left(\frac{z_\alpha}{z_\beta}\right)^{n+1} = u_{\alpha\beta}^{n+1} \right\}$$

이다. 즉 $K_{\mathbb{P}^n} \cong U_{1,n}^{\otimes(n+1)}$이다. 결론적으로,

$$c_1(K_{\mathbb{P}^n}) = (n+1)c_1(U_{1,n}) = -(n+1)c_1(H)$$

이므로 $c_1(K_{\mathbb{P}^n})$는 음의 벡터선번들이다.

고다이라 소멸 정리를 증명하기 위해, 먼저 다음 보조정리가 필요하다.

보조정리 6.2.6

임의의 컴팩트 캘러다양체 X와 임의의 복소해석적 벡터선번들 $E \to X$에 대하여, ξ가 미분작용소

$$\overline{\square} = \bar{\partial}\bar{\partial}^* + \bar{\partial}^*\bar{\partial}$$

에 관한 E 값을 갖는 조화 (p, q)-형식이라 하자. 이때, 다음이 성립한다.

(1) $\sqrt{-1}(\Theta_E \wedge L^* \xi, \xi) \leq 0$

(2) $\sqrt{-1}(L^* \Theta_E \wedge \xi, \xi) \geq 0$

증명

(2)의 증명은 (1)과 비슷하므로 (1)만 자세히 증명한다. 실제로, [보조정리 3.2.2]의 (1)에 의해 $D^2 = (d+\theta)^2 = \Theta_E$이다. 한편, $(D^{1,0})^2 = (D^{0,1})^2 = 0$이고 $\theta^{0,1} = 0$이므로

$$\Theta_E \wedge \eta = D^2 \wedge \eta = (D^{1,0}\bar{\partial} + \bar{\partial} D^{1,0})\eta, \quad \eta \in S^*(X, E)$$

이다. 따라서 $\sqrt{-1}\,\bar{\partial}^* = [L^*, \partial]$이므로 다음 등식이 성립한다.

$$\begin{aligned}\sqrt{-1}(\partial^* \xi, \partial^* \xi) &= ([\bar{\partial}, L^*]\xi, \partial^* \xi) = (\bar{\partial} L^* \xi - L^* \bar{\partial} \xi, \partial^* \xi) \\ &= (\bar{\partial} L^* \xi, \partial^* \xi), \quad \bar{\partial} \xi = 0 \\ &= (L^* \xi, (\bar{\partial}^* \partial^* + \partial^* \bar{\partial}^*)\xi), \quad \bar{\partial}^* \xi = 0 \\ &= ((D^{1,0}\bar{\partial} + \bar{\partial} D^{1,0}) L^* \xi, \xi) \\ &= (\Theta_E \wedge L^* \xi, \xi)\end{aligned}$$

결론적으로,

$$\sqrt{-1}(\Theta_E \wedge L^* \xi, \xi) = -(\partial^* \xi, \partial^* \xi) \leq 0$$

이다.

[보조정리 6.2.6]을 이용하여 다음 정리가 성립함을 보일 수 있다.

정리 6.2.7 고다이라 소멸 정리, Kodaira vanishing theorem

임의의 컴팩트 캘러다양체 X와 X 상에서 정의된 표준선번들 K_X에 대하여, 다음이 성립한다.

(1) 임의의 복소해석적 벡터선번들 $E \to X$에 대하여 $E \otimes K_X^*$가 양의 벡터선번들일 때, 다음이 성립한다.

$$H^q(X, O_X(E)) = 0, \quad q > 0$$

(2) 임의의 음의 벡터선번들 $E \to X$에 대하여, 다음이 성립한다.

$$H^q(X, \Omega_X^p(E)) = 0, \quad n > p + q$$

증명

증명의 편의상 (2)를 먼저 증명한다.

(2) 가정과 [정리 6.2.4]에 의해, E 상에서 정의된 적당한 에르미트 거리함수 h에 관해 $-\sqrt{-1}\Theta_E(h)$가 양의 미분형식이다. 따라서 국소좌표계 $z=(z_1, z_2, \ldots, z_n)$을 이용하여 $-\sqrt{-1}\Theta_E(h)$를 다음과 같이 나타낼 수 있다.

$$-\sqrt{-1}\Theta_E(h)=\sqrt{-1}\sum_{i,j=1}^{n}\varphi_{ij}(z)dz_i\wedge d\overline{z_j}$$

여기서 $[\varphi_{ij}(z)]$는 양의 정부호를 갖는 에르미트 대칭행렬이다.

이제,

$$\tilde{h}(z)=\sum_{i,j=1}^{n}\varphi_{ij}(z)dz_i\otimes d\overline{z_j}$$

라 하면, $\tilde{h}$는 E 상에서 정의된 새로운 에르미트 거리함수이고 $\tilde{h}$에 관한 기본 2-형식 $\Omega(\tilde{h})$는 다음과 같이 주어진다.

$$\Omega(\tilde{h})=\frac{\sqrt{-1}}{2}\sum_{i,j=1}^{n}\varphi_{ij}(z)dz_i\wedge d\overline{z_j}=-\frac{\sqrt{-1}}{2}\Theta_E(h)$$

한편, 미분작용소 $\overline{\Box}=\overline{\partial}\,\overline{\partial}^*+\overline{\partial}^*\overline{\partial}$에 관한 E 값을 갖는 조화 (p,q)-형식 $\xi(\neq 0)$에 대하여 [보조정리 6.2.6]에 의해 다음이 성립한다.

$$\begin{aligned}0&\geq\frac{\sqrt{-1}}{2}(\Theta_E(h)\wedge L^*\xi-L^*\Theta_E(h)\wedge\xi,\xi)\\&=(-\Omega(\tilde{h})\wedge L^*\xi+L^*\Omega(\tilde{h})\wedge\xi,\xi)\\&=(-L\circ L^*(\xi)+L^*\circ L(\xi),\xi)=([L^*,L](\xi),\xi)=(B(\xi),\xi)\\&=((n-p-q)\xi,\xi)=(n-p-q)(\xi,\xi)\end{aligned}$$

따라서 만약 $n>p+q$라면 $\xi=0$이다. 즉, 다음이 성립한다.

$$\mathrm{HF}^{p,q}_{\overline{\Box}}(X,E)=0\ (n>p+q\text{일 때})$$

마지막으로,

$$H^q(X,\Omega^p(E))\cong\mathrm{HF}^{p,q}_{\overline{\Box}}(X,E)\ \text{([13, Chapter IV-Theorem 5.2])}$$

이므로 증명이 완료된다.

(2) 가정에 의해, $E\otimes K_X^*$가 양의 벡터선번들이다. 따라서 $E^*\otimes K_X$가 음의 벡터선번

들이다. 세르 쌍대성 [정리 4.2.9]에 의해, 다음이 성립한다.

$$\begin{aligned} H^q(X, O_X(E)) &\cong H^q(X, O_X(K_X \otimes K_X^* \otimes E)) \cong H^q(X, \Omega^n(K_X^* \otimes E)) \\ &\cong (H^{n-q}(X, O_X(K_X \otimes E^*)))^* \end{aligned}$$

만약 $q > 0$라면 $(n-q)+0 < n$이다. 따라서, 위의 (2)에 의해

$$H^q(X, O_X(E)) \cong (H^{n-q}(X, O_X(K_X \otimes E^*)))^* = 0 \ (q > 0\text{일 때})$$

이다.

6.3 블로우업과 고다이라 매립 정리

이 절에서는 먼저 복소다양체의 임의의 한 점을 여차원이 1인 복소사영공간으로 대체하는 블로우업 작용(blow-up operation)을 소개하고 그와 관련된 여러 가지 중요한 성질을 정리한다. 종종 블로우업 작용을 **이차변환**(quadratic transformation), 또는 σ-**작용**(σ-operation), 또는 **뻥튀기**(blowing-up)라고도 말한다.

블로우업 작용과 고다이라 소멸정리를 이용하여 고다이라 매립 정리(Kodaira embedding theorem)를 증명할 수 있다. 이 정리는 호지다양체를 차원이 큰 복소사영공간에 매립할 수 있다는 결과이다. 이 정리는 호지에 의해 처음 가설로 제시되었고 고다이라가 나중에 호지의 가설이 사실임을 증명했다([5], [9]). 고다이라 매립 정리의 증명은 상당히 복잡하므로 이 책에서는 증명의 중요한 단계만 간단히 언급한다.

블로우업 작용을 설명하기 위해, 복소다양체 X와 X의 임의의 점 p를 고려하자. 또한 $z(p)=0$를 만족하는 p의 좌표근방 U와 U에서 정의된 국소좌표계를

$$z = (z_1, z_2, \ldots, z_n)$$

이라 하자. 그러면, $t = [t_1, t_2, \ldots, t_n]$을 $\mathbb{P}^{n-1}$의 동차좌표계라 할 때 다음과 같이 정의된 집합

$$W = \left\{(z,t) \in X \times \mathbb{P}^{n-1} \mid t_\alpha z_\beta = t_\beta z_\alpha,\ 1 \le \alpha, \beta \le n\right\}$$

은 $X \times \mathbb{P}^{n-1}$의 n-차원 부분다양체이다. 실제로, 예를 들어,

$$U_1 = \left\{t = [t_1, t_2, \ldots, t_n] \in \mathbb{P}^{n-1} \mid t_1 \neq 0\right\}$$

상에서 $w_j = \dfrac{t_j}{t_1}(2 \le j \le n)$라 할 때 W는 다음과 같은 $(n-1)$ 개의 방정식의 해로 주어진다.

$$z_j = \frac{t_j}{t_1} z_1 = w_j z_1, \quad 2 \le j \le n$$

기호를 간단히 하기 위해, $f_j(z_1, z_2, \ldots, z_n, w_2, \ldots, w_n) = z_j - w_j z_1 (2 \le j \le n)$이라 할 때 $(n-1) \times (2n-1)$-행렬

$$\begin{bmatrix} \dfrac{\partial f_j}{\partial z_i} & \dfrac{\partial f_j}{\partial w_i} \end{bmatrix}_{(n-1)\times(2n-1)} = \begin{bmatrix} -w_2 & 1 & 0 & \cdots & 0 & -z_1 & 0 & \cdots & 0 \\ -w_3 & 0 & 1 & \cdots & 0 & 0 & -z_1 & \cdots & 0 \\ \vdots & \vdots & \vdots & \cdots & \vdots & \vdots & \vdots & \cdots & \vdots \\ -w_n & 0 & 0 & \cdots & 1 & 0 & 0 & \cdots & -z_1 \end{bmatrix}_{(n-1)\times(2n-1)}$$

의 차수가 $(n-1)$이다. 따라서 U_1 상에서 W는 $X \times \mathbb{P}^{n-1}$의 부분다양체이고 W의 차원은

$$(2n-1) - (n-1) = n$$

이다.

사영사상

$$\pi : W \to U, \quad (z, t) \mapsto z$$

는 복소해석적이고

$$\pi^{-1}(p) = \{p\} \times \mathbb{P}^{n-1}$$

이다. 이때, $\pi^{-1}(p)$를 **예외 디바이서**(exceptional divisor)라 한다. 그리고 축소사상

$$\pi|_{W - \pi^{-1}(p)} : W - \pi^{-1}(p) \to U - \{p\}$$

는 동형사상이다.

정의 6.3.1

복소다양체 X와 X의 임의의 점 p에 대하여, U를 p의 적당한 좌표근방이라 하자. 이때, 점 p에서 X의 **블로우업**(blow-up) $\mathrm{BL}_p(X)$를 W의 경계에 있는 각각의 점을 $X - U$의 경계에 있는 각각의 점과 π를 이용하여 동일시하여 W와 $X - U$의 합집합으로 정의한다. $\mathrm{BL}_p(X)$를 종종 **점 p에서 X의 이차변환**(quadratic transformation)이라고도 부른다.

[정의 6.3.1]에서 U를 단위공(unit ball) B_p로 택하면 $B_p - \{p\}$가 $W - \{p\}$와 복소해석적 동형이다. 따라서 $W - \{p\}$의 경계 $\partial(W - \{p\})$는 B_p의 경계 $\partial B_p = S^{2n-1}$와 동형인 연결성분을 가지고 있다. 한편 $\partial B_p = S^{2n-1}$ 상에 호프 파이브레이션(Hopf fibration)

$$\partial B_p = S^{2n-1} \to \mathbb{P}^{n-1}$$

이 존재한다. 또한 $[1, 0, \ldots, 0] \in \mathbb{P}^n$의 열린근방도 B_p와 비슷한 성질을 가지고 있다. 따라서 점 $p \in X$에서 X의 블로우업 $\mathrm{BL}_p(X)$는 $X \# \overline{\mathbb{P}^n}$와 복소다양체로 서로 동형임을 알 수 있다. 여기서 $\overline{\mathbb{P}^n}$는 복소사영공간 $\mathbb{P}^n$의 방향성과 반대 방향의 방향성을 갖는 미분다양체 $\mathbb{P}^n$을 의미한다.

정의 6.3.2

사영사상 $\pi : \mathrm{BL}_0(\mathbb{C}^n) \to \mathbb{C}^n$과 0를 통과하는 $\mathbb{C}^n$의 닫힌 아핀 부분다양체 Y에 대하여, Y의 **고유변환**(proper transform 또는 strict transform)을 유클리드 위상에 관한

$$\pi^{-1}(Y - \{0\})$$

의 폐포 $\overline{\pi^{-1}(Y - \{0\})}$로 정의하고 Y의 **전변환**(total transform)을 Y의 고유변환과 예외 디바이서

$$\{0\} \times \mathbb{P}^{n-1} = \mathbb{P}^{n-1}$$

의 합집합으로 정의한다. 마지막으로, **0에서 Y의 블로우업**을 Y의 고유변환으로 정의한다.

예제 6.3.3

(1) 다음과 같이 주어진 $\mathbb{C}^2$의 닫힌 아핀 부분다양체 Y에 대하여, 0에서 Y의 블로우업을 구해보자([그림 6.3.1] 참고).

$$Y = \{(x, y) \in \mathbb{C}^2 \mid y^2 = x^2(x+1)\}$$

이를 위해, 먼저 점 $0 = (0, 0)$에서 $\mathbb{C}^2$의 블로우업 $\mathrm{BL}_0(\mathbb{C}^2)$를 구한다. 실제로, $[t, u]$가 $\mathbb{P}^1$의 동차좌표라 할 때 $\mathrm{BL}_0(\mathbb{C}^2)$는 다음과 같이 주어진다.

$$\mathrm{BL}_0(\mathbb{C}^2) = \{((x, y), [t, u]) \in \mathbb{C}^2 \times \mathbb{P}^1 \mid xu = ty\}$$

특히, 만약 $t=1$이면 $y=xu$가 된다. 따라서 방정식 $y^2=x^2(x+1)$을 이용하여 다음을 얻을 수 있다.

$y^2=x^2(x+1) \Leftrightarrow x^2u^2=x^2(x+1)$
$\Leftrightarrow x^2(u^2-x-1)=0 \Leftrightarrow x=0$
(중복도 2) 또는 $x=u^2-1$

만약 $x=0$라면 $y=0$이고 u는 $\mathbb{C}$의 모든 원소를 나타낸다. 즉,

$$\pi^{-1}(0)=\{0\}\times\mathbb{P}^1=E$$

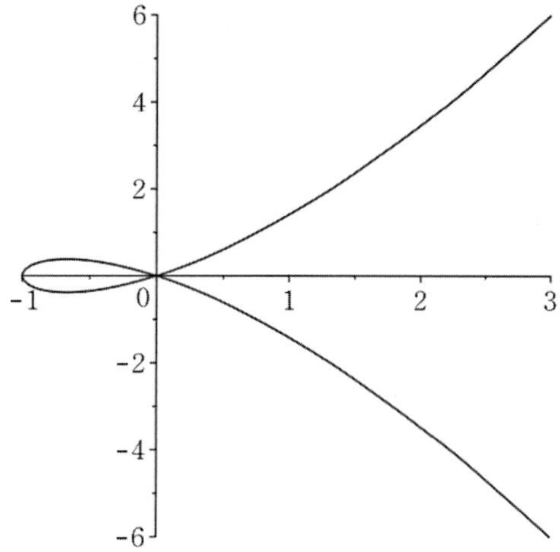

[그림 6.3.1] Y의 그림

이다. 반면에, 만약 $x\neq 0$라면 $x=u^2-1$이고 $u\neq\pm 1$이다. 그리고

$$y=u(u^2-1),\quad u\neq\pm 1$$

이다. 따라서 $t=1$일 때 $\pi^{-1}(Y-\{0\})$를 $\mathbb{C}^3$ 상에 다음 집합과 동일시 할 수 있다.

$$\{(u^2-1, u(u^2-1), u)\in\mathbb{C}^3 \mid u\neq\pm 1\}$$

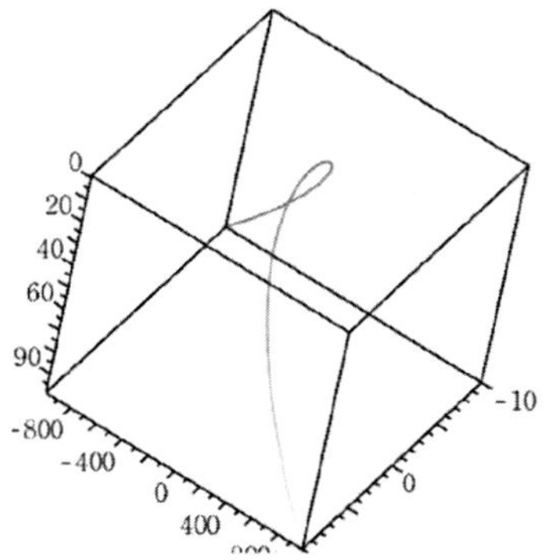
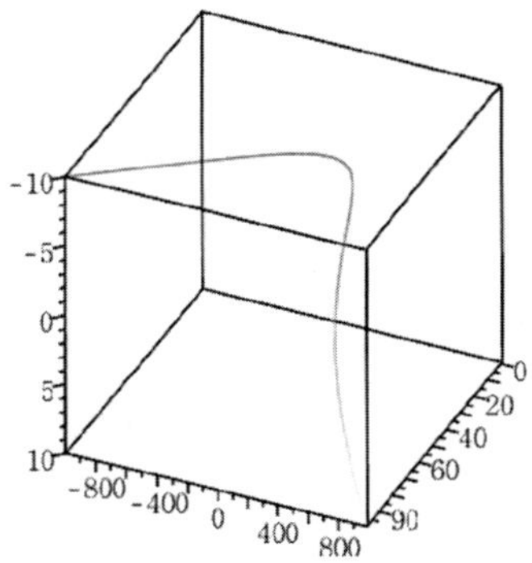

[그림 6.3.2] $\mathbb{R}^3$ 상에 그린 $\overline{\pi^{-1}(Y-\{0\})}$의 그림

그리고 $t=1$일 때, $\widetilde{Y}=\overline{\pi^{-1}(Y-\{0\})}$와 $\pi^{-1}(0)$는 $u=\pm 1$에서 만난다([그림 6.3.2]과 [그림 6.3.3] 참고).

비슷하게, 만약 $u=1$이면 $x=yt$가 된다. 따라서 방정식 $y^2=x^2(x+1)$을 이용하여 다음을 얻을 수 있다.

$$y^2 = x^2(x+1) \Leftrightarrow y^2 = y^2t^2(yt+1) \Leftrightarrow y^2(1-t^2(yt+1)) = 0$$
$$\Leftrightarrow y = 0 \text{ (중복도 2) 또는 } 1 = t^2(yt+1)$$

만약 $y=0$라면 $x=0$이고 t는 $\mathbb{C}$의 모든 원소를 나타낸다. 그리고 $u=1$일 때, $\widetilde{Y}=\overline{\pi^{-1}(Y-\{0\})}$와 $\pi^{-1}(0)$는 $t=\pm 1$에서 중복도 1로 만난다. 사실,

$$[1, \pm 1] = [\pm 1, 1] \in \mathbb{P}^1$$

이다. 또한 Y'이 Y의 전변환을 나타낼 때, 디바이서로서 다음 등식이 성립한다.

$$[Y'] = [\widetilde{Y}] + 2[E], \quad E^2 = -1$$

여기서 E는 예외 디바이서를 나타내고 계수 2는 $x=0$의 중복도가 2라는 사실에서 얻어진다.

(2) 다음과 같이 주어진 $\mathbb{C}^2$의 닫힌 아핀 부분다양체 Y의 0에서 블로우업을 구해보자.

$$Y = \{(x, y) \in \mathbb{C}^2 \mid x^2 + y^3 = 0\}$$

이를 위해, 먼저 점 0에서 $\mathbb{C}^2$의 블로우업 $\mathrm{BL}_0(\mathbb{C}^2)$를 구한다. 실제로, 앞에서와 같이 $[t, u]$가 $\mathbb{P}^1$의 동차좌표라 할 때 $\mathrm{BL}_0(\mathbb{C}^2)$는 다음과 같이 주어진다.

$$\mathrm{BL}_0(\mathbb{C}^2) = \{((x, y), [t, u]) \in \mathbb{C}^2 \times \mathbb{P}^1 \mid xu = ty\}$$

특히, 만약 $t=1$이면 $y=xu$가 된다. 따라서 방정식 $x^2+y^3=0$를 이용하여 다음을 얻을 수 있다.

$$x^2 + y^3 = 0 \Leftrightarrow x^2(1+xu^3) = 0$$
$$\Leftrightarrow x = 0 \text{ (중복도 2) 또는 } xu^3 = -1$$

만약 $x=0$라면 $y=0$이고 u는 $\mathbb{C}$의 모든 원소를 나타낸다. 즉, $\pi^{-1}(0) = \{0\} \times \mathbb{P}^1$이다. 반면에, 만약 $x \neq 0$라면 $xu^3 = -1$이다. 그리고 $t=1$일 때, $\widetilde{Y}=\overline{\pi^{-1}(Y-\{0\})}$와 $\pi^{-1}(0)$는 서로 만나지 않는다. 반면에, 만약 $u=1$이면 $x=yt$가 된다. 따라서 방정식 $x^2+y^3=0$를 이용하여 다음을 얻을 수 있다.

$$x^2 + y^3 = 0 \Leftrightarrow y^2(y+t^2) = 0$$
$$\Leftrightarrow y = 0 \text{ (중복도 2) 또는 } y + t^2 = 0$$

만약 $y=0$라면 $x=0$이고 t는 $\mathbb{C}$의 모든 원소를 나타낸다. 즉,

$$\pi^{-1}(0) = \{0\} \times \mathbb{P}^1 = E$$

이다. 반면에, 만약 $y \neq 0$라면 $y + t^2 = 0$이다. 그리고 $u = 1$일 때, $\widetilde{Y} = \overline{\pi^{-1}(Y - \{0\})}$와 $\pi^{-1}(0)$는 $(0, 0, [0,1])$에서 중복도 2로 만난다(즉, 접한다). 또한 Y'이 Y의 전변환을 나타낼 때, 디바이서로서 다음 등식이 성립한다([그림 6.3.4] 참고).

$$[Y'] = [\widetilde{Y}] + 2[E], \quad E^2 = -1$$

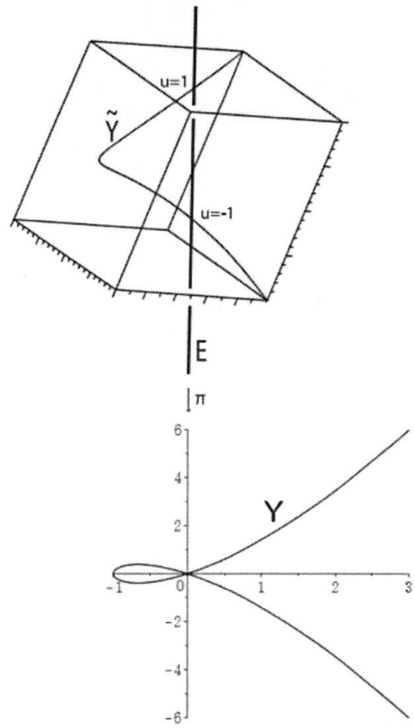

[그림 6.3.3]

(3) 다음과 같이 주어진 $\mathbb{C}^2$의 닫힌 아핀 부분다양체 Y의 0에서 블로우업을 구해보자.

$$Y = \{(x, y) \in \mathbb{C}^2 \mid x^2 - y^2 = 0\}$$

이를 위해, 먼저 점 0에서 $\mathbb{C}^2$의 블로우업 $\mathrm{BL}_0(\mathbb{C}^2)$를 구한다. 실제로, 앞에서와 같이 $[t, u]$가 $\mathbb{P}^1$의 동차좌표라 할 때 $\mathrm{BL}_0(\mathbb{C}^2)$는 음과 같이 주어진다.

$$\begin{aligned} &\mathrm{BL}_0(\mathbb{C}^2) \\ &= \{((x, y), [t, u]) \in \mathbb{C}^2 \times \mathbb{P}^1 \mid xu = ty\} \end{aligned}$$

특히, 만약 $t = 1$이면 $y = xu$가 된다. 따라서 방정식 $x^2 - y^2 = 0$를 이용하여 다음을 얻을 수 있다.

$$\begin{aligned} x^2 - y^2 = 0 \;&\Leftrightarrow\; x^2(1 - u^2) = 0 \\ &\Leftrightarrow\; x = 0 \text{ (중복도 2) 또는 } \\ &\qquad u^2 - 1 = 0 \end{aligned}$$

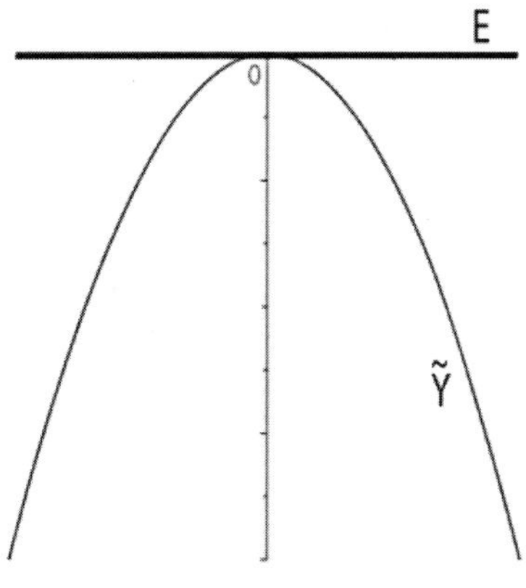

[그림 6.3.4]

만약 $x = 0$라면 $y = 0$이고 u는 $\mathbb{C}$의 모든 원소를 나타낸다. 즉,

$$\pi^{-1}(0) = \{0\} \times \mathbb{P}^1 = E$$

이다. 반면에, 만약 $x \neq 0$라면 $u^2 = 1$이다. 그리고 $t = 1$일 때, $\widetilde{Y} = \overline{\pi^{-1}(Y - \{0\})}$와 $\pi^{-1}(0)$는 $u = \pm 1$에서 서로 만난다. 그리고 $\widetilde{Y}$는 서로 다른 두 직선 L_1과 L_2로 이루어져 있으며, 여기서 $u = \pm 1$은 각각 두 직선 $y = \pm x$의 기울기를 나타낸다.

비슷한 방법으로, 만약 $u = 1$이면 $x = yt$가 된다. 따라서 방정식 $x^2 - y^2 = 0$를 이용하여 다음을 얻을 수 있다.

$$x^2 - y^2 = 0 \iff y^2(t^2 - 1) = 0$$
$$\iff y = 0 \text{ (중복도 2) 또는 } t^2 - 1 = 0$$

만약 $y = 0$라면 $x = 0$이고 t는 $\mathbb{C}$의 모든 원소를 나타낸다. 즉,

$$\pi^{-1}(0) = \{0\} \times \mathbb{P}^1 = E$$

이다. 반면에, 만약 $y \neq 0$라면 $t^2 = 1$이다. 그리고 $u = 1$일 때, $\widetilde{Y} = \overline{\pi^{-1}(Y - \{0\})}$와 $\pi^{-1}(0)$는 $t = \pm 1$에서 서로 만난다. 따라서 E와 $\widetilde{Y}$는 두 점 $((0, 0), [1, \pm 1])$에서 서로 만난다. 결론적으로, 앞에서와 같이 Y'이 Y의 전변환을 나타낼 때 디바이서로서 다음 등식이 성립한다([그림 6.3.5] 참고).

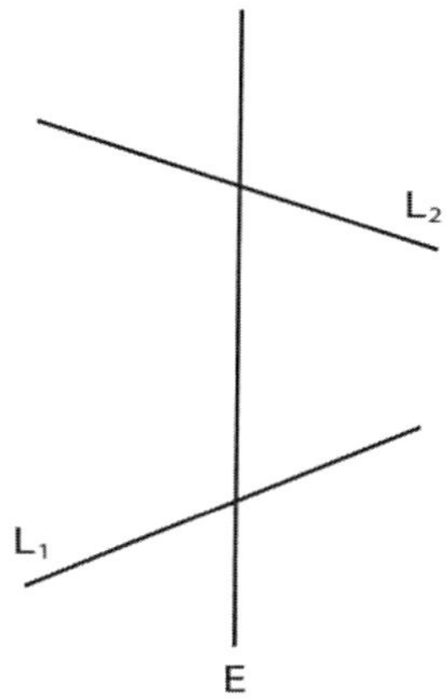

[그림 6.3.5]

$$[Y'] = [\widetilde{Y}] + 2[E] = [L_1] + [L_2] + 2[E], \quad E^2 = -1$$

기호를 간단히 하기 위해, $\widetilde{X} = \mathrm{BL}_p(X)$라 하자. 그러면 $E = \pi^{-1}(p)$는 $\widetilde{X}$에 매립된 디바이서이고 또한 $\mathbb{P}^{n-1}$과 동형이다. 따라서 E로부터 복소해석적 벡터선번들

$$L(E) \to \widetilde{X}$$

를 얻을 수 있다. 그리고 E는 $\mathbb{P}^{n-1}$과 동형이므로 초평면단면번들

$$H \to E \cong \mathbb{P}^{n-1}$$

도 존재한다.

이제, 사영사상

$$\sigma : W \to \mathbb{P}^{n-1}, \quad (z, t) \mapsto t$$

라 하자. $L(E)|_W$를 벡터선번들 $L(E) \to \widetilde{X}$를 W로 제한하여 얻은 벡터선번들이라 할

때, 다음과 같은 다이어그램이 존재한다.

$$\begin{array}{ccc} L(E)|_W & & H \\ \downarrow & & \downarrow \\ W & \xrightarrow{\sigma} & \mathbb{P}^{n-1} \end{array}$$

다음 보조정리가 성립한다.

보조정리 6.3.4

$[E]=L(E)$일 때, 다음이 성립한다.

(1) $\sigma^*(H^*) \cong L(E)|_W$

(2) $K_{\tilde{X}} \cong \pi^* K_X \otimes [E]^{\otimes(n-1)}$

(3) 따라서 디바이서로서 다음 등식이 성립한다.

$$[K_{\tilde{X}}] = [\pi^* K_X] + (n-1)[E]$$

증명

(1) [예제 6.2.5]의 (1)에서 사용된 기호를 그대로 이용한다. [예제 6.2.5]의 (1) 의해, 초평면단면번들 H의 전이함수 $h_{\alpha\beta}$는 $U_\alpha \cap U_\beta$ 상에서 다음과 같이 주어진다.

$$h_{\alpha\beta} = \left(\frac{t_1}{t_\alpha}\right) \cdot \left(\frac{t_1}{t_\beta}\right)^{-1} = \frac{t_\beta}{t_\alpha}$$

또한 $(U \times (U_\alpha \cap U_\beta)) \cap W$ 상에서 $\sigma^*(H)$가 같은 전이함수 $h_{\alpha\beta}$를 가지고 있다. 또한$(E \cap (U \times U_\alpha)) \cap W$는 한 개의 방정식 $z_\alpha = 0$의 해로 주어진다. 실제로, E는 $U \times \mathbb{P}^{n-1}$에서

$$z_1 = z_2 = \cdots = z_n = 0$$

로 주어진다. 한편, 임의의 원소 $(z,t) \in (U \times U_\alpha) \cap W$는 다음 관계식을 만족한다.

$$\lambda(z_1, z_2, \ldots, z_n) = (t_1, t_2, \ldots, t_n), \quad \lambda \neq 0$$

즉, 다음이 성립한다.

$$z_\alpha = \frac{t_\alpha}{\lambda},\ z_j = \frac{t_j}{\lambda} = \frac{t_j}{t_\alpha} z_\alpha,\ \ 1 \leq j \leq n,\ j \neq \alpha$$

만약 $z_\alpha = 0$라면 $z_1 = z_2 = \cdots = z_n = 0$를 의미한다. 따라서 벡터선번들 $L(E)$의 전이함수 $g_{\alpha\beta}$는 $(U \times (U_\alpha \cap U_\beta)) \cap W$ 상에서 다음과 같이 주어진다.

$$g_{\alpha\beta} = \frac{z_\alpha}{z_\beta} = \frac{t_\alpha}{t_\beta} = h_{\alpha\beta}^{-1}$$

하지만 이것은 $\sigma^*(H^*) = L(E)|_W$임을 의미한다.

(2) 위의 (1)에서와 같이,

$$(z_1, t_2/t_1, t_3/t_1, \ldots, t_n/t_1)$$

이 $(U \times U_1) \cap W$의 국소좌표계이다. 따라서

$$\Phi_1 = dz_1 \wedge d(t_2/t_1) \wedge \cdots \wedge d(t_n/t_1) = dz_1 \wedge d(z_2/z_1) \wedge \cdots \wedge d(z_n/z_1)$$

이 $(U \times U_1) \cap W$ 상에서 $K_{\tilde{X}}$의 복소해석적 틀이다. 즉, 다음이 성립한다.

$$\Phi_1 = dz_1 \wedge d(z_2/z_1) \wedge \cdots \wedge d(z_n/z_1) = \frac{1}{z_1^{n-1}} dz_1 \wedge dz_2 \wedge \cdots \wedge dz_n$$

비슷한 방법으로, $(U \times U_\alpha) \cap W$ 상에서 Φ_α가 다음과 같이 주어진다.

$$\Phi_1 = \frac{1}{z_\alpha^{n-1}} dz_1 \wedge dz_2 \wedge \cdots \wedge dz_n$$

따라서 $(U \times (U_\alpha \cap U_\beta)) \cap W$ 상에서 다음 관계식이 성립한다.

$$\begin{aligned}\Phi_\beta &= \frac{1}{z_\beta^{n-1}} dz_1 \wedge dz_2 \wedge \cdots \wedge dz_n \\ &= \left(\frac{z_\beta}{z_\alpha}\right)^{1-n} \frac{1}{z_\alpha^{n-1}} dz_1 \wedge dz_2 \wedge \cdots \wedge dz_n \\ &= \left(\frac{z_\beta}{z_\alpha}\right)^{1-n} \Phi_\alpha = g_{\alpha\beta}^{n-1} \Phi_\alpha\end{aligned}$$

그런데 위의 관계식은 다음 등식을 의미한다.

$$K_{\tilde{X}}|_W = L(E)^{\otimes(n-1)} \otimes \pi^*(K_X)|_W$$

한편 $L(E)|_{\tilde{X}-W}$는 자명한 벡터선번들(trivial line bundle)이다. 따라서

$$K_{\tilde{X}}|_{\tilde{X}-W} = L(E)^{\otimes(n-1)} \otimes \pi^*(K_X)|_{\tilde{X}-W}$$

이다. 결론적으로

$$K_{\widetilde{X}} = L(E)^{\otimes (n-1)} \otimes \pi^*(K_X) = \pi^*(K_X) \otimes [E]^{\otimes (n-1)}$$

이다.

임의의 서로 다른 $p, q \in X$에 대하여, 블로우업 작용은 국소적 작용이므로 다음 등식이 성립한다.

$$\mathrm{BL}_q(\mathrm{BL}_p(X)) \cong \mathrm{BL}_p(\mathrm{BL}_q(X))$$

즉, 블로우업 작용은 작용의 순서에 관계 없이 모두 동형이다.

이 절의 마지막 내용으로 호지다양체를 차원이 큰 복소사영공간에 매립할 수 있다는 결과인 고다이라 매립 정리를 서술한다. 이 정리의 자세한 증명은 상당히 복잡하므로 증명의 중요한 단계만 간단히 설명하고 이 절을 마무리한다.

정리 6.3.5 고다이라 매립 정리, Kodaira embedding theorem

임의의 컴팩트 호지다양체는 사영대수다양체이다.

증명

증명의 중요한 단계만 증명 없이 간단히 서술한다. 가정에 의해, X 상에 호지형식 Ω가 존재한다. 따라서 [정리 3.5.9]에 의해 $c_1(E) = [\Omega]$를 만족하는 복소해석적 벡터선번들 $E \to X$가 존재한다. 호지형식 Ω는 X 상의 에르미트 거리함수에 대응하는 기본 2-형식이므로 Ω가 항상 양의 미분형식이다. 따라서 복소해석적 벡터선번들 $E \to X$는 양의 벡터선번들이다. 이제, 다음 조건 (i), (ii), (iii)을 만족하는 아주 큰 자연수 N_0를 택한다([13, Chapter VI-Proposition 3.3]).

(i) $\pi_p : \mathrm{BL}_p(X) \to X$와 임의의 $k \geq N_0$일 때,

$$\pi_p^*(E^{\otimes k}) \otimes [\pi_p^{-1}(p)]^* \otimes K^*_{\mathrm{BL}_p(X)}$$

가 양의 복소해석적 벡터선번들이다.

(ii) $\pi_p : \mathrm{BL}_p(X) \to X$와 임의의 $k \geq N_0$일 때,

$$\pi_p^*(E^{\otimes k}) \otimes ([\pi_p^{-1}(p)]^*)^{\otimes 2} \otimes K^*_{\mathrm{BL}_p(X)}$$

가 양의 복소해석적 벡터선번들이다.

(iii) $\pi_{p,q} : \mathrm{BL}_p(\mathrm{BL}_q(X)) \to X$와 임의의 $k \geq N_0$일 때,

$$\pi_{p,q}^{*}(E^{\otimes k}) \otimes [\pi_{p,q}^{-1}(\{p,q\})]^{*} \otimes K_{\mathrm{BL}_p(\mathrm{BL}_q(X))}^{*}$$

가 양의 복소해석적 벡터선번들이다.

그런 다음, 임의의 $k \geq N_0$와 $F = E^{\otimes k}$에 대하여 복소해석적 단면의 모임 $\Gamma(F) = O_X(F)$를 고려하자. 그러면 $\Gamma(F)$는 유한 차원 벡터공간이다. 증명의 마지막 단계로, 고다이라 소멸 정리 등을 이용하여 다음과 같은 매립사상 j를 정의할 수 있음을 보인다.

$$j : X \to \mathbb{P}(\Gamma(F)) \cong \mathbb{P}^N, \quad N \in \mathbb{N}$$

따름정리 6.3.6

임의의 컴팩트 복소다양체 X에 대하여, 다음 두 명제는 서로 동치이다.

(1) 양의 벡터선번들 $E \to X$가 존재한다.

(2) X가 사영대수다양체이다.

증명

(1) ⇒ (2) 가정에 의해, $[\varphi] = c_1(E)$를 만족하는 닫힌 양의 $(1,1)$-형식 φ가 존재한다. 따라서 국소좌표계 $z = (z_1, z_2, \ldots, z_n)$에 관해 φ를 다음과 같이 나타낼 수 있다.

$$\varphi(z) = \sqrt{-1} \sum_{i,j=1}^{n} \varphi_{ij}(z) dz_i \wedge d\overline{z_j}$$

여기서 $n \times n$-행렬 $[\varphi_{ij}(z)]$가 양의 정부호를 갖는 에르미트 대칭행렬이다. 한편,

$$c_1(E) \in \widetilde{H}^2(X, \mathbb{Z}) = H^2(X, \mathbb{Z})/\{\text{토션 원소}\}$$

이므로 φ는 정수적이다.

이제, E 상에 에르미트 거리함수

$$h(z) = 2 \sum_{i,j=1}^{n} \varphi_{ij}(z) dz_i \otimes d\overline{z_j}$$

를 고려하자. 그러면 h에 대응하는 기본 2-형식 $\Omega(h)$는 다음과 같다.

$$\Omega(h) = \frac{\sqrt{-1}}{2} 2 \sum_{i,j=1}^{n} \varphi_{ij}(z) dz_i \wedge d\overline{z_j} = \sqrt{-1} \sum_{i,j=1}^{n} \varphi_{ij}(z) dz_i \wedge d\overline{z_j} = \varphi(z)$$

따라서 $\Omega(h)$는 정수적 기본 2-형식이다. 즉, X는 호지다양체이다. 결론적으로, 고다이라 매립 정리에 의해 X는 사영대수다양체이다.

(2) ⇒ (1) 가정에 의해, X가 사영대수다양체이므로 적당히 큰 자연수 N에 관해 다음과 같은 매립사상 j가 존재한다.

$$j : X \to \mathbb{P}^N, \quad N \in \mathbb{N}$$

한편, 초평면단면번들 $H \to \mathbb{P}^N$은 양의 벡터선번들이므로

$$\sqrt{-1}\,\Theta_H(h)$$

가 양의 미분형식이 되는 H 상에 에르미트 거리함수 h가 존재한다. 이제, $E = j^*(H)$와 $h' = j^*(h)$라 하자. 그러면

$$\sqrt{-1}\,\Theta_E(h') = j^*\left(\sqrt{-1}\,(\Theta_H(h))\right)$$

이 E 상에서 양의 미분형식이다. 따라서 양의 벡터선번들 $E \to X$가 존재한다.

컴팩트 캘러다양체에 관해 다음이 성립한다([10, Theorem 10.16] 참고).

따름정리 6.3.7

임의의 컴팩트 캘러다양체 X에 대하여, 만약 $h^{2,0}(X) = 0$이면 X는 항상 사영대수다양체이다.

증명

$h^{0,2}(X) = h^{2,0}(X) = 0$라는 사실과 호지 분해 정리 [정리 5.2.1]에 의해, 다음 등식이 성립한다.

$$H^2(X, \mathbb{C}) = H^{1,1}(X)$$

한편, X가 캘러다양체이므로 에르미트 거리함수 h에 대응하는 다음과 같은 형태의 기본 2-형식 Ω가 존재한다.

$$\Omega = \frac{\sqrt{-1}}{2} \sum_{i,j} h_{ij}(z)\, dz_i \wedge d\overline{z_j}$$

여기서 $(h_{ij}(z))$는 양의 정부를 갖는 에르미트 대칭행렬이다. 그런데, $[\Omega] \in H^{1,1}(X)$이고 $H^2(X, \mathbb{Q})$가 $H^2(X, \mathbb{C})$에서 조밀한 부분공간이므로 Ω를 근사하는 유리수적이고 양인 닫힌 $(1,1)$-형식 $\widetilde{\Omega}$가 존재한다. 따라서 $\widetilde{\Omega}$를 이용하여 기본 2-형식이 $\widetilde{\Omega}$인 캘러 거리함수 $\widetilde{h}$를 X 상에서 정의할 수 있다. 즉 X가 호지다양체이다. [정리 6.3.5]에 의해, 모든 컴팩트 호지다양체는 사영대수다양체이므로 따름정리가 증명된다.

참고문헌

[1] P. Griffiths and J. Harris, Principles of Algebraic Geometry, Wiley-Interscience, 1994.

[2] R. C. Gunning and H. Rossi, Analytic Functions of Several Complex Variables, Perntice-Hall, 1965.

[3] R. Hartshorne, Algebraic Geometry, Graduate Texts in Mathematics, Vol. **52**, Springer-Verlag, 1977.

[4] S. Helgason, Differential Geometry, Lie Groups, and Symmetric Spaces, Graduate Studies in Mathematics, Vol. 34, American Mathematical Society, 2001.

[5] W. V. D. Hodge, The topological invariants of algebraic varieties, Proceedings International Congress of Mathematics, Vol. **1950**, pp. 182-191, American Mathematical Society, 1952.

[6] K. Hoffman and R. Kunze, Linear Algebra, Second Edition, Prentice Hall, 1971.

[7] S. Kobayashi and K. Nomizu, Foundations of Differential Geometry, Vol. **1**, John Wiley and Sons Inc., 1963.

[8] S. Kobayashi and K. Nomizu, Foundations of Differential Geometry, Vol. **2**, John Wiley and Sons Inc., 1969.

[9] K. Kodaira, On Kähler vaieties of restricted type (an intrinsic characterization of algebraic varieties), Annals of Mathematics **60** (1954), 28-48.

[10] J. M. Lee, Introduction to Complex Manifolds, Graduate Studies in Mathematics, Vol. 244, American Mathematical Society, 2024.

[11] M. Spivak, A Comprehensive Introduction to Differential Geometry, Vol. 1, Publish or Perish, 1999.

[12] N. Steenrod, The Topology of Fibre Bundles, Princeton University Press, Princeton, 1951.

[13] R. O. Wells, Differential Analysis on Complex Manifolds, Graduate Texts in Mathematics, Vol. **65**, Springer-Verlag, 1980.

찾아보기

김진홍

- ▹ 조선대학교 수학교육과 교수
- ▹ University of California at Berkeley 수학과 이학박사
- ▹ 서울대학교 수학과 이학석사
- ▹ 서울대학교 수학교육과 이학사

복소다양체론 입문

초판발행 2025년 11월 25일

지은이 김진홍
펴낸이 오판근
펴낸곳 (주) 교우
주 소 서울시 동대문구 약령시로 8 교우빌딩 2층 (주)교우
전 화 02-925-2861 / **팩 스** 02-925-2860. **편집부** 02-925-2825
홈페이지&북스토어 www.kyowoo.co.kr / 이메일 kyowoo@kyowoo.co.kr

등 록 1994년 3월 24일 제1994-000013호
ISBN 979-11-251-0473-5 (93410)

Published by Kyowoo Co., Ltd. Printed in Korea

(주) 교우는 보다 혁신적이고 참신한 도서를 다양하게 기획하고 있습니다.
책으로 펴내고자 하는 아이디어나 원고는 메일로 보내주세요.
(주) 교우는 전과정을 책임지고 최선을 다하겠습니다.

값 23,000원

교우미디어는 (주) 교우의 Imprint 사입니다.
수학정원·과학정원은 (주) 교우의 새로운 브랜드명입니다.

잘못된 책은 구입하신 서점에서 교환해 드립니다.